Oldenbourgs

Technische Handbibliothek

Band XIX:

Kontrolle der Mälzerei- und Brauerei-Arbeitsmaschinen

von

Gottfried Jakob

München und Berlin 1913
Druck und Verlag von R. Oldenbourg

Kontrolle der Mälzerei- und Brauerei-Arbeitsmaschinen

Für technische Leiter, Betriebsingenieure, Betriebschemiker und Betriebskontrolleure

bearbeitet zur

Erleichterung der Begutachtung von Arbeitsmaschinen

von

Gottfried Jakob

Brauerei-Ingenieur-Chemiker

(Inhaber des Speziallaboratoriums für die gesamte Brauerei- und Mälzereibetriebskontrolle, München)

Mit 100 Abbildungen im Text

München und Berlin 1913

Druck und Verlag von R. Oldenbourg

Vorwort

In dem Schlußwort der im Jahre 1910 von mir bearbeiteten und in Gemeinschaft mit Dr. A. Schifferer herausgegebenen »Mälzerei- und Brauereibetriebskontrolle, Bd. II, Maschinen- und feuerungstechnischer Teil« habe ich schon angedeutet, daß ich die Bearbeitung einer »Kontrolle der Brauerei- und Mälzereiarbeitsmaschinen« später noch übernehmen wollte. Heute bin ich in der Lage, meine diesbezüglichen Arbeiten zusammengesaßt, hinauszugeben. Das in den letzten Jahren von mir gepflogene eingehende Studium der vielen Arbeitsmaschinen, setzte mich in den Stand, selbst bei der Mannigfaltigkeit derselben, für jede einzelne Gattung, ein System für die allgemeine Begutachtung auszuarbeiten.

Es ist leicht einzusehen, daß die Kontrolle der Brauereiarbeitsmaschinen an Wichtigkeit der analytischen Prüfung und Begutachtung der Rohstoffe nicht nachsteht. Letztere bürgt zwar dafür, daß preiswerte und qualitätsvolle Rohstoffe zur Verarbeitung gelangen, erstere aber gibt Aufschluß über die Ökonomie der Verarbeitung dieser Rohstoffe. Nur der richtige Gang und die richtige Betriebsart von Spezialarbeitsmaschinen wird für eine rationelle Ausnutzung aller Rohstoffe sichere Gewähr leisten.

Die Aufmerksamkeit, welche bisher den Brauereiarbeitsmaschinen geschenkt wurde, war eine ungenügende und der dadurch entstandene Nachteil ein doppelter. Erstens konnte der Kraftverbrauch in einem ungünstigen Verhältnis zu der Leistung stehen, wodurch sich die Betriebskosten sehr erhöhten und in zu hohem Brennstoffaufwand zur Dampf-

Allgemeines
über die Ermittlung des Kraftverbrauches und die Rentabilitätsberechnung.

a) Ermittlung der Antriebsleistung und der Betriebskosten.

Bei allen Arbeitsmaschinen soll man den Kraftverbrauch für den Antrieb kennen, und zwar jenen, bezogen auf den Leerlauf, auf minimale, mäßige, normale und maximale Belastung. Diese immer wiederkehrende notwendige Feststellung geschieht auf zwei Arten.

Bei Dampfmaschinenbetrieb kann man die zum Antrieb einer Arbeitsmaschine notwendige Leistung durch Indizieren ermitteln. Dabei ist allerdings Voraussetzung, daß der notwendige Arbeitsaufwand in dem entsprechenden Verhältnis zur Größe der Belastung der Arbeitsmaschine stehen muß, d. h. es ist z. B. ausgeschlossen, mit einer 200 PS-Dampfmaschine einen Kraftverbrauch von 3 bis 5 PS mit genügender Genauigkeit zu ermitteln; dagegen kann z. B. der Kraftverbrauch einer Schrotmühle für große Leistung wohl auf diese Weise gefunden werden, wenn der Antrieb etwa mit einer 40 PS-Dampfmaschine erfolgt.

Je mehr sich allgemein der festzustellende Kraftverbrauch der normalen Leistung der Antriebsdampfmaschine nähert, desto exakter sind die durch Indizierung gewonnenen Resultate. Sehr gunstige Versuchswerte ergeben sich z. B. bei Versuchen an Luftpumpen, Luftkompressoren, Wasserpumpen u. dgl., die mit einer gerade für den Dauerantrieb ausreichenden Dampfmaschine gekuppelt sind. Die Ermittlung des Kraftverbrauches durch Indizierung wird in seinen Einzelheiten hier nicht besprochen werden; es sei auf die spezielle Bearbeitung[1]) dieses Gegenstandes verwiesen.

Die zweite Art der Ermittlung des Kraftverbrauches von Arbeitsmaschinen geschieht durch Feststellung des Verbrauches an elektrischer Energie. Diese Methode ist die einfachste und am meisten empfehlenswerte, auf sie soll hier näher eingegangen sein.

Den elektrischen Strom entnimmt man dem eigenen oder städtischen Netz. Der Antriebsmotor muß für Stromart und Spannung passend gewählt sein. Als Meßinstrumente dienen bei Gleichstrom Voltmeter zur Messung der Spannung $= e$ in Volt und Amperemeter zur Messung der Stromstärke $= i$ in Ampere. Die dem elektrischen Motor zugeführte Leistung L in Watt ist dann:

$$L = e \cdot i.$$

Nun sind 736 Watt = 0,736 KW = 1 PS.

In PS ist die dem Motor zugefuhrte elektrische Arbeit Nm

$$Nm = \frac{e \cdot i}{736}.$$

Die an der Riemenscheibe des Motors abgegebene Arbeit ist geringer, wie diese elektrische eingeleitete; denn im Motor selbst entstehen Verluste durch Reibung, Hysterisis, Wirbelströme und Erwärmung. Diese Verluste sind verschieden, und sie sind in einer Charakteristik von der Fabrik, welche die Motoren baut, meist experimentell festgelegt. Man sollte deshalb zu jedem Motor bei seiner Anschaffung von der Fabrik auch seine Verlustkonstanten in Gestalt einer Charakteristik des Wirkungsgrades bei verschiedenen Leistungen einfordern.

Ist z. B. der Wirkungsgrad $\eta_m = 0{,}8$ so bedeutet das, daß 80% des eingeleiteten Effektes abgegeben und 20% im Motor verloren werden. Die an der Riemenscheibe in PS abgegebene Leistung Ns ist

$$Ns = \eta_m \cdot Nm = \frac{\eta_m \cdot e \cdot i}{736}.$$

[1]) Schıfferer-Jakob, Praktısche Malzerei- und Brauereibetriebskontrolle. Band II: Maschinen- und Feuerungstechnischer Teil. Verlag R. Oldenbourg, Munchen.

Ist der Wirkungsgrad des elektrischen Motors nicht bekannt, so wählt man denselben am besten aus dem Grambergschen Diagramm Fig. 1. Die Kurven sind Mittelwerte aus den Angaben der A. E. G. und von S. & H. Sie stellen den Gesamtwirkungsgrad für Maschinen verschiedener Größe und verschiedener Belastung dar. Die verschiedenen Belastungen sind in % der normalen Belastung angegeben, welch letztere auf dem Firmenschild

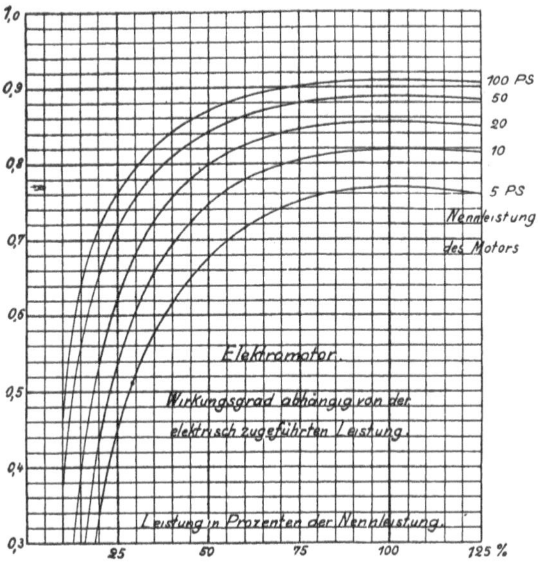

Fig. 1.

jedes elektrischen Motors zu finden ist. Die Kurven setzen voraus, daß der Motor unter normaler voller Spannung steht und Belastungsänderungen lediglich durch Änderungen der Stromstärke ausgeglichen werden. Bei 30% der normalen Belastung weichen die hier angegebenen Kurven nur 1 bis 2% vom richtigen Werte ab. Unter 20% werden die Kurven unzuverlässig. Die richtige Wahl der Größe des Antriebsmotors ist also bei Feststellung des Kraftverbrauches außerordentlich wichtig. Über das Schalten der Meßinstrumente[1]) (Amperemeter und Voltmeter) sei soviel gesagt, daß das Amperemeter in die ungeteilte Stromzuleitung zum Motor einzuschalten, das Voltmeter an die Klemmen des Motors zu legen ist. Die Genauigkeit der Schalttafelinstrumente genügt vielfach nicht; auf alle Fälle müssen diese aber dann, wenn diese Angaben benutzt werden sollen, vor dem Versuch auf ihre Richtigkeit und Empfindlichkeit durch Präzisionsinstrumente nachgeprüft werden.

Es sei hier nochmals darauf hingewiesen, daß bei der Ermittlung des Kraftverbrauches einer Arbeitsmaschine der Motorwirkungsgrad nicht unberücksichtigt bleiben darf; in der brautechnischen Literatur findet man sehr häufig, daß derselbe unbeachtet gelassen wurde.

Führt ein Riemen oder Seiltrieb zur Arbeitsmaschine, ist der elektrische Motor also nicht direkt gekuppelt, so ist auch noch der Wirkungsgrad des Zwischenantriebes zu berücksichtigen, den man schatzungsweise mit $\eta_z = 0{,}95$ in Rechnung einfuhren kann. Die wirkliche durch die Antriebsscheibe der Arbeitsmaschine eingeleitete Arbeit in PS ist

$$Na = Ns \cdot \eta_z = \eta_z \cdot \eta_m \cdot \frac{e \cdot i}{736}.$$

Als Überschlagswerte bei Motoren

unter 10 PS kann gelten

$$Na = \frac{e \cdot i}{950},$$

über 10 PS

$$Na = \frac{e \cdot i}{900}.$$

Steht kein Amperemeter und kein Voltmeter zur Verfügung, so kann auch mit einem Wattmeter die Leistung am Instrument direkt in Watt abgelesen werden, was

[1]) Siehe eingehender Schiffer, Jakob, Praktische Malzerei- und Brauereibetriebskontrolle, Bd. II Maschinen- und feuerungstechnischer Teil, Verl. R. Oldenbourg, Seite 425.

besonders bei Wechselstrommotoren angewandt wird. Bei jeder Stromart erhält man somit die wirkliche durch die Antriebsscheibe der Arbeitsmaschine eingeleitete Arbeit mit den Anzeigen L eines Wattmeters aus

$$Na = \eta_z \cdot \eta_m \cdot \frac{L}{736}.$$

Bei Mehrphasenwechselstrom muß, wenn die Phasen ungleich belastet sind, fur jede Phase ein Wattmeter angeschaltet werden.

Bisweilen sind statt der genannten Meßinstrumente Zähler zur Festlegung des KW/Std.-Verbrauches in die Leitung eingeschaltet. Bedeutet Ks den abgelesenen KW/Std.-Verbrauch und T die Versuchsdauer in Stunden, so ist der in den Motor eingeleitete Effekt L in Watt

$$L = \frac{Ks \cdot 1000}{T},$$

weil der Zähler das Produkt der elektrischen Leistung in KW und der Zeit in Stunden angibt.

Es gibt drei Arten von Zahler, nämlich Zeitzähler, welche konstanten Strom und konstante Spannung voraussetzen, dann Amperstundenzähler, welche nur bei konstanter Spannung Verwendung finden konnen, und endlich Wattstunden- resp. Kilowattstundenzähler, bei welchen Stromstärke und Spannung variieren kann. Selbstredend ist bei Anwendung von Zählerangaben darauf zu achten, was die Zählerangabe bedeutet.

Zur Festlegung der Kosten des Betriebes einer Arbeitsmaschine muß nicht nur die Leistung in PS oder KW bekannt sein, sondern auch die Betriebszeit. Die Antriebsleitung besagt, wie groß der momentane Arbeitsverbrauch ist. Ist die Maschine z. B. 1 Stunde in Betrieb und ist die Antriebsbelastung N_m PS, so ist der gesamte Aufwand N_m PS/Std. Bei 8 stündiger Betriebszeit ist der Arbeitsaufwand $8 \cdot N_m$ PS/Std., bei einer 5 minutlichen $= \frac{1}{12}$ Stunden Betriebszeit ist die Antriebsleistung $\frac{1}{12} N_m$ PS/Std.

Ist allgemein die Antriebsleistung zu N_m PS festgelegt und dauert der Betrieb T Stunden, so ist die Anzahl der

$$\mathrm{PS/St} = N_m \cdot T$$

und ebenso die Anzahl der Wattstunden oder Kilowattstunden bei Ablesung von Stromstärke, Spannung oder Watt

$$\mathrm{W/St} = L \cdot T \text{ resp. } \mathrm{KW/St} = \frac{L \cdot T}{1000}.$$

Die Kosten für 1 PS/Std. liegen meist zwischen 2 bis 6 Pf., diejenigen für 1 KW/Std. können zwischen 4 bis 30 Pf. und mehr schwanken; sie müssen fur gegebene Verhältnisse bekannt sein, dann konnen die Betriebskosten ermittelt werden.

b) Die Abschreibung und Verzinsung des Anlagekapitals.

Bei allen Prüfungen von Arbeitsmaschinen und den damit verknüpften immer wiederkehrenden Rentabilitätsberechnungen muß die Abschreibung an einer Maschine und die Verzinsung des Anlagekapitals berucksichtigt werden.

Abschreibungen beruhen auf der gesetzlichen Bestimmung, daß jeder Kaufmann alljährlich eine Inventur oder eine Bilanz aufzustellen hat, in welcher sämtliche Vermögensgegenstände nach dem Werte anzusetzen sind, der ihnen in dem Zeitpunkte beizulegen ist, fur welchen die Aufstellung stattfindet. Es muß also jährlich ein der Abnutzung gleichkommender Betrag in Abzug gebracht, d. h. von dem ursprünglichen Anschaffungswerte »abgeschrieben« werden. Der vielfach üblichen Sitte, die jährlichen Abschreibungen höher zu bemessen, als es im Hinblick auf die stattgehabte Abnutzung an sich erforderlich wäre, tritt das Gesetz nicht entgegen. Höhere Abschreibungen dienen jedenfalls zur Starkung der wirtschaftlichen Grundlagen des Geschäftsbetriebes, dagegen entsprechen zu niedrige Abschreibungen nicht dem Sinne der gesetzlichen Bestimmungen. Ordnungsgemaß ist es, die Abschreibungen jedesmal von dem ursprunglichen Anschaffungswerte vorzunehmen, und zwar in solcher Höhe, daß mit der beendigten Lebensdauer des Gegenstandes auch sein Anschaffungspreis getilgt ist. Vielfach geschieht es jedoch, daß die Abschreibungen nicht von dem ursprünglichen Anschaffungspreise, sondern von dem zum Buche stehenden Restwerte vorgenommen werden. Hierdurch wird jedoch die vollständige Amortisation des Anschaffungspreises niemals erreicht, da bei genauer Rechnung immer wieder ein Restbetrag übrig bleibt. Schreibt man von dem Anschaffungspreise des Objektes, es seien z. B. M. 1000, jedes Jahr 10% = 100 M. ab, so ist der Anschaffungspreis in 10 Jahren vollständig amortisiert. Das gleiche ist jedoch nicht der Fall, wenn die 10% nicht von dem Anschaffungspreise, sondern von dem jeweilig zu Buche stehenden Restwert abgeschrieben werden. In diesem Falle wird der Anschaffungspreis noch nicht einmal nach 20 Jahren vollständig amortisiert. Eine Abschreibung von 10% nur vom jeweiligen Buchwerte hat also nicht einmal denselben Erfolg wie die jedesmalige Abschreibung von nur 5%, welche jedoch von dem ursprünglichen Anschaffungspreise vorgenommen wird.

Es ist natürlich klar, daß man bei der Prufung von Brauerei-Arbeitsmaschinen keine gleich hohen Abschreibungen bei allen Rentabilitätsberechnungen machen kann.

Es ist nicht notwendig, daß bei technischen Berechnungen die tatsächlich im kaufmännischen Betrieb gemachten Abschreibungen zugrunde gelegt werden. Es ist viel zweckmäßiger sich hier an eine bestimmte Norm zu halten. Die Apparate und Vorrichtungen in Brauereien erfahren durchaus nicht gleichmäßige Abnutzung. Man ist sich klar, daß eine Sudhausanlage, eine Darre usw. weit längere Lebensdauer hat als z. B. eine Flaschenwascherei und Füllerei.

Eine niedrigere als 10 proz. Abschreibung ist bei Darren, Trub- und Gelagerfiltern, auch solid gebauten Sudwerken, angebracht, höher wie 10% sollte die Abschreibung bei Flaschenfüll- und Reinigungsanlagen, Pichereien und sonstigen Maschinen, welche große Abnutzung erfahren, sein. Im Durchschnitt ist bei vielen anderen

Brauerei- und Mälzereimaschinen eine 10 proz. Abschreibung ein guter Mittelwert.

Neben der Abschreibung ist noch die Verzinsung des Anlagekapitals, welches man gewöhnlich zu 4 bis 5% annimmt, zu berücksichtigen. Bei einer 10 proz. Abschreibung und 5 proz. Verzinsung ist für das erste Jahr somit 15% des Anschaffungswertes in die Rechnung bei der Ermittlung der Rentabilität einzuführen.

In folgenden, späteren Jahren ist nur immer der noch zu Buch stehende Betrag zu verzinsen.

Viele im Text folgende Beispiele werden über die Berechnung des Kraftverbrauches und der Rentabilität unter Berücksichtigung der Abschreibung und Anlagekapitalverzinsung Aufschluß geben.

1. Transportvorrichtungen und Förderanlagen.

Im Brauereibetrieb machen sich Transporte fester, flüssiger und gasförmiger Stoffe notwendig.

Die festen Körper werden mit Aufzügen, Fahrstühlen, Becherwerken, Elevatoren, Transportbändern, Schnecken, Schüttelrinnen, durch Gebläse und Sauganlagen gefördert.

Zum Transport flüssiger Körper benutzt man Pumpen der verschiedensten Art, wie Kolbenpumpen, Zentrifugalpumpen, Flügelpumpen, ferner Injektoren.

Die gasförmigen Stoffe, als solche kommen Luft, ev. Kohlensäure (fur den Eismaschinenbetrieb auch schweflige Säure und Ammoniak) in Betracht, werden mit Luftpumpen, Kompressoren, Ventilatoren, Exhaustoren fortbewegt.

a) Transportvorrichtungen für feste Körper.

1. Aufzüge und Fahrstühle. Die Begutachtung der Aufzüge geschieht am besten aus dem Verhältnis der theoretischen zur wirklich notwendigen Arbeitsleistung.

Allgemein ist 1 PS = 75 m/kg/Sek.

Ist in einem besonderen Fall z. B. eine Nutzlast von 200 Ztr. in 56 Min. 8 m hoch zu heben, so ist der theoretische Kraftverbrauch Nt in PS, wenn 200 Ztr. = 10 000 kg in $56 \cdot 60 = 3360$ Sek. 8 m hoch gehoben werden.

$$Nt = \frac{10\,000 \cdot 8}{3360 \cdot 75} = 0{,}318 \text{ PS}.$$

Wird die gleiche Last in der halben Zeit, hier 28 Min. $= 28 \cdot 60 = 1680$ Sek. gehoben, dann ist der theoretische Kraftverbrauch:

$$Nt = \frac{10\,000 \cdot 8}{1680 \cdot 75} = 0{,}636 \text{ PS.}$$

Allgemein ist der theoretische Kraftverbrauch Nt, wenn die Nutzlast in kg $= Ln$, die Förderhohe h in m, die Förderzeit t in Sekunden

$$Nt = \frac{Ln \cdot h}{t \cdot 75}.$$

Der wirkliche Kraftverbrauch liegt natürlich weit höher als der theoretische; denn zunächst wird bei einem Aufzug außer der Nutzlast stets noch ein Teil des Eigengewichtes der Brücke (Le in kg) mitgehoben. Letzteres ist meist durch ein Gegengewicht $= Lg$ in kg ausgeglichen. Die tatsächlich jedesmal zu hebende Last ist also $Ln + Le - Lg$.

Beispiel:

Das Eigengewicht der Brucke sei $Le = 16$ Ztr. $= 800$ kg.
die aufgeladene Last sei . . . . $Ln = 14$ Ztr. $= 640$ kg,
das Gegengewicht sei. . . . . . . $Lg = 15$ Ztr. $= 690$ kg,

hieraus ergibt sich der theoretische Kraftverbrauch, wenn die Brücke in 2 Min. $= 120$ Sek. 10 m gehoben wird aus

$$Nt = \frac{(640 + 800 - 690) \cdot 10}{120 \cdot 75} = 0{,}833 \text{ PS.}$$

wäre kein Gegengewicht vorhanden gewesen, so würde benötigt:

$$Nt = \frac{(640 + 800) \cdot 10}{120 \cdot 75} = 1{,}60 \text{ PS.}$$

Das Gegengewicht verringert hier den theoretischen Kraftverbrauch um

$$1{,}60 - 0{,}833 = 0{,}767 \text{ PS} = 47{,}9\,\%,$$

also um fast die Halfte.

Die richtige Dimensionierung des Gegengewichtes ist, wie hieraus ersichtlich, von großer Wichtigkeit. Am günstigsten wird dasselbe = ½ mal Nutzlast + Eigenlast gewählt.

Ist der wirkliche von der Antriebsmaschine abgegebene Kraftverbrauch $= Na$, dann ist der Wirkungsgrad des Aufzuges

$$\eta = \frac{Nt}{Na}.$$

Ergab sich z. B. $Na = 1{,}60$ PS und $Nt = 0{,}833$, so ist

$$\eta = \frac{0{,}833}{1{,}60} = \mathbf{0{,}52},$$

d. h. von der eingeleiteten Arbeit wurden 52% nutzbar gemacht und 48% gingen verloren.

Die Arbeitsverluste bei Aufzügen sind begründet in seitlichen Reibungen der Führungen, Reibungen des Zugseiles, Reibungen durch starke Lagerpressungen usw. Die mechanischen Wirkungsgrade der Aufzugsmaschine liegen meist zwischen 50 bis 60%.

Will man für einen bestimmten Aufzug die notwendige Motorstärke ungefähr ermitteln, so ergibt sich diese aus:

$$m = \frac{(Ln + Le - Lg) \cdot h}{t \cdot 75 \cdot 0{,}50}.$$

Neben dem Kraftverbrauch ist auch die Fahrgeschwindigkeit zu prüfen, ob diese normal ist. Mit zunehmender Fahrgeschwindigkeit wächst natürlich der Kraftverbrauch.

Die Fördergeschwindigkeit beträgt bei modernen Anlagen:

mit direktem elektrischen Betrieb bis maximal 1,5 m i. d. Sek.

bei Riemenantrieb maximal 0,3 m i. d. Sek.,

bei Riemenantrieb gewöhnlich 0,2 m i. d. Sek.,

bei Handantrieb nur 0,02 bis 0,04 m i. d. Sek. bis 500 kg Tragfähigkeit,

bei direktem hydraulischen Betrieb 0,2 bis 0,4 m i. d. Sek.,

bei indirektem hydraulischen Betrieb 0,2 bis 0,5 m i. d. Sek.

Eine Förderhöhe von 10 m wird bei 0,2 m Geschwindigkeit somit in $\frac{10}{0{,}2} = 50$ Sek. erreicht werden.

Soll eine Last mit bestimmter Geschwindigkeit gehoben werden, so kann diese Geschwindigkeit nicht plötzlich, sondern nur innerhalb einer gewissen Zeit erreicht werden; diese Zeit nennt man die Anlaufperiode. Dieser Antrieb von der Ruhe aus erfordert einen größeren Arbeitsaufwand als der zur Erhaltung des Beharrungszustandes unter gleichen Belastungsverhältnissen. Die Anlaufperiode darf also nicht zu kurz bemessen sein, sondern sie hat sich nach der verfugbaren Motorstärke zu richten.

Was die konstruktive Seite betrifft, so achte man bei Aufzügen darauf, daß selbsttätige Schmierung, ev. Ringschmierung, vorhanden ist; Antriebsschnecken und Schneckenrad sollen in einem Ölbad laufen, durch Kugellager soll eine Druckentlastung geschaffen sein. Für Aufzugsmotoren fordere man etwa ein der doppelten normalen Leistung entsprechendes Anfahrmoment.

Bei Handaufzugen ist zwecks leichter Bedienung der Kurbellänge und der Grifflänge eine richtige Dimensionierung zu geben. Da hierbei eine gewisse Kraftwirkung nicht überschritten werden kann, so muß ferner eine entsprechende Übersetzung zwischen Kurbel und Seiltrommel geschaffen werden, damit eine normale Lastgeschwindigkeit erreicht wird.

Bezeichnet allgemein

P = Kraft in kg, welche am Kurbelradius wirkt,

r = Kurbellänge (Radius in m),

n = minutliche Umdrehungszahl,

dann ist der minutliche Weg:

$$2 r \pi \cdot n$$

und der sekundliche Weg:

$$\frac{2 r \pi \cdot n}{60}.$$

die Leistung in m/kg Sek. =

$$\frac{P \cdot 2 r \pi \cdot n}{60}$$

und die Leistung in PS:

$$N = \frac{P \cdot 2 r \pi \cdot n}{60 \cdot 75}$$

oder:

$$N = 0{,}0014\, P \cdot r \cdot n.$$

Die Kurbeltourenzahl bei Handaufzügen liegt etwa bei $n = 40$.

Die Grifflänge der Kurbel ist zweckmäßig
für einen Mann 30 bis 35 cm lang,
für zwei Mann 40 bis 50 cm bei 3 bis 5 cm Griffstärke.

Die Kraftleistung pro einen Mann nimmt man dauernd zu 10 bis 20 kg, pro zwei Mann zu 30 kg an.

Beispiel: Die Kurbel hat eine Länge von 0,3 m, und es drehen zwei Mann minutlich 38 mal herum, dann ergibt sich die Leistung in PS

$$N = 0{,}0014 \cdot 30 \cdot 0{,}3 \cdot 38 = 0{,}48 \text{ PS}.$$

Die Verwendung von Aufzugen ist eine mannigfache; in der Mälzerei findet man Fahrstuhle zum Haufenziehen. Bei Leistungsberechnung dieser Haufenzuge ist zu beachten, daß das Brückengewicht meist gegenseitig dadurch ausgeglichen ist, daß zwei Fahrstuhle korrespondieren; wenn der beladene hochgeht, so sinkt der leere; auch die Tara der Fördergefäße (Grünmalzwagen) wird hierbei ausgeglichen, wenn der leere Wagen beim Abwärtsgang aufgestellt wird.

Sehr häufig entsteht die Frage, wie hoch die Förderkosten pro 1 Ztr. Gerste, Malz oder pro 1 hl Bier sind. In diesem Falle hat man zu berücksichtigen, daß mit der Nutzlast die Taren der Transportgefäße, seien es Wagen, Fässer u. dgl. in Rechnung gesetzt werden müssen.

Beispiel: Es sollen die Förderkosten pro 1 hl Bier in einem bestimmten Falle ermittelt werden. Der Aufzug war beladen mit 35 Faß folgenden Inhalts:

24, 21, 41, 21, 24, 23, 53, 13, 17, 65, 61, 41, 20, 18, 11, 16, 19, 25, 17, 33, 16, 13, 13, 17, 16, 16, 17, 17, 16, 18, 16, 23, 21, 15, 22, Summe = 7,79 hl Inhalt.

Das Gewicht des vollen Geschirres wurde zu 1386 kg ermittelt. Am Aufzugsmotor war ein Amperemeter, welches 39,6 Amp. anzeigte, als der Aufzug die normale Geschwindigkeit erreicht hatte; die Spannung war $e = 120$ Volt. Der eingeleitete Effekt ist also 39,6 · 120 = 4752 Watt = 4,752 KW, auf 1 hl Bier

$$\frac{4{,}752}{7{,}79} = 0{,}611 \text{ KW.}$$

Die Aufzugszeit war 1½ Minuten = 0,025 Std., dann ist der Leistungsaufwand 0,611 · 0,025 = 0,0153 KW/Std.

Sind die Kosten von 1 KW/Std. bekannt, z. B. zu 7 Pf., so sind die Förderkosten pro 1 hl Bier 7,0 · 0,0153 = 0,1071 Pf.

Besser drückt man, in Anbetracht dieser sehr niedrigen Zahl, die Förderkosten auf je 100 hl Bier aus, welche sich hier zu 10,71 Pf. ergeben.

2. Becherwerke und Elevatoren. Die Leistung der Becherwerke hängt von der Transportgeschwindigkeit der Meterbecherzahl, dem Becherinhalt, dem Füllungsgrad und dem spezifischen Gewicht des Fördergutes ab.

Die Transportgeschwindigkeit ist durch die Tourenzahl der Antriebsscheibe bestimmt. Ist die Tourenzahl der Antriebsscheibe = n pro Minute und der Durchmesser derselben D in m, dann ist die Fördergeschwindigkeit F in m

$$F = D \cdot \pi \cdot n.$$

Die Tourenzahl ist an der Antriebswelle abzunehmen. Wird in einer bestimmten Zeit t in Sek. eine Menge M kg gefördert, so ist die spezifische Förderleistung pro Sekunde

$$Ls = \frac{M}{t}.$$

War dabei die Bechergeschwindigkeit F in m/Sek., so würde pro 1 m-Becherstrang gefördert $\frac{Ls}{F}$ kg/Sek.

Die Leistungsfähigkeit Q eines Becherwerkes in cbm pro Stunde ist:

$$Q = 3600 \cdot z \cdot i \cdot f \cdot v,$$

worin:

z = Becherzahl auf 1 m Gurtlänge,
i = Inhalt eines Bechers in cbm,
f = Fullungsgrad,
v = Gurtgeschwindigkeit in m/Sek.

Der Füllungsgrad f ist meist 0,6 bis 0,75; die Geschwindigkeit v bis 3,3 m/Sek. Der mechanische Wirkungsgrad liegt zwischen 0,5 bis 0,58.

Für Gerste ist der Kraftverbrauch größer wie fur Malz, und zwar im Verhältnis der Hektolitergewichte, welche für Gerste 62 bis 70 kg, fur Malz 50 bis 60 kg betragen.

Für Überschläge kann der Kraftaufwand aus folgender Tabelle entnommen werden.

PS bei 10 m Forderhohe

Stundl. Fordermenge in hl	10	20	40	70	85	110
fur Gerste	0,18	0,36	0,51	0,85	1,06	1,27
fur Malz	0,14	0,28	0,41	0,71	0,86	1,03

Was die konstruktive Seite betrifft, so sollen Kopf- und Fußstucke, s. Fig. 2, der Becherwerke aus Eisen sein, die Lager mussen nachstellbar und der Einlauf regulierbar sein. Der Schöpftrog muß von den Bechern **absolut leer geschöpft** werden.

Große Verwendung finden die Becherwerke zur Förderung von Gerste zu den Putzereien und zu den Weichen, von Malz zu den Putzereien und zu den Schrotmuhlen.

Die **Leistung der Elevatoren** wird in gleicher Weise wie bei den Becherwerken ermittelt. Sie dienen zur Forderung größerer Laststucke und werden insbesondere vorteilhaft fur die Forderung von Grunmalz, Fässern, gefüllten Säcken, Flaschenkasten, Eis, Kisten, Kohlen angewendet.

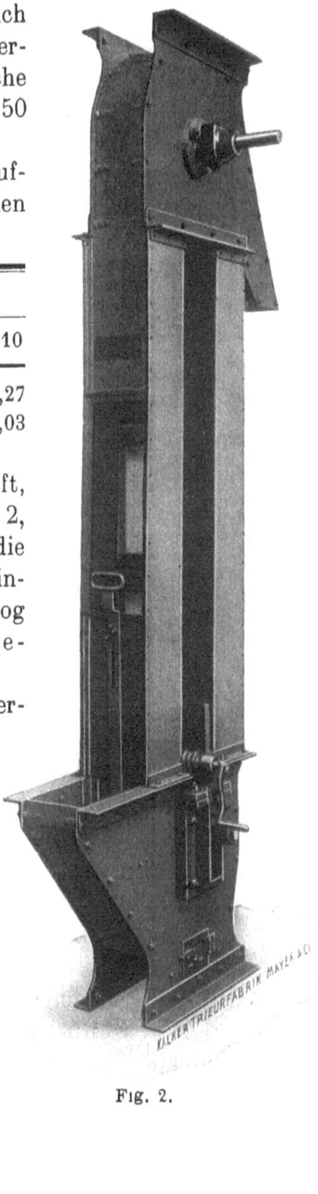

Fig. 2.

Die Fördergeschwindigkeit soll eine mäßige sein, etwa 0,4 bis 0,6 m/Sek., sie richtet sich nach dem vorliegenden Zweck. Soll z. B. mit einem Elevator das leere, gereinigte Geschirr von der Faßwichse nach der Abfüllerei gebracht werden, so wird sich die Geschwindigkeit des Faßelevators nach der maximalen Leistung der Faßwaschmaschinen zu richten haben.

Beispiel: Es wurde das aus 100 Ztr. Gerste resultierende Grünmalz gefordert. Der Becherinhalt ist 12 kg, der Füllungsgrad = 0,67. Der Becherabstand 0,45 m.

1 Ztr. Gerste gab 1,45 Ztr. Grunmalz, somit waren 145 Ztr. = 7250 kg zu fördern. Die spezifische Förderleistung pro Sek. ist dann

$$Ls = \frac{7250}{60 \cdot 60} = 2{,}01 \text{ kg/Sek.}$$

$12 \cdot 0{,}67 = 8{,}04$ kg Fördergut entsprechen 0,45 m Becherabstand.

2,01 kg sekundlich entsprechen dann:

$$\frac{0{,}45 \cdot 2{,}01}{8{,}04} = 0{,}1133 \text{ m/Sek.}$$

Dies ist zu gering.

3. Transportschnecken, Transportbänder und Schüttelrinnen. Sie dienen zum Weitertransport in horizontaler Richtung.

Der mechanische Wirkungsgrad der Schnecken liegt zwischen 0,12 bis 0,15, also sehr niedrig.

Der Schneckendurchmesser sei 0,25 m bis maximal 0,42 m.

Die Steigung s der Schnecke, s. Fig. 3, 0,5 D bis $1{,}1 \cdot D$, im Mittel 0,7 D.

Die minutliche Umdrehungszahl soll zwischen 60 bis 80 (auf keinen Fall über 100) liegen. Bei größerem Schneckendurchmesser ist die niedrigere, bei kleinerem Durchmesser die höhere Tourenzahl die richtige.

Bei Schneckenförderung ist es sehr wesentlich, daß die Schnecke uberall greift. Verbogene Spiralen oder eingebeulte Förderrinnen hemmen die reguläre

Förderung sehr. Auch können Verletzungen der Körner vorkommen, was bei Gerste die Keimfahigkeit beeinflußt, bei Malz Mehlverluste durch den Kornbruch bedingt. Verstopfungen durch Verunreinigungen, insbesondere eingewundene Sackbendel und Putzwolle, hemmen die normale Förderung sehr.

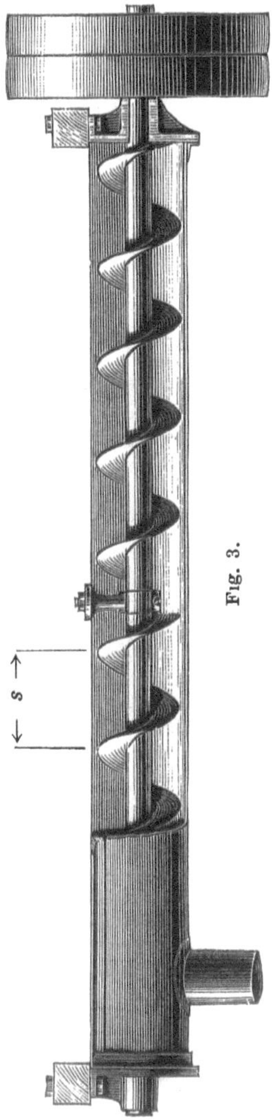

Fig. 3.

Normalabmessungen von Schnekken sind aus folgender Tabelle zu entnehmen:

Durchmesser der Schnecke mm	Steigung der Schnecke mm	Zapfenstärke mm	Tourenzahl in der Minute	Leistung in der Stunde kg
90	100	25	100	800
120	110	30	100	1200
150	130	35	90	2000
180	165	40	80	2400
200	180	40	80	2700
225	200	45	75	3500
250	230	45	75	5000
280	250	45	70	7500
300	270	50	70	10000
350	300	50	70	15000
400	300	55	65	20000
450	300	60	60	25000

Die Transportbänder verhüten mit Sicherheit eine Beschädigung des Transportmaterials, sie gestatten Neigungen bis zu 35°, ohne in der Wirkung beeinträchtigt zu werden, eine Neigung, welche die Transportschnecke nicht erlaubt, ohne nicht zermahlend auf Malz einzuwirken. Der Ablauf soll sich bei Gurttransporteuren in der Längsrichtung beliebig verstellen lassen. s. Fig. 4, die Ausführung der Firma Maschinenfabrik A. G. vorm. Hartmann, Offenbach a. M.

Die Bandgeschwindigkeit soll $v = 2{,}0$ bis $2{,}5$ m/Sek. sein. Für Gerste ist die niedrigere, für Malz die höhere Geschwindigkeit zulässig.

Die Bandbreite B beträgt 0,2 bis 1,0 m und wird nach der Leistung gewählt.

Der Durchmesser der Abwerfrolle soll $d = 0{,}6\,B$ sein. Die Leistung in Sek./l ist

$L = 30 \cdot B^2 \cdot v$ für flaches,

$L = 70 \cdot B^2 \cdot v$ » muldenförmiges Band.

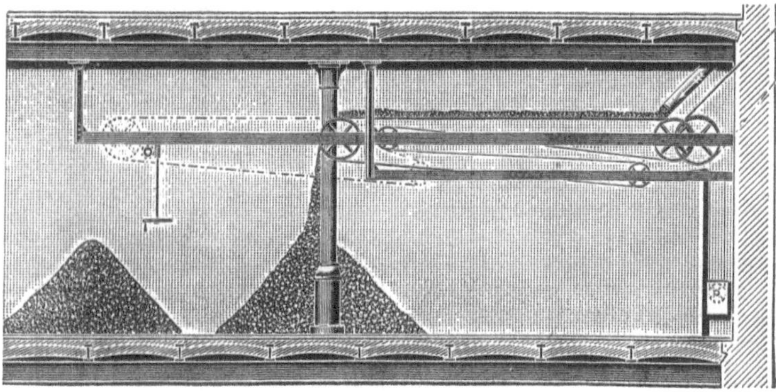

Fig. 4.

Gewöhnlich ist bei 2 m Gurtgeschwindigkeit im Mittel die Leistung in Tonnen/Std. folgende:

bei Gurtbreite von mm	350	400	500	600	700	800
fur gerade Gurte . . . . t/St.	12,5	22,5	45,0	60,0	75,0	90,0
fur muldenformig gebogene Gurte . . . . t/St.	17,5	25,0	47,5	75,0	85,0	,100

Die Antriebsleistung kann überschlagen ungefähr errechnet werden aus

$$N = \frac{Q \cdot l}{500},$$

hierin ist Q = Fördermenge in t/Std., und l = Forderlänge in m.

Schüttelrinnen, Fig. 5, sind Blechrinnen von 40 bis 60 cm Breite, welche auf Holzfedern oder Stahlfedern gelagert sind. Sie geben bei minutlichen Rüttelzahlen von 200 bis 480 das Fördergut horizontal weiter. Für Gerste und Malz kommt diese Beforderungsart nicht in Frage, weil durch das Schutteln viel Staub entsteht; dagegen haben sich diese Transporte für Grunmalz sehr gut bewährt. Die Förderrinnen sind wagerecht oder bis zu 15% geneigt zu verwenden. Die Fordergeschwindigkeit pro Sekunde liegt zwischen 165 bis 265 mm. Der Kraftverbrauch der Schuttelrinnen ist naturgemäß ein höherer wie der der Schnecken oder Transportbänder.

4. Pneumatische Förderanlagen. Gerste, Malz oder Grünmalz wird dabei durch Saug- oder Druckluft in engen Rohren durch einen in Bewegung befindlichen Luftstrom fortgeleitet.

Bei Förderung durch Saugluft wird durch eine Vakuumpumpe in der Leitung ein Vakuum erzeugt, unter dessen Einwirkung die Luft am Anfang des Rohres in den Saugtrichter eintritt und dabei das

Fig. 5.

Fördergut bis zu dem Gefäß, aus welchem die Luft gesaugt wird (Entlader), mitreißt. Aus diesem fällt das Sauggut in ein mit Abschlußkammern versehenes drehbares Zellenrad, das Zelle für Zelle entleert.

Bei Förderung durch Druckluft wird die Luft durch ein Gebläse in die Leitung hineingedrückt, die Korner werden durch Schleusen eingeführt, von der Luft fortgetragen und an beliebigen Stellen ausgeblasen.

Gewöhnlich wendet man Saugluft an, wenn man durch verschiedene Rohre nach einer Stelle, Druckluft, wenn man von einer Stelle nach mehreren Plätzen fördern will.

Gewicht und Angriffsfläche, welche ein Korn bietet, bedingen die zur Fortbewegung nötige Luftgeschwindigkeit. Je größer die Oberfläche und je kleiner das Gewicht, desto geringer kann die Luftgeschwindigkeit sein.

Nach Baumgartner[1]) wird bei einer Windgeschwindigkeit v in m/Sek. ein Druck p auf runde oder spitze Körner in g/qmm ausgeübt:

v	4	6	8	10	12	14	16
p	0,00098	0,002	0,0039	0,0061	0,0088	0,012	0,0155

v	18	20	22	24	26	28	30
p	0,0198	0,0245	0,0296	0,0353	0,0414	0,0481	0,0551

Will man ein Korn von ca. 0,045 g Gewicht und einen Querschnitt von 9 qmm in der Schwebe halten, so ist der erforderliche Druck

$$p = \frac{0,045}{9,0} = 0,005$$

oder laut Tabelle eine Luftgeschwindigkeit von 8 bis 10 m/Sek.

Die Luftgeschwindigkeit wird in der Regel nicht unter 20 m/Sek. gewählt.

Für trockene Korner und Malze ist der Kraftverbrauch geringer wie z. B. fur Grünmalz. Das Schema einer Grün-

[1]) Hutte 1908, Band II, Seite 533.

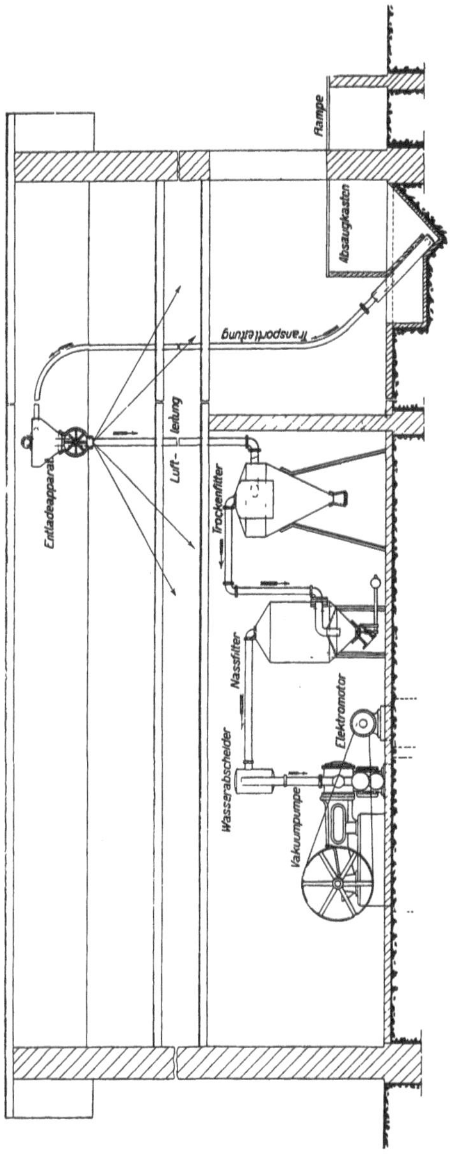
Rampe
Absaugkasten
Transportleitung
Entladeapparat
Luft-
leitung
Trockenfilter
Nassfilter
Wasserabscheider
Elektromotor
Vakuumpumpe

Fig. 6.

malzsaugförderanlage stellt Fig. 6 dar, nach Ausführung der Firma Maschinenfabrik F. A. Hartmann & Co., Offenbach.

Eine Vakkumpumpe saugt durch einen Wasserabscheider, einen Naß- und einen Trockenfilter durch den Entlader aus dem Absaugkasten. Der Entlader entleert das Fördergut durch ein Zellenrad, welches verhindert, daß Außenluft einströmen kann.

Die Firma: Amme Giesecke & Konegen macht folgende allerdings nur allgemein gültige Angaben über Kraftverbrauch bei Förderung trockener Körner.

Std.-Leistg. kg	Förderlänge m	Förderhöhe m	Druckluft		Kraftverbrauch in PS	Saugluft		Kraftverbrauch PS
			Luftbedarf in 1 Min. cbm	Erforderlicher Druck in m Wassersäule		Luftbedarf in 1 Min. cbm	Erforderl. Vak. in m Wassersäule	
2 000	20	0	3	1,5	2,0	6	1,5	5,0
2 000	50	10	3	1,9	2,3	6	1,9	8,0
2 000	100	20	4	2,5	2,9	7	2,5	12,0
5 000	20	0	6	1,5	5,0	8	2,0	12,0
5 000	50	10	6	1,9	8,3	10	2,8	15,5
5 000	100	20	7	2,5	12,0	12	3,5	20,0
7 500	20	0	8	2,0	10,0	17	2,0	18,0
7 500	50	10	10	2,8	16,5	20	3,0	28,0
7 500	100	20	12	3,5	20,0	23	4,0	35,0
10 000	20	0	17	2,0	18,0	25	2,0	25,0
10 000	50	10	20	3.0	28,0	30	3,0	32,0
10 000	100	20	23	4,0	35,0	34	4,0	42,0

Bei der Prüfung einer pneumatischen Förderanlage hat man zu beachten:

1. Die Regelmäßigkeit des Ganges, des Luftkompressors oder der Vakuumpumpe. Diese erkennt man aus dem Indikatordiagramm.
2. Den Kraftverbrauch und die Leistung, abhängig von Fördermenge, Förderhöhe und Förderzeit. Der indizierte Kraftverbrauch ergibt sich aus dem Indikatordiagramm durch Entnahme von Dia-

grammen in bestimmten Zeitabschnitten und Ermittlung des indizierten Arbeitsaufwandes aus dem mittleren Diagramm unter Berücksichtigung der mittleren Tourenzahl. Dieser indizierte Kraftverbrauch ist selbstredend noch etwas geringer als die Antriebsleistung an der Riemenscheibe.

3. Die Ersparnis an Bedienungspersonal gegenüber der bisher üblichen Förderart. Der wirkliche Verbrauch an elektrischer Energie ermittelt sich am einfachsten durch elektrische Messung am Antriebsmotor.

Die vollkommene Dichtheit aller Rohrverbindungen und Umstellvorrichtungen einer pneumatischen Förderanlage hat großen Einfluß auf Leistung und Kraftverbrauch. Die Prüfung auf Dichtheit geschieht am einfachsten durch Anhalten einer Kerzenflamme.

Praktische Versuchsergebnisse an einer Grünmalz Saug-Forderanlage.

Die Indikatordiagramme Fig. 7 u. 8 zeigen, daß der Gang ein sehr ordnungsgemäßer ist; sie sind entnommen

Fig. 7.

Fig. 8.

bei einem Vakuum von 32 cm und einer Tourenzahl $n = 125$ minutlich.

Die beim Versuch gemachten Aufzeichnungen zur Ermittlung des Kraftverbrauches gehen aus folgender Tabelle hervor:

Diagramm Nr.	Zeit morgens	Vakuum cm	Wattmeterablesung α	Zählerablesung	Tourenzahl	Bemerkungen
1	6^{50}	27	27,8	31049	130	
	6^{55}	30	27,8	50		
	7^{00}	31	27,9	53		
2	7^{05}	34	28,2	56	120	
	7^{10}	33	28,1	59		
	7^{15}	32	27,9	62		
3	7^{20}	31	27,9	65	124	
	7^{25}	31	27,9	68		
	7^{30}	33	28,0	71		
4	7^{35}	35	28,3	74	123	ganz kurz verst., Vak. auf 55 cm gestiegen
	7^{40}	30	27,8	77		
	7^{45}	33 (16)	28,3 (25,0)	80		kurz leergelauf.
5	7^{50}	33	28,1	83	128	
	7^{55}	37	28,3	86		kurz verstopft
	8^{00}	30	27,8	89		
6	8^{05}	35 (25)	28,3 (27,0)	92	132	kurz, wenig gelaufen
	8^{10}	30	27,8	95		
	8^{15}	31	27,9	98		
7	8^{20}	33	28,0	31101	128	
	8^{25}	34	28,1	04		
	8^{30}	32	27,9	07		
8	8^{35}	35 (18)	28,3 (25,1)	09	140	kurz leergelauf.
	8^{40}	31 (15)	27,9 (24,9)	12		kurz leergelauf.
	8^{45}	30	27,8	15		
9	8^{50}	36	28,2	18	124	
	8^{55}	52 (55)	28,6	21		verstopft
	9^{00}	—	—	24		Pause
10	9^{05}	— 35	28,0	24	126	5 Min. abgestellt
	9^{10}	34	28,0	26		
	9^{15}	35	27,9	28		
11	9^{20}	32	27,9	31	125	
	9^{25}	34	28,1	34		
	9^{30}	33	28,0	37		
12	9^{35}	32	27,9	40	125	$\alpha = 29,8$; 55 Vak. kurz verstopft
	9^{40}	35	28,1	43		
	9^{45}	32	28,0	46		
13	9^{50}	14	24,9	49		
14	9^{55}	14	24,9	52	141	Leerlauf.

Aus dem Mittel der planimetrierten Diagramme ergab sich eine Diagrammhöhe auf der Deckelseite: 10,62 mm; auf der Kurbelseite: 10,13 mm.

Bei einem Federmaßstab 25 mm = 1 kg sind die mittleren Drücke auf der Deckelseite $D = 0{,}4248$ und auf der Kurbelseite $K = 0{,}4052$ kg/qm. Der Kolbendurchmesser ist 550 mm.

Die Kolbenoberfläche ist unter Berücksichtigung der Kolbenstange

2342 qcm.

Der Hub ist 0,5 m; die mittlere Tourenzahl bei Belastung war 126, durch einen Hubzähler ermittelt. Damit ist der indizierte Kraftverbrauch der Vakuumpumpe

$$\text{auf der Deckelseite: } \frac{2342 \cdot 126{,}0 \cdot 0{,}5 \cdot 0{,}4248}{60 \cdot 75} = 13{,}95 \text{ PS}$$

$$\text{» » Kurbelseite: } \frac{2342 \cdot 126{,}0 \cdot 0{,}5 \cdot 0{,}4052}{60 \cdot 75} = 13{,}31 \text{ »}$$

Gesamt indiziert = **27,26** PS.

Diese Arbeit ist die von der Vakuumpumpe tatsächlich geleistete. Die eingeleitete Energie an der Kurbelwelle war naturgemäß weit größer. Zu deren Ermittlung wurde der elektrische Kraftverbrauch auf doppelte Art bestimmt.

Die Zählerablesung ergab:

Anfangsstand	31 049 KW/Std.
Endstand	31 152 »
Zunahme	103 KW/Std.

Die Zählereichung ergab eine Konstante = 0,927; somit ist der wirkliche Verbrauch 103 · 0,927 = 95,5 KW/Std.

Dauer 2 Std. 50 Min. = 2,833 Std.

$$\text{Kraftverbrauch } \frac{95\,500}{2{,}833} \text{ (W/Std.)} = 33\,700 \text{ Watt}$$

736 Watt = 1 PS,

$$33\,700 \text{ Watt} = \frac{33\,700}{736} = \mathbf{45{,}8} \text{ PS.}$$

Das am Motor selbst angeschaltete Wattmeter zeigte einen mittleren Ausschlag von $\alpha = 28{,}0$; wobei ein Teilstrich = 1200 Watt bedeutet; also

$$28 \cdot 1200 = 33\,600 \text{ Watt} = \frac{33\,600}{736} = \mathbf{45{,}7} \text{ PS.}$$

Der eingeleitete elektrische Effekt von 45,7 PS vermindert sich bei 80% gemeinsamen Nutzeffekt des Motors und der Riemenübertragung auf

$$45{,}7 \cdot 0{,}8 = 36{,}56 \text{ PS (Vak. 30—32 cm).}$$

Diese Leistung entspricht etwa der vom Riemen abgegebenen. Der Nutzeffekt der Vakuumpumpe berechnet sich aus dem Verlust 36,56 — 27,26 = 9,3 PS zu

$$100 - \frac{9{,}3 \cdot 100}{36{,}50} = 100 - 25{,}45 = \mathbf{74{,}55}\,\%$$

bei Belastung.

Die verlorene Arbeit ist die Folge von Reibung an Lagern und Stopfbüchsen, geringer Undichtheiten und Erwärmung der Luft.

Beim Leerlauf (Luftförderung) ist die elektrische eingeleitete Energie bei $\alpha = 24{,}9$

$$= \frac{24{,}9 \cdot 1200}{736} = 40{,}7 \text{ PS}$$

bei 25% Verlust wurde abgegeben **30,5** PS (Vak. 14 cm).

Die Indizierung ergab mittlere Kolbendrücke von 0,2496 resp. 0,2472, die Tourenzahl steigerte sich dabei auf 141.

Auf der Deckelseite ist die Leistung.	9,27 PS
Auf der Kurbelseite ist die Leistung.	9,17 PS
Gesamt indiziert	**18,44** PS.

Arbeitsverlust 30,5 — 18,44 = 12,06 PS = 39,6%.

Nutzeffekt = **60,4**% bei Leerlauf.

Der elektrische Energieverbrauch ist laut Wattmeterangabe

33,6 KW.

Wenn 2 Std 50 Min. gefördert wurde sind das

$$33{,}6 \cdot 2{,}833 = 95 \text{ KW/Std.};$$

auf 100 Ztr. Gerstenfullung treffen nur

$$\frac{95}{3{,}3} \doteq 28{,}8 \text{ KW/Std.}$$

Die Kosten bei eigener Stromerzeugung waren im vorliegenden Fall für die KW/Std. = 5 Pf. Damit sind die Ausgaben für Förderung von je 100 Ztr. Gerstenfüllung 28,8 · 5 = **144,0** Pf.

Dauer der Förderung des aus 330 Ztr. Gerste resultierenden Grünmalzes 2 Std. 50 Min.

Förderdauer für das Grünmalz aus 100 Ztr. Gerste = **51,6** Min.

Fördermenge in 1 Std. = das aus **116,5** Ztr. Gerste erhaltene Grünmalz. Das Grunmalz hatte einen Wassergehalt von 43,7%. Bei einem Wassergehalt der Gerste von 17% ist, wenn man 5,5% Atmungsverlust in Trockensubstanz annimmt,

das Gewicht der Grünmalztrockensubstanz

273,8 — 20,7.	= 253,1 Ztr.
das Gewicht des enthaltenen Wassers. .	= 217,5 Ztr.
gesamtes gefördertes Grunmalzgewicht .	= **470,6** Ztr.

pro 1 Std. gefördert somit 166,2 Ztr. Last = 8310 kg.

Das Grunmalz wurde bei diesem Versuche bis zu einer Höhe von 28,2 m gesaugt, die horizontale Entfernung von Saugstelle bis Entlader war 46,5 m. Die gesamte Rohrlänge war 72,7 m.

Beim Haufenziehen mit der pneumatischen Förderung konnten 6 Mann eingespart werden, bei einer Arbeitszeit von 3 Stunden. Bei einem Wochenlohn von M. 30 trifft auf einen Arbeitstag M. 5 bei 10 stundiger Arbeitszeit. 18 stündige Arbeitszeit entspricht dann $\frac{5 \cdot 18}{10}$ = M. 9.

Diese Einsparung pro eine Förderung des aus 330 Ztr. Gerste resultierenden Grünmalzes steht nun den Gesamtförderungskosten gegenüber gleich

$$3 \cdot 1{,}44 = \text{M. } 4{,}32.$$

Hierzu käme noch der Teil der Amortisation, welcher auf dieses Förderquantum trifft: sowie die Verzinsung des Anlagekapitals und die Bedienungs- und Unterhaltungskosten.

Mit der Saugvorrichtung wurde außer der täglichen Grunmalzförderung (4 bis 5 Std.) nach ca. 4 Std. Gerste und Malz gesaugt, so daß sich eine mittlere Betriebszeit bei 260 Tagen (Trommelmälzereibetrieb) von 7½ Std. ergab.

Die Anlagekosten waren M. 18 000.

Die 10% Abschreibung somit = M. 1 800.

5 proz. Verzinsung = M. 900.

M. 2 700.

Auf 3 Förderstunden entfällt dann ein Amortisationsbetrag von

$$A = \frac{2700 \cdot 3}{260 \cdot 7{,}5} = 4{,}15 \text{ M.}$$

Der Ersparnis an Arbeitslöhnen von M. 9 steht dann eine Ausgabe von $4{,}32 + 4{,}15 =$ M. 8,47 gegenüber; diese Ersparnis ist hier etwas gering, sie wird im wesentlichen von den lokalen Arbeitslöhnen, von den Kosten für elektrischen Strom resp. von den Kosten der Antriebskraft und von der Betriebszeit der Anlage abhängen; erhöht sich letztere, so sinkt der Wert der Stundenabschreibung. Es ist noch zu berücksichtigen, daß die Kosten des bisherigen Kraftverbrauches des außer Betrieb gesetzten Fahrstuhles in Wegfall kommen, diese decken reichlich die geringen Ausgaben für Wartung und Bedienung der Sauganlage.

Die Verhältnisse liegen nun in vielen Fällen günstiger. In einem anderen Betrieb konnten z. B. beim Haufenziehen 9 Mann eingespart werden, was einer Lohnersparnis von $\frac{5 \cdot 27}{10}$ = M. 13,5 entspricht.

Wären in diesem Falle alle sonstigen Verhältnisse gleich, so müßte eine Einsparung von $13{,}5 - 7{,}09 =$ M. 6,41 pro eine Förderung gemacht werden. Bei 260 Fördertagen entspricht das $260 \cdot 6{,}41 =$ M. 1666,6.

Das Wesentliche bei der pneumatischen Förderung ist nicht in dieser Ersparnis zu suchen. Man soll auch noch zufrieden sein, wenn die Förderkosten gerade noch gedeckt werden.

Die Unabhängigkeit vom Arbeitspersonal und die Verringerung desselben um mehr als die Hälfte ist der Hauptvorteil dieser Förderungsart.

b) Transportmittel für flüssige Körper (Pumpen).

Der theoretische Arbeitsverbrauch N_t einer Pumpe ergibt sich aus

$$N_t = \frac{Q \cdot (h_s + h_d)}{75},$$

Hierin ist:

Q = sekundliche Fördermenge in kg,

h_s = Saughöhe in m,

h_d = Druckhöhe in m.

Hat eine Kolbenpumpe den Kolbendurchmesser d in dm und den Hub s in dm bei einer minutlichen Tourenzahl von n, so ist das theoretisch geförderte Flüssigkeitsquantum bei einer Umdrehung:

$$\frac{d^2 \pi}{4} \cdot s \text{ bei einfach wirkenden Pumpen}$$

und

$$\frac{d^2 \pi}{2} \cdot s \text{ bei doppelt wirkenden Pumpen.}$$

Die sekundliche Wassermenge ist bei n Touren in Litern:

$$\frac{d^2 \pi}{4} \cdot s \cdot \frac{n}{60} \text{ bei einfach wirkenden Pumpen,}$$

$$\frac{d^2 \pi}{2} \cdot s \cdot \frac{n}{60} \text{ bei doppelt wirkenden Pumpen.}$$

Ein Teil dieser Wassermenge geht durch Ventilundichtigkeiten usw. verloren. Deshalb spricht man bei einer Pumpe von einem Lieferungsgrad ψ. Die Fordermenge Q ist also

$$Q_e = \frac{d^2 \pi}{4} \cdot s \cdot \frac{n}{60} \cdot \psi \text{ bei einfach wirkenden Pumpen}$$

und

$$Q_d = \frac{d^2 \pi}{2} \cdot s \cdot \frac{n}{60} \cdot \psi \text{ bei doppelt wirkenden Pumpen.}$$

ψ hat meist folgende Werte:

0,95 für neue sehr sorgfältig ausgefuhrte Pumpen,

0,9 für gute, einige Zeit in Betrieb gewesene Pumpen,

0,8 für gewöhnliche Pumpen.

Der Lieferungsgrad laßt sich bestimmen, indem man das theoretische Förderquantum, welches sich aus den Dimensionen ergibt, berechnet und es in rechnerischen Vergleich zu der praktischen, in einer bestimmten Zeit geforderten Wassermenge setzt.

Beispiel: In ein Reservoir wurde 1 Stunde lang Wasser mit einer doppelt wirkenden Pumpe von 150 mm Kolbendurchmesser und 200 mm Hub gepumpt, bei $n = 63$ Touren. Das nach dieser Zeit abgemessene Wasserquantum ergab sich zu 24,8 cbm; die theoretisch-sekundliche Fördermenge ist

$$Q = \frac{1{,}5^2 \cdot \pi}{2} \cdot 2{,}0 \cdot \frac{63}{60} = 7{,}42 \text{ l},$$

in einer Stunde also $3600 \cdot 7{,}42 = 26\,700$ l $= 26{,}7$ cbm.

Der Lieferungsgrad ist dann $\frac{24{,}8}{26{,}7} = 0{,}93$.

Bei Pumpen unterscheidet man Lieferungsgrad (auch Leistungsgrad genannt) und einen Wirkungsgrad.

Die Ermittlung des ersteren ist soeben gezeigt worden. Der Wirkungsgrad ergibt sich aus dem Verhältnis der theoretischen und der Antriebsleistung. Die Antriebsleistung der Pumpen wird in gewöhnlicher Art bestimmt. Die Pumpenantriebe geschehen entweder mit Riemen, bei rotierenden Pumpen häufig durch direkte Kupplung mit einem Elektromotor; bei Kolbenpumpen auch durch direkte Kupplung mit einer Dampfmaschine.

Der Wirkungsgrad der Kolbenpumpe liegt zwischen 0,75 bis 0,9,

der der Rotations- und Zentrifugalpumpen zwischen 0,4 bis 0,8.

Die Durchflußgeschwindigkeit in der Saugleitung soll bei Kolbenpumpen 0,5 bis 1,0 m betragen, bei Zentrifugal- und Rotationspumpen 1,0 bis 2,0 m/Sek. Die geringeren Geschwindigkeiten wähle man bei großen Saughöhen. In den Druckleitungen läßt man etwas höhere Geschwindigkeiten zu; bei Kolbenpumpen 1,0 bis 2,0 m, bei Rotations- und Zentrifugalpumpen 1,5 bis 3,0 m; d. h. die Druckleitung darf etwas enger sein wie die Saugleitung. Bei sehr hohen Leitungen müssen die niedrigen Zahlen zutreffen.

Hört man beim Arbeiten der Pumpe ein Schlagen, so sind entweder die Ventile zu leicht (beschweren), die Saugrohre zu eng (erweitern), oder die Saug- oder Druckwindkessel haben zu kleines Volumen.

Die Verdampfung des Wassers setzt schon bei niedriger Temperatur der Saughöhe bei Kolbenpumpen eine Grenze.

Nachstehende Tabelle gibt die Größe der Dampfspannung, abhängig von der Flussigkeitstemperatur, an. Hat z. B. das zu hebende Wasser 70° C, so kann statt einer Wassersäule von 10,33 m = 1 Atm., nur angesaugt werden:

$$10,33 - 3,16 = 7,17 \text{ m.}$$

Temp. in C°	Spanng. in Atm.	Wassersaule in m	Temp. in C°	Spanng. in Atm.	Wassersaule in m
1	0,0067	0,067	50	0,125	1,25
5	0,0088	0,088	55	0,159	1,59
10	0,0124	0,124	60	0,203	2,03
15	0,0172	0,172	65	0,257	2,57
20	0,0236	0,236	70	0,316	3,16
25	0,032	0,320	75	0,392	3,92
30	0,042	0,420	80	0,482	4,82
35	0,056	0,56	85	0,588	8,88
40	0,074	0,74	90	0,714	7,14
45	0,097	0,97	95	0,861	8,61
			100	1,033	10,33

Für praktische Verhältnisse ist bei gewöhnlicher Temperatur eine Saughohe bis 6 m zu empfehlen. Die außerste Grenze ware bei der sorgfaltigsten Ausführung 8 m. Es muß nämlich immer noch eine bestimmte Druckhöhe zur Überwindung der Reibungs- und Bewegungswiderstände übrigbleiben, auch um dem Wasser in gewissen Bewegungsperioden eine Beschleunigung zu erteilen, damit es nicht vom Kolben abreißt.

c) Transportmittel für gasförmige Stoffe.

Hierher gehoren vor allem Förderanlagen für Luft. Der Druck, der bei den Luftforderanlagen erzeugt werden muß, ist verschieden hoch. Bei Luftpumpen und Luftkompressoren beträgt er bisweilen über 4 Atm., bei Kapselgebläsen und Zentrifugalgebläsen, sowie Ventilatoren, ist der Winddruck oft unter 1 m Wassersäule = 0,1 Atm.

1. **Luftpumpen und Luftkompressoren.** Die **Leistungsfähigkeit** wird nach der Luftmenge bestimmt, welche, bezogen auf eine Temperatur von 0° C und 760 mm Barometerstand, in der Sekunde gefördert wird. Auch bei diesen Fördermitteln spricht man von einem **Lieferungsgrad**, der sich auf 0,9 bis 0,95 erhohen, bisweilen aber auch bei schlechten Ausfuhrungen auf die Hälfte sinken kann. Der richtige Gang und die richtige Leistung wird in bekannter Weise mit dem Indikator ermittelt. Man soll sich nicht mit Diagrammen bei konstantem Druck begnugen, sondern auch bei anwachsendem Drücken prufen. Ein solches Diagramm beider Kolbenseiten zeigt Fig. 9. Man läßt dabei die Luftpumpe auf den Luftkessel arbeiten. Bei allen Drucken müssen sich normale Kurven ergeben.

Beispiel: Der Zylinderdurchmesser war 180 mm, der Hub 120 mm, die Tourenzahl $n = 162$. Es ergaben sich folgende Versuchswerte:

Überdruck im Kessel	Indizierte Leistung PS
0 Atm.	0,83
1 »	2,14
2 »	2,75
3 »	3,38
4 »	3,95

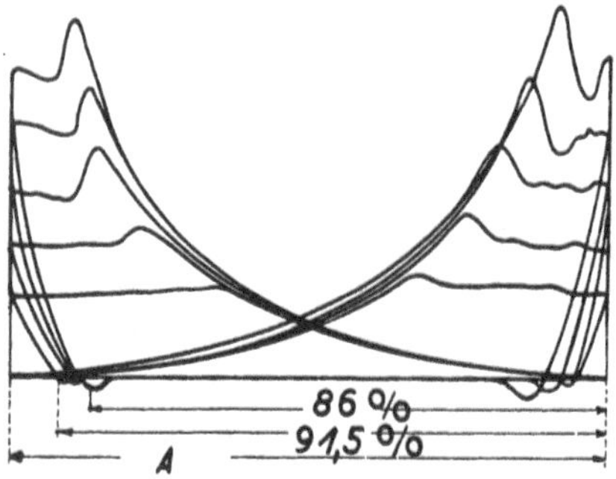

Fig 9

Aus den Diagrammen findet man den **scheinbaren volumetrischen Wirkungsgrad** aus dem Verhältnis der durch Pfeilstriche eingezeichneten Länge zu $A = 100\%$; wie man erkennt, fällt hier derselbe mit steigenden Drucken.

Die **geförderte Luftmenge** bestimmt man, indem man entweder eine genau fixierte Zeitdauer in ein sehr großes Druckgefäß pumpen läßt, oder man mißt die Luftmenge unter Berücksichtigung der Lufttemperatur durch ein mit Wasser gefulltes geeichtes Meßgefäß, aus welchem bei Luftzutritt das Wasser entweicht.

Bei wachsendem Druck erfährt die Luft trotz Kühlung mit Wasser eine Erwärmung; in vorliegendem Fall z. B. von 9,50° C

bei 0	1	2	3	4 Atm.
auf 16,5	18,3	20,4	23,8	26,5

bei gleichbleibender Kühlung.

Die auf ursprüngliche Temperatur umgerechnete, geforderte Luftmenge war bei einem

Überdruck	stundl. Luftmenge in cbm	vol. Wirkungsgrad
1	24,2	91,5
2	18,2	89,2
3	14,4	87,9
4	12,2	87,1
5	10,1	86,0.

Die Lieferungsmenge sinkt hier also wesentlich mit Druckerhöhung infolge Erniedrigung des volumetrischen Wirkungsgrades. Sehr starkes Sinken des volumetrischen Wirkungsgrades bei geringer Druckerhöhung ist kein gutes Zeichen fur eine Luftpumpe. Es gibt heute schon sehr vollkommene Konstruktionen, siehe z. B. das Diagramm Fig. 10.

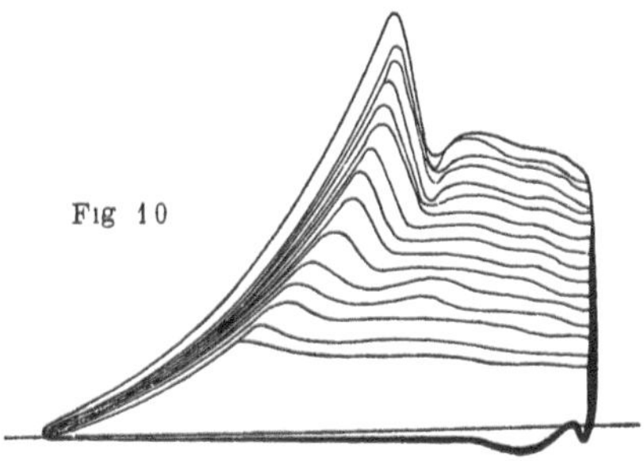

Fig 10

2. Ventilatoren, Gebläse, Exhaustoren finden vielfach Verwendung zum Fordern der Gärkellerluft nach Fig. 11, für Lüftung des Keimgutes in Trommelmälzereien, für Darren, zur Erhöhung des Zuges usw. Gebläse findet man in der Picherei.

Die Luftmenge in cbm ermittelt man am Austrittskanal durch Einstellen eines Flugelanemometers, welches die Luftgeschwindigkeit in m/Sek. anzeigt. Mißt man ferner den Druck in mm Wassersäule und die Temperatur an der gleichen Stelle, so kann auf die Leistung unter normalen Verhältnissen geschlossen werden, wenn die Gaskomponenten (Verunreinigung durch Kohlensäure) bekannt sind.

Fig. 11

Saug- und Druckhöhe, sowie die Tourenzahl, beeinflussen insbesondere die Leistung. Die Tourenzahl nimmt man an der Ventilatorwelle ab.

Der Wirkungsgrad der Ventilatoren liegt niedrig bei 0,25 bis 0,4.

Beispiel: Ein Gärkellerexhaustor benötigte eine Antriebskraft von 10,2 PS, er lieferte aus einem runden Rohr von 500 mm Durchmesser bei 680 Min./m Geschwindigkeit

$$680 \cdot \frac{0{,}5^2 \pi}{4} = 133 \text{ cbm/Min.}$$

von einem Druck von 0,15 m Wassersäule.

Der absolute Druck ist also 1,15 Atm. und nach dem Mariotteschen Gesetz ist das geforderte Luftquantum, auf 1 Atm. bezogen, $1{,}15 \cdot 133{,}0 = 153{,}0$ cbm in der Minute.

Ist die Größe des Gärkellers bekannt, so kann errechnet werden, in welcher Zeit der Ventilator einen Luftwechsel schafft. Die abgesaugte Gärkellerluft soll nicht nutzlos ins Freie geblasen werden, sondern möglichst an einem Berieselungskondensator oder in den Kühlturm einer Trommelmälzerei, so daß die Kühlwirkung und die Luftmenge als solche doppelt ausgenutzt wird.

Die Leistungen von Exhaustoren und Ventilatoren sowie der zugehörige Kraftverbrauch, die Dimensionierung, sind aus folgender Tabelle zu entnehmen:

Flugel-rad-durch-messer	Durch-messer d. Saug-offng.	Riemscheiben		Als Exhaustoren bei 200 mm Wassersaule			Als Ventilatvren bei 50 mm Wassersaule		
		Durch-messer	Breite	Leistg. Minute	Um-drehg. Minute	Kraft-bedarf	Leistg. Minute	Um-drehg. Minut.	Kraft-bedarf
mm	mm	mm	mm	cbm		PS	cbm		PS
400	250	125	120	55	2500	5	30	1350	0,75
500	315	150	140	90	2000	8	45	1050	1
600	375	175	150	135	1800	12	65	900	1,50
700	435	200	175	175	1500	15	90	750	2
800	500	250	200	240	1350	21	120	675	2,75
900	565	300	250	300	1200	27	150	600	3,50
1000	625	350	275	375	1000	33	180	550	4
1500	950	450	400	800	700	70	425	360	9,50

2. Wägevorrichtungen.

Im Brauereibetrieb kommen zwei Arten von Wagen vor, nämlich *Brückenwagen* und *automatische Wagen*.

a) Brückenwagen.

Für *kleine Lasten* benutzt man die *Dezimalwage*, für große Lasten die *Zentesimalwage*. Das Schema der Wagen geht aus den Fig. 12 und 13 hervor. Die Last steht auf der Brücke B, welche auf Hebeln ruht. Die Hebelanordnung muß so sein, daß beim Hin- und Herspielen der Hebel, die Brücke sich selbst, parallel bleibt, so daß die Last sich um *gleichviel hebt oder senkt*. Ferner müssen sich Last und Gewichte im stabilen Gleichgewicht befinden, so daß die Wage, durch Anstoßen aus ihrer Mittellage gebracht, stets wieder in diese zurückkehrt.

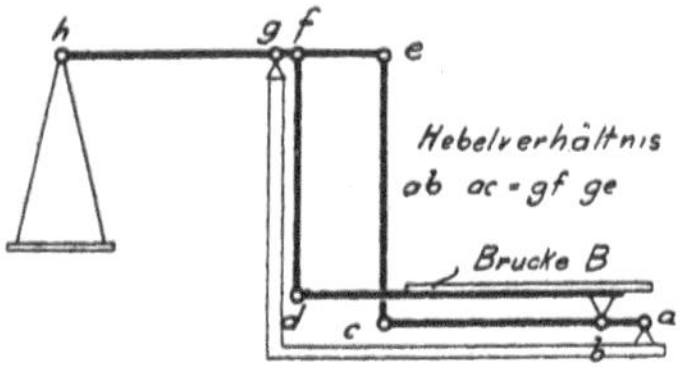

Fig. 12.

Die *Empfindlichkeit* der Wage muß sehr groß sein, und zwar nicht nur bei einer Last, sondern *bei jeder Belastung*.

Nach der Wägung muß die Wage entlastet werden können, indem man einen Wägearm KL hebt, wobei sich M senkt. Da die Wagen vielfach im öffentlichen Verkehr dienen, so wird durch amtliche Eichung ihre Richtigkeit vom Staat aus überwacht. Geeichte Wagen haben den Stempel des Eichamtes.

Dieser Eichstempel wird für Brückenwagen erteilt, sobald ihr Fehler bei Höchstlast nicht größer als 0,6 g auf jedes kg Last ist = 0,6‰. Bei $^1/_{10}$ der Höchstlast darf die Wage einen Fehler gleich dem fünften Teil des bei Höchstlast zulässigen Fehlers haben, der Fehler darf dann also 1,2 g pro 1 kg Last ausmachen.

Eine Brückenwage, gleichgültig ob Dezimal-, Zentesimal- oder Laufgewichtswage, von etwa 1000 kg Wiegefähigkeit wird geeicht, indem man zunächst die Zungen leer zum Einspielen bringt. Man stellt 100 kg und dann 1000 kg auf die Brucke; entlastet wieder auf 100 kg, um zu sehen, ob die Wage sich nicht bei der Höchstlast verändert hat, und entlastet wieder ganz. Der Fehler darf 600 g bei Hochstlast und

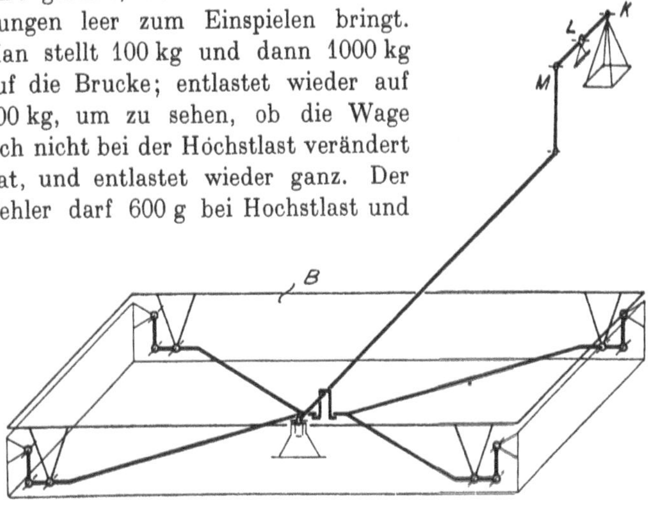

Fig. 13.

$\frac{1}{5} \cdot 600 = 120$ g bei kleiner Last sein. Bei jeder der Be- Belastungen von 100, 1000 und wieder 100 kg hat man die Genauigkeit und die Empfindlichkeit der Wage zu prüfen: beide mussen sich innerhalb der genannten Fehlergrenze halten. Sollte eine Dezimalwage nicht ganz einspielen, wenn man der Höchstlast von 1000 kg 100 kg Gewichte auf der Gewichtsschale entgegensetzt, so muß man sie doch zum Einspielen bringen konnen, wenn man hochstens 600 g von der Brucke wegnimmt oder hinzufugt: dann ist die Genauigkeit ausreichend. Hat man die Wage bei der Hochstlast zum genauen Einspielen gebracht, so muß sie durch Aufsetzen von 600 g auf die Brücke nicht nur aus der Gleichgewichtslage, sondern auch in einer von der Mittelstellung »deutlich« abweichenden Stelle zur Ruhe kommen: dann ist die Empfindlichkeit ausreichend.

Von den Eichämtern werden die Wagen nach den in der Eichordnung für das Deutsche Reich enthaltenen Bestimmungen geeicht. Die Gebühren sind so mäßig, daß man bei Zentesimalwagen, da meist nicht soviel Gewichte zur Verfügung sind, besser daran tun wird, sie amtlich eichen zu lassen, als dies selbst zu besorgen.

Die Eichung der Gewichte ist ebenso wichtig wie die der Wage; durch Schmutz, Rost und Abspringen von Ecken können Gewichte falsch werden.

Bei Versuchen, wobei das Wägen eine Hauptrolle spielt, unterlasse man es nie, vor Versuchsbeginn die Empfindlichkeit der Wage zu prufen, d. h. es ist festzustellen auf welches kleinste Gewicht die Wage noch merklich reagiert; dieser kleine Versuch gibt gleichzeitig über den ordnungsgemäßen Zustand der Wage Aufschluß. Alle Wagen sollen mindestens alljährlich einmal nachgepruft werden.

b) Automatische Wagen.

Sie finden zur laufenden Wägung von Gerste und Malz Verwendung. Die automatisch registrierende Wage ist das einzige Betriebskontrollinstrument fur die qualitative Leistung einer Mälzerei. Bei Großbetrieben sollte es vorausgesetzt werden, daß sie ihren Malzereibetrieb mit automatischen Wagen prüfen. Dazu muß vorhanden sein:

Eine Wage zur Kontrolle der Gerstenanlieferung fur ungeputzte Gerste;

eine Wage zur Wägung der geputzten Gerste;

eine Wage zur Wägung der Gerste, welche in die Weichen läuft. Die Anordnung derselben ist zweckmäßig auf Schienen fahrbar über den Weichen, Fig. 14;

eine Wage zur Malzwägung, welche das Gewicht des gedarrten und fertig geputzten Malzes angibt.

An der Schrotmühle ist eine Steuerwage amtlich vorgeschrieben.

Zu Störungen und Fehlanzeigen automatischer Wagen können im allgemeinen drei Ursachen Veranlassung geben:

1. fehlerhafte Aufstellung;
2. falsche Behandlung des Wagenmechanismus und
3. unrichtige Einstellung und Betriebsweise.

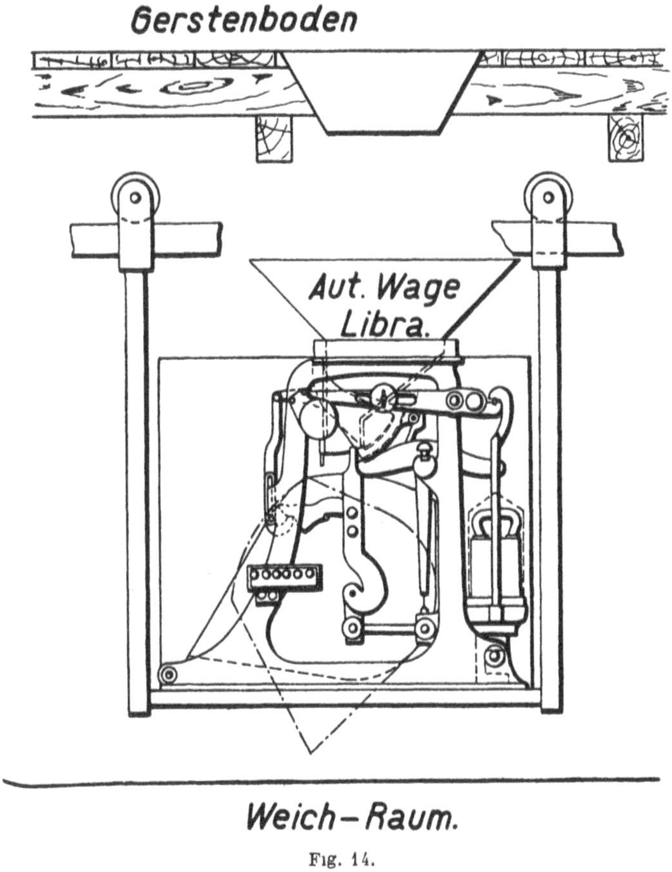

Fig. 14.

Bezüglich Aufstellung und Behandlung der automatischen Wagen geben die Fabriken meist so klare Anleitung, daß bei Beachtung derselben wohl keine Fehlanzeige der Wage zu befürchten ist. Das Wagegestell muß auf eine *ebene Unterlage* gebracht werden und genau ausgerichtet sein, so daß es im Lot steht. Bei der Zusammensetzung der Wägevorrichtung selbst ist sehr vorsichtig, besonders beim Einsetzen des Wagebalkens in die am Gestell befindlichen Pfannen, zu verfahren, damit nicht die gehärteten Schneiden durch Anstoßen beschädigt werden.

Kaum zu erwähnen ist, daß alle Schrauben, Muttern und Scheiben, wie bei Aufstellung jeder maschinellen Einrichtung ordnungsgemäß zu befestigen sind. Über dem Wageneinlauf ist ein Trichter anzubringen, *so groß*, daß er *fur eine Gefäßfüllung* sicher ausreicht. Der Ablaufrumpf unterhalb der Wage ist so zu gestalten, daß das umkippende Gefäß die Wände desselben nicht berührt. Der Ablaufrumpf muß mindestens eine Entleerung aufnehmen können, damit die Wage mit ihrer vollen Leistung zu arbeiten vermag. Um grobe Gegenstände, wie Holz, Sackteile usw. vor dem Wageneinlauf abzufangen, soll uber den Wageneinlauf ein *grobes Sieb* angebracht werden.

Für die Behandlung ist es sehr wichtig, daß das soeben erwähnte Fangsieb ofters gereinigt wird, damit sich nicht der Einlauf verlegt oder Teile in den Wageneinlauf gelangen, durch welche die *Schieber am Zufallen* gehindert werden. Im letzten Falle läuft der Behälter voll, ohne sich zu entleeren. Sollte dies einmal vorkommen, so fasse man den Behälter unten an seinem Auslauf an, entferne das Hindernis aus dem Einlauf und lasse den Behälter jetzt vorsichtig entleeren. Das Wageninnere muß mindestens wöchentlich einmal mittels *Handstaubers* oder eines kleinen *Blasebalges* von Staub und Schmutz befreit werden; damit sich nicht auf den Gewichten, welche die Schuttung ausgleichen, Staubmengen ansammeln, sind diese mit einem Blechgehäuse eingedeckt. Ein sehr grober Fehler wird nicht selten dadurch gemacht, daß man die Wage *durch Schmierung* der Gelenke leichter gangbar *zu machen glaubt*. Eine automatische Wage darf an *keiner Stelle geschmiert* werden. Diese Wagen sind schon so konstruiert, daß sich nicht, wie an anderen Maschinen, Teile wesentlich abnutzen oder durch ihre Reibung warm oder heiß werden. Eine Schmierung wirkt insoferne schädlich, als sich das Öl mit dem ja immer auftretenden Staub zu einer sehr klebrigen Masse vermengt und die freie Gelenkigkeit usw. hindert.

Beim Einstellen und Austarieren der leeren Wage müssen die Gewichte von der Gewichtsschale abgenommen, die Staubkapsel aber wieder aufgestellt werden. Nun bringt man die Wage mit den Mechanismen außer Berührung, wodurch sie frei spielen wird, wenn sie in Ordnung ist. Befindet sich die Wage nicht im Gleichgewicht, so muß dies durch Herausnehmen oder Zulegen von Blei in eine auf der Gewichtsschale befindliche Öffnung erreicht werden. Will man die Wage während des Betriebes prüfen, so müssen sich die die Schüttung ausgleichenden Gewichte auf der Gewichtsschale befinden. Dabei läßt man, was durch Hebelumstellung zu bewirken, nach erfolgter Fullung das Wagegefäß nicht entleeren. Fullt sich das Gefäß richtig, so muß der Zeiger am Wagebalken genau einspielen, wenn die Fullung nicht zu leicht oder zu schwer ist. Hat man einige Füllungen abgefangen, so ergibt sich bei größeren Fehlern stets ein Zeigerausschlag nach ein und derselben Seite. Um zunächst die Größe des jeweiligen Fehlers festzustellen, legt man auf die »zu leichte« Wageseite so viele Gewichtsstücke (in Gramm) auf, bis der Zeiger einspielt. Die ev. entstehende Fehlanzeige läßt sich an automatischen Wagen durch Verschieben eines Reguliergewichtes korrigieren. Das Laufarmreguliergewicht hat zwei Bezeichnungen, nämlich auf der rechten Seite »Schwerer«, auf der linken Seite »Leichter«. Ist nun die Füllung zu leicht, so schiebt man das Reguliergewicht nach »Schwerer«, wenn zu schwer, so schiebt man es nach links auf »Leichter«.

Schon nach einigen Kippungen erreicht man es dann, daß die Differenzen mehrerer aufeinanderfolgenden Wägungen sich in den Grenzen zwischen $\pm$ 10 g bewegen. Ist diese grobe Einstellung erledigt, dann beginnt man mit der feinen Einstellung, d. h. man sucht aus dem arithmetischen Mittel der Abweichung einer größeren Anzahl von

Kippungen zu ermitteln, wie groß der mittlere Fehler ist, und verschiebt dann das Reguliergewicht nochmals, diesmal allerdings nur wenig, um den Fehler vollkommen zu beseitigen.

Beispiel 1: Prufung einer automatischen Wage »Libra« (Malzwage):

Die Schüttungsfüllung war 10 kg. Nach der groben Einstellung wurden 20 Schüttungen auf ihr Gewicht geprüft. Die Prüfungsergebnisse enthält Tabelle I.

Tabelle I.

Grobe Wageeinstellung		
Laufende Nummer der Schuttung	Aufzulegendes Ausgleichsgewicht	
	Zu leicht —	Zu schwer +
1	—	5
2	—	2
3	0	0
4	1	—
5	—	5
6	2	—
7	—	2
8	—	8
9	—	5
10	0	0
11	2	—
12	0	0
13	—	7
14	0	0
15	—	6
16	1	—
17	2	—
18	8	—
19	0	0
20	—	6
Summa	—16	+47

Zu schwer (47 — 16) : 20 = 1,55 g die Schuttung.

Tabelle II.

Feine Wageeinstellung		
Laufende Nummer der Schuttung	Aufzulegendes Ausgleichsgewicht	
	Zu leicht —	Zu schwer +
1	3	—
2	0	0
3	0	0
4	—	3
5	0	0
6	0	0
7	—	2
8	7	—
9	2	—
10	0	0
11	0	0
12	2	—
13	—	4
14	—	1
15	0	0
16	—	5
17	0	0
18	0	0
19	1	1
20	0	0
Summa	—15	—15

Keine Differenz.

Es ergibt sich daraus, daß im Mittel jede Schüttung um 1,55 g zu schwer war. Deshalb mußte bei der feinen Einstellung das Reguliergewicht noch ein klein wenig nach »Leichter« verschoben werden. Die Resultate von 20 Kippungen nach der stattgefundenen feinen Einstellung zeigt Tabelle II.

Daraus erkennt man, daß es tatsächlich gelingt, eine automatische Wage so einzustellen, daß sie praktisch absolut fehlerlos arbeitet. Schon die grobe Einstellung ergab einen fur gewöhnliche Wägungen noch ganz zulässigen Fehler von + 1,55 g auf 10 kg, das ist auf 10 000 g 1,55 = 0,155 ‰, doch selbst dieser Fehler ist noch zu beseitigen.

Für die steueramtliche Kontrolle ist ein Fehler von 1 ‰ bei registrierenden automatischen Wagen zulässig. Die Grenze ist demnach ziemlich weit, aber fur die Praxis gewiß ausreichend.

Außer der Genauigkeit einer automatischen Wage muß auch die stündliche Leistung geprüft werden; denn sie ist meistens garantiert. Im vorliegenden Falle war die garantierte Stundenleistung 40 Ztr. (2000 kg), die Wage kippte während des Betriebes viermal in der Minute. Jede Schuttung war 10 kg, die minutliche Leistung war also 40 kg, und die Stundenleistung 60 · 40 = 2400 kg, so daß die garantierte Stundenleistung noch überschritten war.

Beispiel 2: Wagesystem »Libra« (Gerstenwage):

Die Versuchsresultate sind in Tabelle III (S. 44) zusammengestellt.

Die grobe Einstellung ergab somit eine mittlere Abweichung von 0,35 g fur die Schüttung = einem Fehler von 0,35 ‰. Es empfiehlt sich, Fehler von so geringem Werte gar nicht mehr zu korrigieren; denn sie haben tatsächlich keinen Einfluß in der Praxis.

Die Leistungsprüfung ergab ebenfalls, wie im vorigen Falle, eine Stundenleistung von 2400 kg.

Aus diesen Beispielen geht deutlich hervor, daß es möglich ist, automatische Wagen so einzustellen, daß eine für die Praxis genugende Genauigkeit erzielt wird. Man kann zur Prüfung auch mehrere Einzelschuttungen abfangen und auf einer Dezimalwage nachwägen. Im Versuchsfalle wurde vor

Tabelle III.

Laufende Nummer der Schuttung	Ausgleichsgewicht Gramm		Laufende Nummer der Schuttung	Ausgleichsgewicht Gramm	
	Zu leicht —	Zu schwer +		Zu leicht —	Zu schwer +
1	—	3	Übertrag	12	7
2	2	—	13	3	—
3	—	2	14	—	2
4	0	0	15	0	0
5	0	0	16	—	2
6	1	—	17	0	0
7	0	0	18	2	—
8	2	—	19	—	2
9	2	—	20	3	—
10	—	2	Summa	—20	+13
11	3	—	Zu leicht (20 — 13) : 20 = 0,35 g die Schüttung.		
12	2	—			

der Prüfung die Dezimalwage auf ihre Empfindlichkeit geprüft und es ergab sich eine solche von 1 g auf die Gewichtsschale, also 10 g auf die Lastwagschale. Man erkennt, daß die Genauigkeit der Dezimalwage infolge ihrer verhältnismäßig geringen, wohl aber noch zulässigen Empfindlichkeit derjenigen der automatischen Wage nachsteht, so daß die der automatischen Wage noch angezeigten Gewichtsdifferenzausschläge von der Dezimalwage bei der Wägung der gleichzeitigen Schüttungsmengen gar nicht mehr zum Ausschlag kommen.

Der Grund dieses für die automatisch registrierende Wage gar nicht zu unterschätzenden Vorteils liegt in der Gleicharmigkeit derselben. Dadurch erhält sie eine zehnfache Genauigkeit gegenüber der Dezimalwage.

Ist die Empfindlichkeit der Dezimalwage geringer, so hat eine Nachprüfung auf diese Art wenig Zweck.

Die kleinen Wägungsfehler, welche die automatische Wage macht, sind gar nicht in der Wage als solcher, sondern in der Zulaufregulierung begrundet, und auf diese muß ein Hauptaugenmerk gerichtet sein. Die Stellung des Reguliergewichtes ist keine konstante, sondern sie hängt ab:

1. von der Stärke des Zulaufes,
2. von der Art des Wägegutes.

Die Stärke des Zulaufes muß und kann aber auch bei automatischen Wagen konstant gehalten werden. Wechselnde Zulauf zieht fehlerhafte Auswägungen insoferne nach sich, als schwacher Zulauf »zu leicht«, starker Zulauf »zu schwer« auswiegt. Die Qualität des Wägegutes hat großen Einfluß auf die Richtigkeit der Wägung, indem bei konstanter Stellung des Laufreguliergewichtes schwere Gerste »schwerer«, leichte Gerste »leichter« auswiegt.

Will man also durch automatische Wagen zuverlässige Resultate erhalten, so muß man die Bedingungen, welche diese Apparate zur genauen Anzeige fordern, auch einhalten.

Das Laufreguliergewicht ist also für eine bestimmte Zulaufgeschwindigkeit und eine konstante Qualität des Wägegutes einzustellen, wie oben gezeigt. Ändert sich einer dieser beiden Einflusse, z. B. durch Anlieferung einer anderen Gerstensorte, so muß eine Neueinstellung erfolgen.

Für Malzfabriken sind die Absackwagen sehr empfehlenswert, ohne diese mußte bisher jeder Sack auf die Dezimalwage gefahren, dort austariert und wieder abgefahren werden. An die Absackwagen wird der leere Sack angehängt, er fullt sich automatisch unter Berucksichtigung der Tara des Sackes auf einen bestimmten einzustellenden Sackinhalt, das bedeutet eine große Zeit- und Arbeitsersparnis. Die Prufung der Richtigkeit geschieht hierbei auf die gleiche Weise wie bei den anderen automatischen Wagen.

3. Reinigungsmaschinen für Gerste und Malz.

A. Gerstenreinigungsanlage.

a) Die Prüfung der Richtigkeit der Dimensionierung.

Das Reinigen der Gerste muß in zwei Abschnitte zerlegt sein, in das Putzen und in das Sortieren. Durch das Putzen sollen Staub, Spreu, Grannen, Unkrautsamen, Steine, Besenreiser, zerschlagene Körner usw. entfernt werden. Durch das Sortieren sollen die Körner nach ihrer Größe, resp. ihrer Bauchigkeit getrennt werden.

Als Hauptbestandteile einer Putzerei sollen vorhanden sein: der Entgranner, der Entstauber (Exhaustor), das Vorsieb für grobe Vorreinigung und der Trieur (Auslesemaschine für Halbkörner und runde Unkrautsamen).

Als Vorsieb wird bei Putzereien entweder ein gerades Rüttelsieb oder ein Zylinder mit weiter Schlitzung benutzt.

Die Entfernung des Staubes geschieht mit Aspirateuren, welche eine Tourenzahl von 400 bis 600 pro Minute machen. Auf die sorgfältige Entfernung des Putzstaubes ist großer Wert zu legen; denn 1 g Putzstaub enthält etwa 10 bis 15 Millionen Keime (Schimmelsporen, Hefen, Bakterien). Das Abfangen des Staubes geschieht in Staubkästen, Staubkammern und Staubsammlern verschiedener Art, meist ruft ein Richtungswechsel des Luftstromes die mechanische Abscheidung herbei. Hölzerne Staubsammler sind wegen der Feuersgefahr nicht empfehlenswert.

Wo die in der Abluft der Reinigungsmaschinen mitgerissenen Staubteilchen sicher ausgeschieden werden sollten, ist ein Luftfilter vorzusehen. In denselben werden die

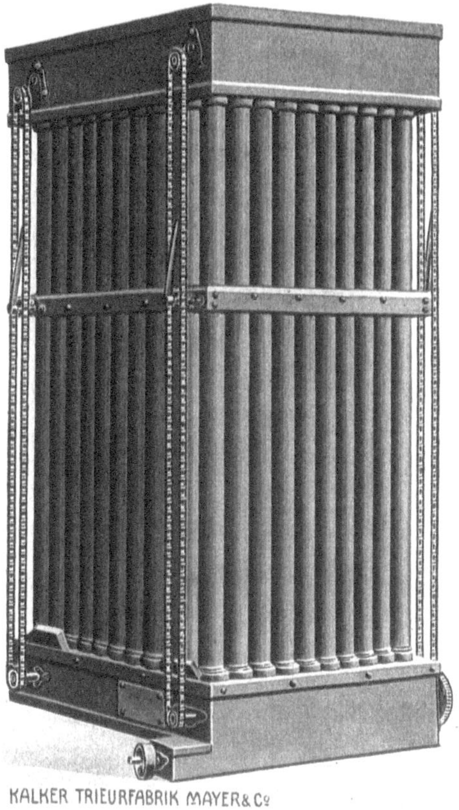

Fig. 15.

Staubteilchen bis zu dem Grade von der Luft getrennt, daß man mit bloßem Auge in der austretenden Luft kaum noch eine Verunreinigung wahrnehmen kann. Die Schlauchfilter werden mit selbsttätiger Abreinigung als Druckschlauchfilter (Fig. 15) und Saugschlauchfilter (Fig. 16) gebaut (Systeme der Kalker Trieurfabrik Mayer & Co.).

Die zu entstaubende Luft muß durch die Gewebe der Filtertücher hindurchstreichen, wobei die Staubteilchen an den Wänden der Filterschläuche haften bleiben. Durch einen selbsttätigen Abstreichrechen bzw. durch Spannen und Ent-

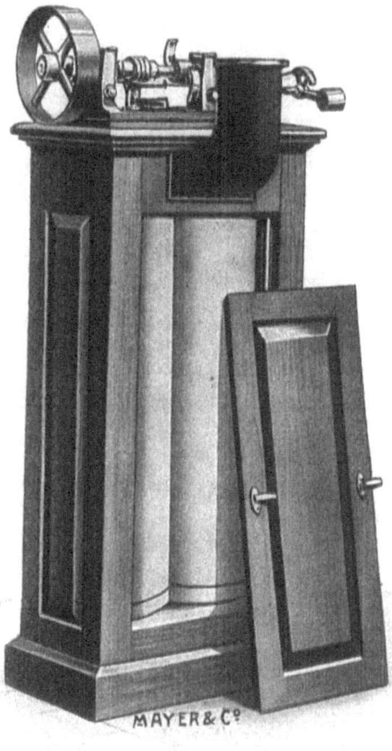

Fig. 16.

spannen werden die Schläuche in Zwischenräumen von dem angesammelten Staub befreit, wobei gleichzeitig der Luft der Zutritt versperrt ist.

Bei Druckschlauchfiltern darf nur ein Ventilator und ein Filter zusammenarbeiten, da sonst durch Ruckstau der Luft ein nachteiliger Einfluß auf die Wirkung der Reinigungsmaschinen ausgeubt wird.

Durch Unterteilung des oberen und unteren Kastens laßt sich aber ein großerer Filter in mehrere kleine zerlegen, und dann ist die Moglichkeit vorhanden, mehrere Exhaustoren an einen Staubsammler anzuschließen.

An die Saugschlauchfilter können mehrere Saugquellen angeschlossen werden, diese sind da zu empfehlen, wo Hülsen, Grannen und Strohteile mit abgesaugt werden sollen, weil in den weiteren Schläuchen der Saugfilter sich die mitgerissenen Teile nicht so leicht festsetzen können. Auch bieten die Saugfilter bei gleicher Kastengröße mehr Filterflache als die Druckfilter.

Beim Saugfilter sind die Zuleitungen der Staubluft in einen unter den eigentlichen Filter zu bauenden Holztrichter zu führen, von wo aus die Luft dem Apparat zuströmt und oben vom Exhaustor abgesaugt wird.

Maße und Leistungen fur Druckschlauchfilter und Saugschlauchfilter der Ausfuhrung nach Fig. 15 und 16 mit selbsttätiger Abreinigung sind aus folgenden Tabellen zu entnehmen:

für Druckschlauchfilter:

Filterflache qm	Anzahl der Schlauche	Kasten Lange mm	Kasten Breite mm	Kasten Hohe mm	Großte Breite mm	Antriebscheibe Durchmesser mm	Antriebscheibe Breite mm	Umdrehungszahl in der Minute
26	48	1350	470	2700	725	400	60	
32	60	1350	580	2700	835	400	60	50
39	72	1350	690	2700	945	400	60	
45	84	1350	800	2700	1055	400	60	
52	96	1350	910	2700	1165	400	60	50
65	120	1350	1130	2700	1385	400	60	
78	144	1350	1350	2700	1605	400	60	
91	168	1350	1570	2700	1825	400	60	50
97	180	1350	1680	2700	1935	400	60	
110	204	1350	1900	2700	2155	400	60	50
117	216	1350	2230	2700	2265	400	60	

für Saugschlauchfilter:

Filterflache	Schlauche		Kasten			Ganze Hohe	Antriebscheibe		Umdrehungszahl in der Minute
	Zahl	Durchmesser mm	Lange mm	Breite mm	Hohe mm		Durchmesser mm	Breite mm	
qm						mm			
11	8	200	1110	570	2500	2800	400	60	30
22	16	200	1110	1060	2500	2800	400	60	
44	32	200	2190	1060	2500	2800	400	60	
65	48	200	3270	1060	2500	2800	400	60	

Die Aspiratoren an Reinigungsanlagen haben mittlere Abmessungen, wie sie in folgender Tabelle zusammengestellt sind:

Leistungen pro Std.		Raumbedarf			Hohe des Einlaufs	Antriebscheibe		Umdrehung in der Minute	Kraftbedarf
höchste Ztr.	normale Ztr.	Lange mm	Breite mm	Hohe mm	mm	Durchmesser mm	Breite mm		ca. PS
24—26	8—12	1680	1550	1860	1680	200	100	450	$^3/_4$
30—45	16—24	1680	1670	1860	1680	200	110	450	1
65—80	32—40	2000	1900	2050	1850	250	120	450	$1^1/_2$
120—140	48—60	2000	2000	2050	1850	250	120	450	2
150—200	60—80	2500	2300	2450	2250	300	120	450	$2^1/_2$
200—250	90—120	2650	2400	2450	2350	300	150	450	3
250—300	120—150	2850	3000	2600	2500	350	150	450	$3^1/_2$
300—350		2850	3300	2600	2500	350	160	450	4

Die Trieure kommen in zwei grundverschiedenen Konstruktionen vor.

a) Zylindrische Trieure, sie bestehen aus Zinkblechzylindern (Fig. 17), in denen durch Pressen oder Fräsen taschenförmige Zellen ausgearbeitet sind. Die Zellenformen zeigen die Fig. 18 und 19. Im allgemeinen werden die schräggefrästen Zellen den gepreßten oder gedrückten Zellen vorgezogen. In neuerer Zeit findet man aber auch Trieurmäntel mit gepreßten Zellen, welche an Dauerhaftigkeit jenen mit gefrästen Zellen gleich kommen. Die Zellen heben die Halbkörner und runden Samen aus. Nur bei richtiger Stellung der Abfallmulde ist eine scharfe Auslesearbeit mög-

Fig 17.

Fig 18.

Fig 19

lich Die Maße und Leistungen von zylindrischen Trieurmänteln nach Fig. 17 sind aus folgender Tabelle zu entnehmen.

Durchmesser mm	Lange mm	Umdrehungen in der Minute Zylinder	Umdrehungen in der Minute Vorgelege	Ungefahre Leistung in der Stunde Ztr.
300	1150	17	62	2
350	1250	16	60	4
400	1500	16	58	6
420	1750	15	58	7
450	1750	15	58	8
500	2000	14	55	10
550	2250	13	52	12
600	2350	12	50	14
600	2500	12	50	15
700	2750	11	48	18
800	3000	10	41	22
800	3200	10	41	24

b) Trieure mit geraden Ausleseblechen (Fig. 20). Der Auslesemantel besteht aus scharnierartig aneinander gefügten Zellenblechen, welche endlos über zwei Rollen geführt sind. Das Ausleseband bewegt sich langsam nach oben und nimmt in den vertieften Zellen die Unkrautkörner und

Fig 20

Halbkörner mit, während die Gerste auf der geneigten Fläche nach unten läuft.

Bei dieser Art von Trieuren hat man der gleichmäßigen Verteilung auf die ganze Breite der Auslesefläche besondere Aufmerksamkeit zu schenken; sonst ist die Auslesearbeit eine unvollkommene. Der Auslesemantel ist aus Bronzeblech hergestellt, die Abnutzung hierbei ist geringer wie bei den Zinkblechzylindern.

Die Sortierzylinder. Diese sind entweder von den Trieuren getrennt und liegen dann meist unter diesen oder sie liegen um die Trieure als sog. Umlegsiebe.

Die Maße und Leistungen der Sortierzylinder mit wechselbaren Sieben, getrennt vom Trieur nach Fig. 21, gibt folgende Tabelle wieder.

Zylinder- Durchmesser mm	Zylinder- Lange mm	Stündliche Leistung ca.	Tourenzahl des Zylinders bei Riemenantrieb Minute	Tourenzahl des Vorgeleges bei Zahnkranzantrieb Minute	Antriebsscheibe des Vorgeleges bei Zahnkranzantrieb Durchmesser mm	Antriebsscheibe des Vorgeleges bei Zahnkranzantrieb Breite mm
350	1250	300	28	100	250	50
400	1500	500	25	90	250	60
450	1750	750	25	90	250	60
500	2000	1000	25	90	300	60
550	2250	1250	20	80	300	60
600	2500	1500	20	80	350	60
700	2750	2000	18	78	400	80
800	3000	2500	15	60	500	100
900	3500	3300	10	50	600	100
1000	4000	4200	10	50	700	100

Zu hohe Tourenzahl und zu starke Neigung des Trieurs vermindern die richtige Auslese; Tourenzahl und Durchmesser müssen deshalb in einem bestimmten Verhältnis stehen.

Die Neigung ist gewöhnlich:
beim Trieur 6 bis höchstens 10% der Länge,
beim Sortierzylinder bis 10% der Länge.

Ist allgemein D = Durchmesser des Trieurs, resp. Sortierzylinders in m, so ergibt sich die günstigste Tourenzahl für den Trieur aus:

$$n = \frac{5{,}2}{D} \text{ bis } \frac{8{,}0}{D}.$$

für Sortierzylinder:

$$n = \frac{15{,}0}{D} \text{ bis } \frac{10}{D}.$$

Fig. 21.

wobei die ersteren Werte für kleinere Trieure oder Sortierzylinderdurchmesser, die letzteren für große Durchmesser gelten.

Beispiel:

Ein Trieurzylinder hat 0,6 m Durchm. und seine Tourenzahl pro Minute ist $n = 18$.

Der Trieurumfang ist dann $0{,}6 \cdot \pi = 1{,}885$.

Der minutliche Trieurweg ist $18 \cdot 1{,}885 = 33{,}9$ m.

Die Umfangsgeschwindigkeit pro Sek.

$$v = \frac{33{,}9}{60} = 0{,}566 \text{ m.}$$

Das ist viel zu hoch. Um richtige Verhältnisse zu schaffen, muß hier die Tourenzahl des Trieurs verringert werden, so daß der minutliche Trieurweg $= 0{,}3 \cdot 60 = 18$ m wird, anstatt wie oben 33,9.

Die richtige Tourenzahl ergibt sich dann aus $n = \frac{18}{1{,}885} = 9{,}57$ pro Minute.

b) Die Beurteilung des richtigen Ganges.

Bei einer Gerstenreinigungsanlage unterscheidet man zwischen einer quantitativen und einer qualitativen Leistung.

Die quantitative Leistung besagt, wieviel kg Kaufgerste von normaler Zusammensetzung pro Stunde von der Putzerei verarbeitet werden kann.

Die qualitative Leistung drückt aus, inwieweit eine exakte Teilung nach bestimmten Sortimenten mit der Putzerei überhaupt möglich ist.

Eine Gerstenreinigungsanlage arbeitet normal, wenn:

1. in der Braugerste kein Abfall,
2. in den Abfällen auch keine Braugerste zu finden ist.

Zum Nachweis der richtigen Abfallauslese entnimmt man von den sich in der Praxis ergebenden Sortimenten Braugerste I und II Durchschnittsproben und sortiert diese im Laboratorium mit Sieben von einer Schlitzweite wie sie die in der Praxis aufgesteckten Siebe haben. Man bestimmt die darin noch vorhandene Abfallgerste, ferner die darin noch befindliche Menge halber Körner und anderer Verunreinigungen.

Beispiel: Die Siebe der Praxis waren 2,4 mm und 2 mm. Die Laboratoriumssortierung ergab:

	Sorte I	Sorte II	Abfall und Verunreinigung.
Braugerste I	75,0	16,0	9,0%
Braugerste II	5,5	80,8	13,7%.

Diese Abfallauslese ist eine schlechte.

Ergibt sich in der Praxis nach der Putzung 80,5% Sorte I und 19,5% Sorte II Braugerste, so enthält diese noch

$$\frac{80{,}5 \cdot 9{,}0}{100} + \frac{19{,}5 \cdot 13{,}7}{100} = 9{,}92\,\%\ \text{Abfall.}$$

Das Auftreten von Abfällen in der Braugerste kann in Verschiedenem seine Ursache haben.

Am häufigsten ist die ungenügende Auslese von Abfällen auf eine Überlastung zurückzuführen. Durch ungenugendes Funktionieren der Abstreifvorrichtung

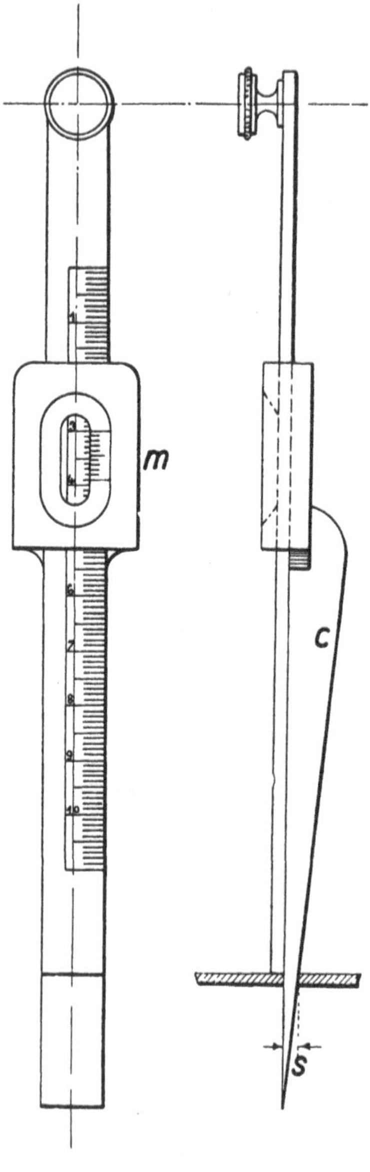

Fig. 22.

verlegen sich die Schlitze der Siebzylinder und bieten dem Sortiergut zu wenig wirksame Fläche. Auch zu eng gewählte Schlitzweite des aufgesteckten Abfallsiebes begunstigt das Zurückhalten von Abfall in der Brauware.

Bei den Sortierzylindern hat man großen Wert auf die Kontrolle der Schlitzweiten zu legen. Die Schlitzweite ist am Umfang der Siebe meistens aufgeschlagen. Nach längerem Betrieb erweitern sich die Schlitze infolge des Durchtretens der Abfallgerste; denn die kieselsäurehaltigen Hülsen haben die Eigenschaft, die Kanten der Schlitze abzuschleifen.

Zur Prufung benutzt man das in Fig. 22 dargestellte Instrument. Dieses setzt man mit seiner Meßleiste auf das Sieb und schiebt dann den Meßkonus *c*, welcher oben an der Meßleiste gefuhrt ist, dieser entlang so tief als moglich in den Schlitz *s* ein. Beim Aufsitzen des Konus kann bei der Marke *m*, an der Meßleiste, die Schlitzweite in Zehntel-Millimeter, und bei Anwendung des vorhandenen Nonius in Hundertstel-Millimeter abgelesen werden.

Die Form der Sortiersiebe muß vollkommen zylindrisch sein; an Einbuchtungen, selbst ganz geringen, verlegen sich die Schlitze sehr bald, weil der Abstreifer nicht mehr an das Sieb herantritt und es nicht mehr reinigt.

Zu geringe Windstärke im Aspirateur entfernt Hülsenteile und Grannen unvollkommen. Trieure, deren Vertiefungen sich an den Unterkanten sehr abgerundet haben, lassen zu früh halbe Körner und runde Unkrautsamen fallen. Beim ruckweisen Arbeiten eines Trieurs tritt der gleiche Nachteil auf. Die richtige Höhenstellung des Abfallfängers und das genügend weite Herantreten an den Zylinderumfang ist ein wesentliches Erfordernis.

Das Durchfallen von Braugerste in die Abfälle kommt vor, wenn Trieure die Eigenschaft haben, kurze, vollbauchige Gerstenkörner mit auszuheben, oder wenn die Sortierzylinder schadhaft geworden sind. Ungleichmäßigkeit in der Sortierung hat meist in der Überlastung der Putzerei, zu starker Neigung der Zylinder, Verstopfung der Sortierschlitze und zu rascher Umdrehungszahl seinen Grund.

Um zu prüfen, ob in den Abfällen keine Braugerste vorzufinden ist, werden Durchschnittsproben von der Abfallgerste, dem Trieurausputz usw. entnommen. Im Laboratorium werden diese Abfälle aussortiert und die erhaltenen ganzen Körner der Sorte I und II prozentual berechnet.

Beispiel:

	Sorte I	Sorte II	Abfall
Die Sortierung der Abfallgerste im Laboratorium (Siebe 2,4 und 2,0 mm, wie in der Praxis) ergab . . .	1,2	12,3	86,5%
Der Trieurauswurf enthielt .	0,8	10,8	88,4%.

Die Gesamtsortierung der Kaufgerste ergab in der Praxis an Gesamtabfall 16,3%, und zwar:

Staub, Hülsen, Steine, Sackbendel, Besenreiser usw.	0,8 %
Halbe Körner	1,2 %
Abfallgerste (Futtergerste)	14,3 %
Gesamtabfall	16,3 %
Braugerste Sorte I	15,7 %
Braugerste Sorte II	68,0 %
	83,7 %

Nach der Laboratoriumssortierung der in der Praxis enthaltenen Sortimente zeigte sich:

a) daß 100 g halbe Körner 0,8% Sorte I, und 10,8% Sorte II enthielten. Da aus 100 g Kaufgerste nur 1,2 g halbe Körner kommen, so enthalten diese 1,2 g halbe Körner 0,0096 g Sorte I und 0,1296 g Sorte II, also tatsächlich nur 1,0608 g halbe Körner.

b) 100 g Abfallgerste enthielten 1,2% Sorte I und 12,3% Sorte II; aus 100 g Kaufgerste resultieren 14,3 g Abfallgerste, darin ist:

$$\frac{14{,}3 \cdot 1{,}2}{100} = 0{,}1715 \text{ g Sorte I und } \frac{14{,}3 \cdot 12{,}3}{100} = 1{,}76 \text{ g Sorte II,}$$

also $14{,}3 - (0{,}1715 + 1{,}76) = 12{,}3685$ g Abfall;

ferner enthielten

100 g Sorte I (nach vorhergegangenem Beispiel) 9,0% Abfall

und 100 g Sorte II 13,7% Abfall

oder 100 g Braugerste enthalten 9,92 Abfall.

$100 - (0{,}8 + 1{,}2 + 14{,}3) = 83{,}7$ g Braugerste enthalten:

$$\frac{9{,}92 \cdot 83{,}7}{100} = 8{,}3 \text{ g Abfall.}$$

Nach diesen Laboratoriumsergebnissen wird in 100 g Kaufgerste

1. im Ausputz verloren 0,0096 + 0,1715 g Sorte I = 0,1811 g,
   im Ausputz verloren 0,1296 + 1,7600 g Sorte II = 1,8896 g;
2. Ausputz zuviel bezahlt als Braugerste (in Sorte I und II) = 8,30 g.

Wird nun z. B. angelieferte Braugerste mit M. 21,80 und Abfall mit M. 14 pro 100 kg bezahlt, so wäre nach der Praxissortierung zu bezahlen für 100 kg Kaufgerste:

$$\frac{83,7 \cdot 21,80}{100} + \frac{16,3 \cdot 14}{100} = 18,25 + 2,28 = \text{M.}\,20,53.$$

Nach der Untersuchung der Sortimente der Putzerei aber ergibt sich, daß in den 83,7 kg Braugerste 8,3 kg Abfall noch enthalten sind.

Der Preis der 83,7 kg Braugerste ist

$$\frac{(83,7 - 8,3) \cdot 21,80}{100} + \frac{8,3 \cdot 14}{100} = 16,45 + 1,16 = \text{M.}\,17,61.$$

Er verringert sich demnach um 18,25 — 17,61 = M. 0,64 für enthaltenden nicht aussortierten Abfall.

Außerdem enthalten 16,3 kg Abfall 0,1811 + 1,8896 = 2,0707 kg Sorte I und II (also Braugerste).

Der Preis von 16,3 kg Abfall mußte sein, da noch 2,0707 kg gute Braugerste enthalten,

$$\frac{(16,3 - 2,0707) \cdot 14}{100} + \frac{2,0707 \cdot 21,80}{100} = 1,995 + 0,452 = \text{M.}\,2,447,$$

dagegen wird nur bezahlt M. 2,28, also um (2,447 — 2,28) = M. 0,167 weniger.

Der Verlust pro 100 kg Kaufgerste beträgt hier 0,64 + 0,167 = rd. M. 0,80 infolge mangelhafter Putzerei; das ist pro Waggon **M. 80.**

Soll mit alten Sortiervorrichtungen ein weitgehendster Reinheitsgrad erzielt werden, so kann das nur auf Kosten der quantitativen Leistung einer Sortiervorrichtung geschehen. Da aber bei halber oder doppelter Leistung der stundliche Kraftverbrauch und die stündlichen Bedienungskosten bei einer Gerstenputzerei beinahe gleich sind, so erhöhen sich naturgemäß bei quantitativer sehr niedriger Stundenleistung der gesamte Kraftverbrauch und die Bedienungskosten fur eine bestimmte Gesamtmenge oft um das Doppelte und Dreifache.

Bei mäßiger Anstrengung einer Gerstensortieranlage erkennt man bei vielen solchen alten Sortieranlagen einen Fehler, der darin besteht, daß das Sortiergut in dem Zylinder trotz der Rotation der Siebe eigentlich nur sehr wenig aus seiner nach abwärts gleitenden und strömenden Bewegung gebracht wird. Man kann dann erkennen, und zwar mit zunehmender Belastung um so deutlicher, daß diejenige Gerste, die sich an der Oberfläche befindet, schwimmend an der Oberfläche verbleibt und langsam abwärts gleitet, wobei sie keine Gelegenheit hat, mit der Siebfläche in Berührung zu kommen.

In solchen Fällen empfiehlt sich der Einbau der Runckschen Mitnehmerleisten in den Sortierzylinder, das sind kurze kleine Stege, welche bewirken, daß diese einseitige Strömung gehemmt und die Ausnutzung der Sortieroberfläche wesentlich erhöht wird. Bei einer Prüfung dieser Vorrichtung an einer im Betriebe befindlichen Gerstenputzerei arbeitete ein Sortierzylinder mit, ein anderer ohne diese Einrichtung. Die Leistungsverbesserung ergibt sich aus den Sortierungen der geputzten Braugerste, wobei naturgemäß eine gleichstarke Belastung der geprüften Zylinder eingehalten und eine gleichartig gut gemischte Gerste verwendet wurde.

Die Versuchsresultate waren folgende:

Versuch I (sehr schwache Belastung).

Stundenleistung vom Zylinder 5,07 Ztr. d. h. bei einer Versuchsdauer von 45 Minuten wurden vom Zylinder 3,8 Ztr. geputzt.

	Sortierungsprozente auf dem Laboratoriumssieb								
	Ungeputzte Gerste			Geputzte Gerste					
				in fruherer Weise geputzt			mit der neuen Vorrichtung		
	Versuch 1	Versuch 2	Mittel	Versuch 1	Versuch 2	Mittel	Versuch 1	Versuch 2	Mittel
Sorte I	18,3	18,6	18,45	23,7	22,7	23,20	23,8	24,9	24,35
» II	33,4	32,5	32,95	40,6	39,9	40,25	39,4	39,6	39,50
» III	27,3	29,4	28,35	33,5	35,2	34,35	35,0	34,5	34,75
Abfall	21,0	19,5	20,25	2,2	2,2	2,20	1,8	1,9	1,85

Mehrausputz 2,2 — 1,85 = 0,35 %

Versuch II (Mittelmäßige Belastung).

Stundenleistung vom Zylinder 12,64 Ztr., d. h. bei 18 Minuten Versuchsdauer vom Zylinder 3,8 Ztr.

	Sortierungsprozente auf dem Laboratoriumssieb								
	Ungeputzte Gerste			Geputzte Gerste					
				in früherer Weise geputzt			mit der neuen Vorrichtung		
	Versuch 1	Versuch 2	Mittel	Versuch 1	Versuch 2	Mittel	Versuch 1	Versuch 2	Mittel
Sorte I	27,2	26,7	26,95	31,6	32,4	32,00	31,5	32,0	31,75
» II	30,8	32,3	31,55	37,8	38,0	37,90	38,8	39,0	38,90
» III	24,2	24,7	24,45	26,4	25,4	25,90	26,9	26,3	26,60
Abfall	17,8	16,3	17,05	4,2	4,2	4,20	2,8	2,7	2,75

Mehrausputz 4,2 — 2,75 = 1,45%.

Versuch III (sehr starke Belastung).

Stundenleistung vom Zylinder 18,22 Ztr., d. i. in $12^1/_2$ Min. 3,8 Ztr.

	Sortierungsprozente auf dem Laboratoriumssieb								
	Ungeputzte Gerste			Geputzte Gerste					
				in früherer Weise geputzt			mit der neuen Vorrichtung		
	Versuch 1	Versuch 2	Mittel	Versuch 1	Versuch 2	Mittel	Versuch 1	Versuch 2	Mittel
Sorte I	19,9	20,1	20,00	24,5	23,9	24,20	24,5	25,4	24,95
» II	31,7	33,3	32,50	34,8	36,8	35,80	39,9	37,9	38,90
» III	28,7	28,7	28,70	33,9	32,3	33,10	32,5	33,5	33,00
Abfall	19,7	17,9	18,80	6,8	7,0	6,90	3,1	3,2	3,15

Differenz 6,9 — 3,15 = 3,75%.

Die Versuche zeigen, daß bei der geringen Stundenleistung von 5,07 Ztr. die Sortierung beider Zylinder praktisch etwa gleich gut ist. Bei einer Stundenleistung von 12,64 Ztr., also einer mehr als doppelt so großen Leistung, ist die Differenz der Abfallprozente 1,45% und bei der stärksten Belastung von 18,21 Ztr. steigt die Differenz noch weiter auf 3,75%.

In allen drei Fällen ist also durch den Einbau der Stege eine bessere Ausnutzung der Sortierfläche tatsächlich erzielt worden, die qualitative Leistung wurde wesentlich gesteigert.

Umgekehrt sieht man aber auch eine sehr günstige Wirkung auf die quantitative Leistung.

Es ergibt sich aus Versuch II und III, daß bei Versuch II die Braugerste am ursprünglichen, nicht verbesserten Zylinder 4,2% und bei Versuch III die Braugerste an dem mit der neuen Vorrichtung versehenen Zylinder 3,15% Abfall enthielt. Trotzdem im ersteren Falle die Stundenleistung nur 12,64 Ztr. und im letzteren Falle diese 18,22 Ztr. betrug, konnte also noch eine bessere Aussortierung stattfinden. Die Belastung war um 14,4% höher. Daraus folgt ohne weiteres, daß die Steigerung der quantitativen Leistung etwa 15 bis 20% beträgt. Diese Steigerung der quantitativen Leistung ist höher anzuschlagen als die auch mögliche Steigerung der qualitativen Leistung, weil die Zeit- und Arbeitsersparnis eine größere Rolle spielt, und weil man auch in Fällen, in denen eine solche alte Putzerei bisher überlastet wurde, wenn die Anlage zu klein war, nun ohne mehr Zeitaufwand qualitativ normal arbeiten kann.

c) Ermittlung der günstigsten Sortierungsgrenze.

Die vorhergegangenen Beispiele zeigen, daß richtige Sortierung und Putzung großen Einfluß auf den Betriebsgewinn haben. Ohne weiteres ist es klar, daß ein zu hoher Gehalt der Braugerste an minderwertiger Abfallgerste pekuniäre Nachteile bringt.

Die neue Brausteuererhöhung fordert die Wahl möglichst extraktergiebiger Malze, weil 100 kg eines extraktärmeren Malzes genau so hoch zu versteuern sind wie 100 kg eines extraktreichen Malzes. Daß nun durch die Absortierung sehr schwacher Gerste auf eine Ausbeuteerhöhung des Malzes hingewirkt wird, unterliegt keinem Zweifel; eine Ersparnis an Brausteuer tritt also bei Verwendung gut sortierter Gerste tatsächlich ein.

Wesentlich ist es, für einen bestimmten Betrieb jene Reinheitsgrenze zu finden, welche das Optimum darstellt, d. h. von einem bestimmten Sortiment an abwärts wird die Verarbeitung unter gegebenen Verhältnissen nicht mehr rationell erscheinen. Um die günstigste Reinheitsgrenze zu finden, wird man besonders den Gerstenpreis, den Mälzungsschwand, die erzielte Mehrextraktausbeute und den Erlös für die Abfallgerste berücksichtigen müssen.

Diese Frage findet im folgenden ihre Beantwortung.

Die Vorteile, welche die Sortierung bringt, sind:

1) Eine Qualitätsverbesserung des fertigen Produktes infolge Verarbeitung eines wertvolleren Rohstoffes:

2) Die Erzielung eines Erlöses für den Abfall.

3) Ein durch Ausbeuteerhöhung des Malzes erlangter Steuergewinn.

4) Eine Verringerung der jährlich zu vermälzenden und zu verbrauenden Gesamtgerstenmenge. Je extraktreicher die Rohstoffe sind, desto mehr wird der Gesamtverbrauch sinken.

Um diese Vorteile zu erreichen, muß:

5) Auf den Extrakt der Abfallgerste verzichtet werden. Wie eine folgende Berechnung ergeben wird, muß der Erlös für den Abfall mit der Extraktergiebigkeit des Abfalles in einem bestimmten Einklang stehen.

6) Eine Sortier- und Putzvorrichtung aufgestellt und in Betrieb erhalten werden, wodurch Anlagekosten, Unterhaltungs- und Bedienungskosten entstehen.

1) Qualitätsverbesserung:

Gersten ungleicher Korngröße, also unsortierte Gersten, lassen sich in der Mälzerei nur sehr schwer vermälzen. Die ungleiche Weiche bedingt ein ungleiches Wachstum und ungleiche Auflösung des Kornes; es resultiert also eine ungleiche, für Brauzwecke nicht gerade günstige Brauware. Malze von sehr ungleicher Korngröße liefern auch kein einheitliches Schrot, und so wirkt die Gerstensortierung sogar auf die Sudhausausbeute fördernd ein. Daß bei schwachen Körnern das Verhältnis wertloser Substanzen (Hülsenbestandteile) zu den extraktliefernden Substanzen ein weit ungunstigeres ist wie bei den vollkörnigen Malzen, ist naturlich. Je mehr nun Hülsenstoffe mitgemaischt und ausgelaugt werden, desto ungunstiger ist die hieraus resultierende Geschmackbeeinflussung. Zahlenmäßig läßt sich eine Geschmacksverbesserung nicht darstellen.

2) Erlös für den Abfall.

Derselbe ist je nach den Jahrgängen von den allgemeinen Futtermittelpreisen, aber auch von lokalen Verhältnissen abhängig.

Erhält man für 100 kg Abfall f Mark und ist die Menge des aussortierten Abfalles $a\%$, so ist der Erlös e für den aus 100 kg ungeputzter Gerste resultierenden Abfall

$$e = \frac{a \cdot f}{100}.$$

Ist z. B. der Abfallpreis f = M. 13,8 pro 100 kg und wurden $a = 10{,}2\%$ absortiert, so ist der Erlos

$$e = \frac{10{,}2 \cdot 13{,}8}{100} = \text{M. } \mathbf{1{,}408}.$$

Diesem Erlös steht der Verzicht aus dem Extrakt der verkauften Abfallgerste gegenüber.

3) Steuergewinn durch die Extrakterhohung.

Fragt man sich, was kostet die aus 100 kg ungeputzter Gerste erzielte Extraktmenge Steuer, und was kostet diejenige aus 100 kg geputzter Gerste, so ergibt sich:

100 kg Gerste gibt allgemein bei $s\%$ Schwand $(100 - s)$ kg Malz. Ist S = Steuer fur 100 kg Malz in Mark, so ist die Steuer pro 100 kg Gerste $= s_g = \frac{S \cdot (100 - s)}{100}$.

Setzt man nun voraus, daß der Extraktgehalt des Malzes bei bestimmter Arbeitsweise nur noch von dem Gerstenextrakt abhängt und diesem proportional ist, so kosten

bei geputzter Gerste e_g kg Extrakt s_g M. Steuer,
ebenso bei ungeputzter Gerste e_u » » s_g » ».

Letzterer sollte aber nur kosten

$$\frac{s_g \cdot e_u}{e_g}.$$

Pro je 100 kg geputzte Gerste wird somit ein Steuergewinn entstehen.

$$g_s = s_g - s_g \frac{e_u}{e_g} = s_g \left(1 - \frac{e_u}{e_g}\right)$$

$$g_s = \frac{S\,(100 - s)}{100} \cdot \left(1 - \frac{e_u}{e_g}\right).$$

Der Extraktgehalt der ungeputzten Gerste e_u ist meist nicht bekannt, dagegen wird der der geputzten Gerste e_g und des Abfalles e_a ermittelt. Aus diesen beiden Gerstenextraktzahlen läßt sich nun auch der der ungeputzten Gerste ermitteln; denn es muß sein

$$e_u = \frac{e_g (100 - a) + e_a \cdot a}{100}.$$

Ist z. B. der Gerstenextrakt der geputzten Gerste (lufttrocken) gefunden zu $e_g = 64{,}5\%$, und derjenige des Abfalles $e_a = 56{,}4\%$, so ist der Extraktgehalt der ungeputzten Gerste

$$e_u = \frac{64{,}5 \cdot (100 - 10{,}2) + 56{,}4 \cdot 10{,}2}{100} = 63{,}66.$$

Nun entsprechen 100 kg ungeputzter Gerste $(100 - a)$ kg geputzter Gerste, auf diese trifft dann ein Steuergewinn von

$$g_{s_u} = \frac{(100 - a) \cdot g_s}{100} = \frac{S\,(100 - s)\;(100 - a)}{100 \cdot 100} \cdot \left(1 - \frac{e_u}{e_g}\right).$$

Beispiel: Steuer $S =$ M. 20,0, Malzungsschwand $s = 24{,}8\%$, mit diesen Werten ergibt sich ein Steuergewinn von

$$g_{s_u} = \frac{20{,}0\,(100 - 24{,}8) \cdot (100 - 10{,}2)}{100 \cdot 100} \cdot \left(1 - \frac{63{,}66}{64{,}5}\right) =$$

$$= 13{,}5 \cdot (1 - 0{,}9875) = \textbf{M. 0,169}.$$

4) Verringerung der zu verarbeitenden Rohstoffgesamtmenge.

Je extraktreicher eine Gerste resp. das daraus gewonnene Malz ist, um so weniger wird man zur Herstellung einer bestimmten Wurzemenge benötigen. Hat eine Gerste e_u kg Extrakt, so müssen 100 kg verwendet werden, hat diese aber e_g kg Extrakt, so genügen $\frac{100 \cdot e_u}{e_g}$.

Es wird also weniger vermälzt

$$w_m = 100 - \frac{100 \cdot e_u}{e_g} \text{ kg}.$$

Sind die Kosten um 100 kg Gerste zu vermälzen und zu verbrauen $= v_k$, so ist der Gewinn durch geringere Verarbeitungskosten für w_m kg

$$g_v = \frac{v_k \cdot w_m}{100} = \frac{v_k \cdot 100\left(1 - \frac{e_u}{e_g}\right)}{100};$$

d. h. auf je 100 kg ungeputzte Gerste wird an Verarbeitungskosten gespart

$$g_v = v_k \cdot \left(1 - \frac{e_u}{e_g}\right).$$

Die Vermälzungskosten und Verarbeitungskosten pro 100 kg Gerste lassen sich in jedem einzelnen Falle ermitteln sobald die Abschreibungen der Mälzerei- und Sudhauseinrichtungen, die Unterhaltungskosten und die Arbeitslöhne bekannt sind.

Die Verringerung des zur Verarbeitung gelangenden Gesamtgerstenquantums bedingt auch etwas niedrigere Abnutzung der gesamten Apparate und Einrichtungen. Dieser geringe pekuniäre Vorteil soll aber in dieser Rechnung unberücksichtigt gelassen werden.

Beispiel: Die Verarbeitungskosten pro je 100 kg Gerste seien zu M. 3,70 ermittelt. Dann ist

$$g_v = 3{,}7\left(1 - \frac{63{,}66}{64{,}5}\right) = 3{,}7 \cdot (1 - 0{,}9875) = \mathbf{0{,}046}\ \text{Mark}.$$

5) Der Extraktwert im Abfall.

Ist der Gerstenpreis der ungeputzten Gerste $= G$ Mark, so kosten bei einem Extraktgehalt von e_u kg

$$e_u \text{ kg Extrakt} = G \text{ Mark}.$$

Aus 100 kg ungeputzter Gerste resultieren a kg Abfall mit e_a% Extrakt. Darin sind enthalten

$$\frac{e_a \cdot a}{100} \text{ kg Extrakt}.$$

Der aus 100 kg ungeputzter Gerste erhaltene Abfall hat somit einen Extraktwert w

$$w = \frac{G \cdot e_a \cdot a}{e_u \cdot 100}.$$

Beispiel: Kosten 100 kg ungeputzte Gerste $G =$ M. 21, so ist mit obigen Extraktwerten

$$w = \frac{21{,}0 \cdot 56{,}4 \cdot 10{,}2}{63{,}66 \cdot 100} = \text{M. } 1{,}891.$$

Vergleicht man diesen Extraktwert mit dem oben berechneten Erlös fur den Abfall, so erkennt man, daß derselbe hier höher ist als dieser.

6) Die Abschreibungen, die Betriebs- und Bedienungskosten.

Hat die Sortiermaschine eine stündliche Leistung L kg, ist ferner der Preis der Maschine $= P$ Mark, so ist im ersten Jahr bei einer 10 proz. Abschreibung und 5 proz. Verzinsung $0{,}15 \cdot P$ Mark in Rechnung zu setzen.

Arbeitet die Maschine taglich h Stunden, und ist die Anzahl der Arbeitstage $= z$, so ist die jährliche Betriebszeit $h \cdot z$ Stunden. Das gesamte jährlich verarbeitete Gerstenquantum ist $L \cdot h \cdot z$ kg.

Auf 100 kg Gersten trifft dann ein Amortisationsbetrag

$$a = \frac{0{,}15 \cdot P \cdot 100}{L \cdot h \cdot z} = \frac{15 \cdot P}{L \cdot h \cdot z}.$$

Beispiel: Der Preis der Maschine ist M. 3200; die Stundenleistung 40 Ztr. = 2000 kg; die tägliche Betriebszeit 5 Stunden; die Anzahl der Arbeitstage = 130. Dann ist

$$a = \frac{15 \cdot 3200}{2000 \cdot 5 \cdot 130} = \mathbf{0.0369} \text{ Mark.}$$

Der Kraftverbrauch sei N; ferner koste 1 PS/Std. $= p$ Mark, dann kostet eine Stunde Betriebszeit $N \cdot p$ Mark.

Bei L kg stundlicher Leistung trifft auf 100 kg zu putzende Gerste ein Aufwand fur Antriebskraft von

$$a_k = \frac{N \cdot p \cdot 100}{L}.$$

Beispiel: Der Kraftverbrauch ist 2,5 PS; die Kosten von 1 PS/Std. = 3,5 Pf. = 0,035 Mark. Bei $L = 2000$ ist

$$a_k = \frac{2{,}5 \cdot 0{,}035 \cdot 100}{2000} = \mathbf{0{,}0044} \text{ Mark.}$$

Der Betrag fur Antriebskosten ist allgemein außerst gering.

Die Bedienungskosten ergeben sich, wenn täglich h_b Stunden notwendig sind, und wenn der Stundenlohn $=$ l Mark ist, wenn ferner täglich $h \cdot L$ kg verarbeitet werden, aus:

Mit $h_b \cdot l$ Mark Bedienungskosten werden $h \cdot L$ kg Gerste gereinigt. Auf 100 kg Gerste treffen dann an Lohnausgaben

$$a_l = \frac{h_b \cdot l \cdot 100}{h \cdot L}.$$

Es ist hier angenommen, daß nicht fur die gesamte Betriebsdauer eine Bedienung notwendig ist; denn der die Gerstenreinigungsanlage bedienende Mann hat in weitaus den meisten Fällen noch andere Arbeiten nebenher zu verrichten.

Beispiel: Die tägliche Betriebszeit ist 5 Stunden, die Stundenleistung $L = 2000$ kg, die Bedienungszeit $h_b = 2\frac{1}{2}$ Stunden, der Stundenlohn $l =$ M. 0,5, dann ist

$$a_l = \frac{2{,}5 \cdot 0{,}5 \cdot 100}{5 \cdot 2000} = 0{,}0125 \text{ Mark}.$$

Es treffen also an Bedienungskosten auf 100 kg Gerste M. **0,0125.**

Hier müssen eventuell noch Anrechnungen fur Reparaturen usw. gemacht werden; die Unterhaltungskosten, z. B. die Schmierung, sind so gering, daß sie vernachlässigt werden können.

In diesem Beispiel stehen den Vorteilen, welche sich aus der Summe ergeben von:

$$1{,}408 + 0{,}169 + 0{,}046 = \mathbf{1{,}623} \text{ Mark}.$$

die Nachteile gegenüber:

$$1{,}891 + 0{,}0369 + 0{,}0044 + 0{,}0125 = \mathbf{1{,}9438} \text{ Mark}.$$

Hier ist also unrentabel gearbeitet worden, d. h. der Erlös für den Abfall ist zu gering und die im Abfall enthaltene Extraktmenge ist zu wertvoll, als daß man sie für diesen Abfallpreis abgeben kann.

Würde der Fall anders liegen, so daß fur 100 kg Abfall M. 15,8 erhalten worden wären, hätte ferner der Abfallextrakt nur 52% bei dem gleichen Extrakt der geputzten Gerste 64,5% ergeben, dann ist

$$e_u = \frac{64{,}5\,(100 - 10{,}2) + 52{,}0 \cdot 10{,}2}{100} = 63{,}21,$$

$$e = \frac{a \cdot f}{100} = \frac{10{,}2 \cdot 15{,}8}{100} = \text{M. } 1{,}611,$$

ferner: $g_{s_u} = 13{,}5\,(1 - 0{,}98) = \text{M. } 0{,}27,$

ferner: $g_v = 3{,}7\,(1 - 0{,}98) = \text{M. } 0{,}074.$

Die Summe der Vorteile also M. **1,955.**

Der Extraktwert im Abfall ist

$$w = \frac{21{,}0 \cdot 52{,}0 \cdot 10{,}2}{63{,}21 \cdot 100} = \text{M. } 1{,}76.$$

Hierzu die gleichen Kosten für Abschreibung, Bedienung und Kraft M. 0,0538, so ist die Summe der Nachteile M. **1,8138**

Diese Arbeitsweise wäre eine gunstige.

Allgemein findet man die Rentabilitätsgrenze aus folgender grundlegender Formel

$$\underline{e + g_s + g_v \geqq w + a + a_k + a_l.}$$

Es wird nur in sehr wenig Betrieben bisher der Fall gewesen sein, daß man der Gerstenputzerei die Aufmerksamkeit zuwendete, welche zur Sicherung weitgehendster Betriebsrentabilität nach den hier zusammengefaßten Darstellungen notwendig erschien.

Nur derjenige arbeitet mit seiner Gerstenputz- und Sortiervorrichtung rationell, der die günstigste Sortierungsgrenze des Abfalles ermittelt, welche sich aus dem Zusammenhang der einzelnen Sortimente und deren Extraktgehalt ergibt. Es ist eine der wichtigsten und dankbarsten Aufgaben der Betriebslaboratorien, den Zusammenhang zwischen Kornstärke (Sortimente) und Extraktgehalt festzustellen, um der Praxis die nötigen Anweisungen geben zu können, welche Sortiersiebe zur Erlangung größter Rentabilität aufzustecken sind.

B. Malz-Putz- und Poliermaschinen.

Die Malzputzereien reinigen das von der Darre kommende Malz von Staub und groben Verunreinigungen, entkeimen dasselbe und trennen Malz und Keime voneinander.

Die Poliermaschinen reinigen das Malz vor dem Verschroten; entfernen bei der ersten Putzung noch zurückgebliebene und bei der Lagerung wieder aufgenommene Verunreinigungen.

Sowohl das Putzen wie das Polieren des Malzes ist heute sehr wichtig; denn der leitende Grundgedanke bleibt immer der, möglichst extraktergiebige Malze frei von jedem wertlosen Ballast zu verarbeiten, weil letzterer mit versteuert werden muß. Im Malz vorhandene Verunreinigungen wie Staub, Keimreste usw. haben aber auch die Eigenschaft, den Geschmack und eventuell die Farbe von Würze und Bier zu beeinflussen; denn sie enthalten noch nicht näher untersuchte Bitterstoffe von sehr herbem und kratzendem Geschmack.

1. Malzentkeimungs- und Putzmaschinen.

Die Anforderungen, welche an eine gute Malzentkeimungs- und Putzmaschine gestellt werden müssen, sind:

- vollständige Entkeimung ohne Verletzung der Körner,
- Erzielung möglichst langer Keime,
- gründliches Entstauben sowohl des Malzes als auch der Keime.

Man hat also bei der Prufung einer Malzputzerei durch Inaugenscheinnahme zu beobachten, ob die Entfernung der Keime eine vollkommene ist. Ziffernmäßig laßt sich der Reinigungsgrad durch Abreiben einer abgewogenen Menge von Malz und Aussieben der Keime im Laboratorium ermitteln.

Beispiel: Die Durchschnittsprobe eines geputzten Malzes wog 3,8 kg. Nach kräftigem Abreiben und Schutteln ergab sich nach dem Aussieben mit einem Sieb von 36 Maschen auf den qcm eine Keimmenge von 19 g, das entspricht einer Verunreinigung von $\frac{19 \cdot 100}{3800} = 0{,}5\%$.

Eine Beschädigung von Körnern bedeutet Substanzverluste; ein Zerreiben der Keime macht diese unansehnlich, was den Wert derselben beim Verkauf herabdrückt.

Eine Malzputzerei besteht aus dem Entkeimer und der Vorrichtung zum Absieben der Keime.

Bei der in Fig. 23 dargestellten Malzputzerei gelangt

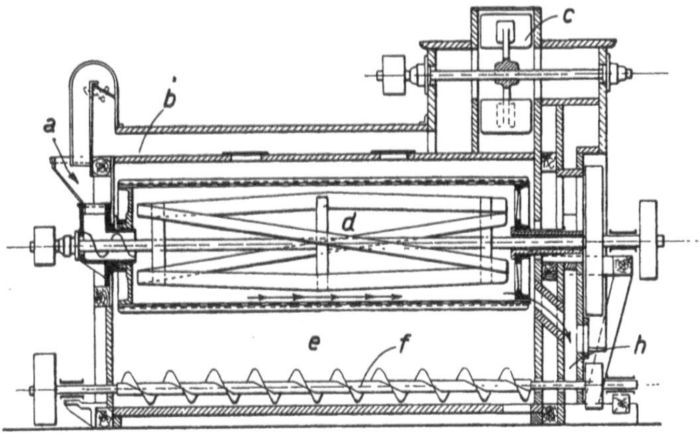

Fig. 23.

das Malz durch *a* unter Wirkung des Exhaustors *c* stehend, wobei es durch Kanal *b* entstaubt wird, in die eigentliche Putztrommel *d*, in welcher sich besonders geformte, gepreßte, Stahlschläger in gleicher Richtung wie die Trommel, aber mit verschiedener Geschwindigkeit drehen. Die Entkeimung wird durch die beständige Reibung der Körner untereinander unter größter Schonung der Keime und des Malzes erzielt. Die Keime fallen durch die geschlitzte Stahlblechtrommel in den Sammelkasten *e* und werden durch Schnecke *f* wegtransportiert. Das Malz fällt bei *h* aus. Die Maße und Leistungen von solchen Putzereien nach der Ausfuhrung der

Firma Mayer & Co., Köln-Calk sind aus der folgenden Tabelle zu entnehmen.

Leistung in der Stunde	Trommel		Raumbedarf				Antriebscheibe		Umdrehungen in der Minute	Kraftbedarf
	Durchmesser	Länge	Länge	Breite	Höhe	Höhe d. Einlaufs	Durchmesser	Breite		
kg	mm	mm	mm	mm	mm	mm	mm	mm		PS
500—700	500	1250	2400	1000	1840	1000	300	100	160	$1^1/_2$
1000—1500	500	1875	3075	1100	1840	1000	300	120	160	$1^3/_4$
1500—2000	600	2200	3400	1200	1840	1000	300	130	160	2
1800—2400	700	2200	3500	1250	2150	1050	350	140	160	3
2300—3000	750	2500	3790	1325	2300	1050	400	150	160	4

Die Abfälle, welche aus der Vortrommel austreten, sind zeitweise zu prüfen. Sollte ein Malz durch unsachgemäße Bearbeitung auf der Tenne oder in der Trommel viele Klumpen (Spatzen) enthalten, so kann durch die Vortrommel ein recht bedeutender Verlust entstehen. In Fällen, in denen man mit diesem Umstand häufig zu rechnen hat, ist der Vortrommel noch ein Vorentkeimer vorzuschalten. Derselbe hat eigenartig geformte Flügel, die sich in einem eisernen rauhen Gehäuse drehen. Durch intensive Reibung unter sich und an den Wänden werden diese Klumpen ohne Beschädigung des Malzes aufgelöst.

Die Vortrommel muß Steine, Sackbänder, Besenreiser und sonstige grobe Verunreinigungen mit Sicherheit zurückhalten.

Für eine gute Wirkung und Leistungsfähigkeit ist die Einhaltung der richtigen Tourenzahl äußerst wichtig, welche meist zwischen 140 bis 170 liegt.

2. Malzpoliermaschinen.

a) Beurteilung der Bauart.

Die Poliermaschinen findet man in zwei prinzipiell sehr verschiedenen Ausführungen, und zwar solche mit horizontalliegender Welle und solche mit vertikaler Welle.

Die Malzpoliermaschinen mit horizontaler Welle bestehen meist aus einem liegenden Poliermantel mit Siebeinlage aus gepreßtem Hordendraht, einem Schlägerwerk aus gepreßtem Stahlblech, einem Exhaustor zum Entfernen von Staub, Keimen, Hülsen und einem Auffangkasten zum Niederschlagen der gröbsten Beimengungen aus der Staubluft. Über der eigentlichen Poliermaschine befindet sich noch ein Magnetapparat, um Eisenteile zurückzuhalten und ein Ruttelsieb zur Auslese grober Verunreinigungen. Die minutliche Tourenzahl liegt meist zwischen 240 bis 280.

Die Abmessungen und Leistungen sind aus folgender Tabelle zu entnehmen.

Leistung in der Stunde	Raumbedarf der Maschine mit Ruttelsieb und Magnet			Antriebscheibe		Tourenzahl in der Minute	Kraftbedarf
	Hohe	Lange	Breite	Durchmesser	Breite		
kg	mm	mm	mm	mm	mm		PS
500—750	1850	1425	1000	250	100	250	1
1000—1500	1850	1800	1000	250	110	250	1½
2000—2300	1850	2500	1000	400	120	250	2½
2500—3000	1850	1900	1750	400	140	250	3

Die Ausführung der Firma Seck, Muhlenbauanstalt, Dresden, stellt Fig. 24 dar. Sie ist eine kombinierte Malzputz- und Poliermaschine.

Über der eigentlichen Malzputz- und Poliermaschine ist ein Steinsieb und ein Magnetapparat an die Maschine angebaut. Durch das Siebblech fällt das Malz hindurch; Steine, Sackbänder und Besenreiser gleiten über das Siebblech hinweg. Vom hinteren Teil des Siebes führt eine kurze Verbindung nach dem Saugstutzen des Ventilators der Poliermaschine. Damit keine Körner vom Sieb mit fortgenommen werden ist zur Regulierung des Saugwindes ein Schieber angebracht. Oberhalb des Schuttelsiebes ist ein Blechrohr angebracht, durch welches das Malz dem Schuttelsieb zugefuhrt wird. Die Zuführung des Malzes vom Magnetapparat nach der Poliermaschine erfolgt durch eine mit der Antriebswelle verbundene Schnecke.

Die Maschine selbst enthält in einem geschlossenen, aber durch Türen zugänglichen Holzgestell einen langsamen drehenden Siebmantel von geschlitztem Blech, in welchem ein Flügelwerk abwechselnd mit gewundenen Stahl-

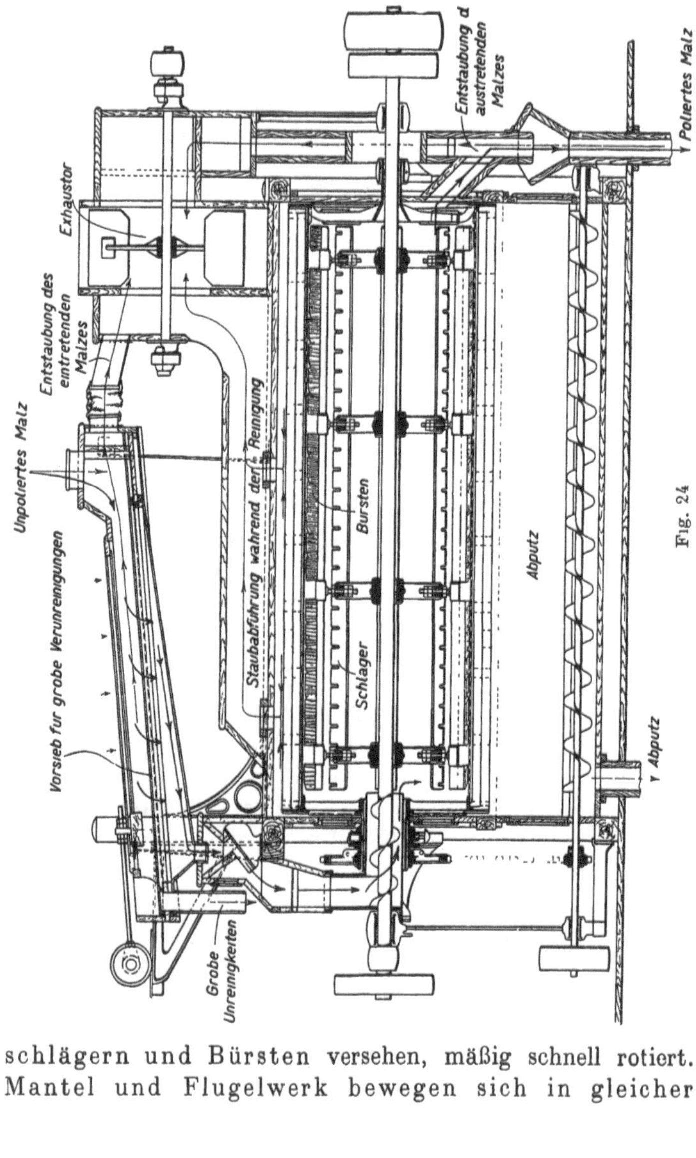

Fig. 24

schlägern und Bürsten versehen, mäßig schnell rotiert. Mantel und Flugelwerk bewegen sich in gleicher

Richtung, aber mit verschiedener Geschwindigkeit. Das Malz wird teils unter sich, teils an den Wandungen des Siebmantels derart gerieben, daß sich alle dem Malz anhaftenden Keime und Schmutzteile loslösen.

Der Arbeitsraum steht unter der Saugwirkung eines der Maschine angebauten kräftigen Exhaustors, der die abgeriebenen leichten Teile der Staubkammer oder dem Staubsammler zuführt, während Keime, Hülsen und Sand durch das Schlitzblech in den unteren Raum fallen und mittels einer Transportschnecke entfernt bzw. in Säcken abgefangen werden. Das polierte Malz wird am Auslauf noch besonders aspiriert, so daß es beim Verlassen der Maschine vollständig rein entstaubt ist. Der Vorgang bei dieser Aspiration ist derart, daß das Malz in einem dunnen, aber breiten Strom in das Auslaufrohr eintritt, während am Auslauf die durch den Exhaustor angesaugte frische Luft zuströmt und den Malzstrom durchbricht. Während sich nun die vom Saugwind emporgehobenen schweren Hülsen usw. im Separator ablagern und durch die automatisch wirkenden Auslaufklappen entweichen, wird der leichtere Staub vom Exhaustor ausgestoßen. Die Regulierung des Saugwindes fur den Arbeitsraum erfolgt durch mehrere Schieber, am Auslauf dagegen durch die Windklappe, welche mittels eines Handhebels eingestellt wird.

Die Malzpoliermaschinen mit vertikaler Welle nach Fig. 25 haben im Innern des vollwandigen Blechmantels einen Zylinder aus gelochtem Stahlblech, innerhalb dessen mehrere tellerförmige mit Bursten versehene Scheiben zur Bearbeitung des Malzes angeordnet sind. Die unteren Bürstenteller rotieren mit der senkrechten Welle, wodurch die zwischen den oberen und unteren Bürsten durchlaufenden Malzkörner auf dem langen Wege vom Mittelpunkt der Maschine nach den Mantelflächen hin bearbeitet werden. Der seitlich angebrachte Exhaustor entlüftet das fertig polierte Malz noch einmal vor dem Austritt aus der Maschine. Die Bursten sind während des Betriebes auf beliebige Entfernung einstellbar. Die minutliche Tourenzahl ist 450 bis 550. Die Dimensionen und Leistungen sind aus folgender Tabelle zu entnehmen.

Leistung in der Stunde	Gestell			Raumbedarf der Maschine			Höhe bis Einlauf-Oberkante	Anzahl der Bürsten-Etag.	Antr.-Scheibe		Tourenzahl in der Minute	Kraft-bedarf
	Länge	Breite	Höhe	Länge	Breite	Höhe			Durch-messer	Breite		
kg	mm	mm	mm	mm	mm	mm	mm		mm	mm		PS.
600—800	1600	900	1600	1800	1100	2200	1140	1	250	130	530	$1^1/_2$
1250	1600	900	1850	1800	1100	2450	1450	2	250	140	530	2
1000	1850	1100	1850	2100	1290	2400	1400	1	250	150	480	2
1700	1850	1100	2100	2100	1290	2650	1660	2	250	160	450	$2^1/_2$
2500—3000	1850	1100	2400	2100	1290	3000	1950	3	350	150	450	$3^1/_2$

Die wichtigste Eigenschaft, welche eine gute Poliermaschine haben soll, ist die Einregulierungsmöglichkeit auf verschieden scharfes Arbeiten.

Die Abnutzung soll eine möglichst geringe sein; deshalb werden vielfach die liegenden Poliermaschinen mit Stahlschlägern denjenigen mit Bürsten vorgezogen.

Nicht jedes Malz kann gleich scharf poliert werden. Im allgemeinen kann man sich an die Regel halten:

> »Je besser die Auflösung, also je mürber das Malz, desto vorsichtiger; je schlechter die Auflösung und je härter das Korn, desto schärfer kann man polieren.«

b) Prüfung der Abfälle.

Die Abfälle von Malzputzereiund Poliermaschinen nämlich, der Keimabfall der Malzstaub und der Hülsenabfall, ist darauf zu untersuchen:

1) ob die Putzerei- oder Poliermaschine nicht zu scharf arbeitet, was man an dem Vorhandensein vieler halber oder zerschlagener Körner und viel Grieß im Malzstaub erkennt,

2) ob nicht ganze Körner mit in die Abfälle gelangen, was durch defekte Siebe, zu starken Wind usw. möglich ist.

Das polierte Malz ist zu prüfen:

3) ob die Entfernung von Abfall und Staub auch genügend ist.

Die *Putzabfälle* begutachtet man am besten aus den *Extraktausbeuten* und der *Sortierung*. Fur letz-

Fig. 25.

tere benutzt man ein Schüttelsieb, wie man es zur Malzschrotsortierung verwendet, indem man 100 g der Keime,

Hülsen oder des Staubes auf das oberste Sieb aufgibt und durch 5 Minuten langes Schütteln in Sortimente zerlegt.

Beispiele: Der Hülsenabfall einer Putzerei zeigte folgende Sortierung:

32,8% Hülsen, 27,1% Grieß, 40,1% Mehl und Staub.

oer Wassergehalt war (nach Trocknungsmethode) 6,1% im Mittel.

Die Extrakt(ausbeute)ermittlung (Ausführung wie Malzanalyse) ergab 38,9% lufttrocken und 41,4% Trockensubstanz.

Der Malzstaub und Grießabfall einer Putzerei zeigte:

Hülsen 16,6%, Grieß 47,9%, Mehl 35,5%.

Der Wassergehalt = 6,2%.

Die Extraktausbeute ergab 51,46% in lufttrockenem Abfall und 54,7% in Trockensubstanz.

Während die Trockensubstanzausbeuten durch Hulsenabfälle kaum über 45%, meist unter 30%, liegen, so kommt es vor, daß der Staubabfall, wenn viel Grieß und Mehl vorhanden, Ausbeuten bis 70%, ja sogar daruber zeigt. In solchen Fällen wird zu scharf geputzt. Abhilfe kann somit nur durch richtiges Einstellen der Poliermaschine und Putzerei selbst geschehen. Von einer Verwendung des ausgesiebten Grießes als Zugabe zum Malz ist abzuraten, da infolge des vielen anhaftenden Staubes und der stets vorhandenen Keimreste der Geschmack der erhaltenen Würzen ein sehr unangenehm bitterer wird.

Die Extraktausbeute des Abfalles gibt darüber Aufschluß, wieviel Extraktbildner abgelost wurden. Außer der Extraktbestimmung und der Sortierung erhält man einen noch tieferen Einblick in die Beschaffenheit eines Abfalles durch Ermittlung der Maltose im Extrakt, und der Aufstellung des Verhältnisses Maltose zu Nichtmaltose.

Beispiel:

	Probe 1	Probe 2	Probe 3
Wassergehalt . . . . %	5,0	8,45	11,7
Extrakt lufttrocken . . . . %	23,78	43,88	25,88
» der Trockensubstanz %	25,03	47,93	29,31
Maltose der Trockensubstanz . .	11,5	25,4	14,95
Maltose: Nichtmaltose	1 : 1,18	1 : 0,89	1 : 0,96

Durch die Poliermaschine gelangt außer dem gewohnlichen Malz bisweilen auch das pro Sud zugegebene Farbmalz und Karamelmalz. Das ist sehr unzweckmäßig; denn Farb- und Karamelmalz vertragt die intensive Behandlung in einer Poliermaschine nicht. Oft liegt der Grund in einer zu geringen erreichten Farbentiefe der Wurze darin, daß die Poliermaschine das Farbmalz zerrieben hat und ein großer Teil des entstandenen Abfalles vom Exhaustor entfernt wurde.

c) Ermittlung der günstigsten Poliergrenze.

Für die Malzpolierung gibt es eine gunstigste Grenze des Polierungsgrades.

Der Nutzen der Malzpolierung besteht:

1) vor allem in der Entfernung der vielen Schimmelsporen im Staub, wodurch eine Qualitätsverbesserung erzielt wird;

2) in einer Steuerersparnis;

3) in einem Erlos fur den Abfall;

4) in der Verarbeitung einer geringeren Gesamtmalzmenge im Sudhaus.

Zum Ausgleich dieses Nutzens muß:

5) auf den Extrakt- in dem Polierabfall verzichtet werden;

6) eine Poliermaschine beschafft, unterhalten und angetrieben werden.

Betrachtet man diese einzelnen Komponenten, dann ergibt sich:

1) Die Qualitätsverbesserung läßt sich zahlenmäßig nicht zum Ausdruck bringen.

2) Die Steuerersparnis W_s errechnet sich wie folgt.

Bedeutet S = Steuersatz pro 100 kg Malz, so ergibt sich der Steuergewinn offenbar aus jenem Mehrgewicht an Staub und Abfall, das abpoliert wurde, aber extraktfrei gedacht werden muß.

Ist $a\%$ = die Abputz- oder Polierabfallmenge von 100 kg unpoliertem Malz, ferner sei

A_a = die Ausbeute des Polierabfalles,

A_u = die Ausbeute des unpolierten Malzes.

Fur den Extrakt aus 100 kg unpoliertem Malz ist die gleiche Extraktmenge ins Sudhaus zu bringen, wenn poliertes Malz verwendet wird. Das kann nur durch Aufwand einer Mehrmalzmenge geschehen, welche dem Extraktverlust im Abfall äquivalent ist. Dieses Mehr am Malz muß natürlich wieder versteuert werden. Es ergibt sich aus $a \cdot \frac{A_a}{A_u}$; und der extraktfreie Abfall ist dann nicht a kg, sondern

$$a - a \cdot \frac{A_a}{A_u} = a \left(1 - \frac{A_a}{A_u}\right) \text{kg},$$

somit ist der Steuergewinn W_s pro 100 kg unpoliertes Malz

$$W_s = \frac{S \cdot a}{100} \cdot \left(1 - \frac{A_a}{A_u}\right);$$

denn diese Mehrausgaben fur Steuern hätten gemacht werden mussen, falls nicht poliert worden wäre.

3) Der Abfallerlös W_a errechnet sich, wenn man für 100 kg Polierabfall p Mark erhält und a% erhalten wurden, aus

$$W_a = \frac{a \cdot p}{100}.$$

4) Die Verringerung der Gesamtmalzmenge zum Verbrauen.

Würde kein Extrakt mit dem Abfall verloren werden, so müßte in $(100 - a)$ kg Malz der gleiche Extrakt wie in 100 kg unpoliertem Malz sein. Da aber mit dem Abfall $\frac{a \cdot A_a}{100}$ kg Extrakt entfernt werden, so muß gerade um so viel Malz mehr verbraut werden, als diesem Extraktverlust entspricht. Das äquivalente unpolierte Malzgewicht dieses Extraktverlustes ist, wenn

$$A_u \text{ kg Extrakt} = 100 \text{ kg Malz}$$

für $\frac{a \cdot A_a}{100}$ eine Malzmenge $= \frac{100 \cdot a \cdot A_a}{100 \cdot A_u} = a \cdot \frac{A_a}{A_u}$,

Das wirkliche eingesparte Gewicht, was weniger zu verbrauen ist, ist also

$$a - a \frac{A_a}{A_u} = a \left(1 - \frac{A_a}{A_u}\right).$$

Sind die Kosten, um 100 kg Malz zu verbrauen, $= v_k$, was sich aus den pro Sud notwendigen Arbeitslöhnen, Betriebs- und Brennstoffkosten verrechnet, wenn man diese durch die Schüttung dividiert, so trifft auf die obige eingesparte Malzmenge eine Verringerung der Verarbeitungskosten von

$$g_v = \frac{v_k}{100}\, a \cdot \left(1 - \frac{A_a}{A_u}\right).$$

Der Gesamtgewinn G pro 100 kg unpoliertes Malz ergibt sich somit aus

$$G = W_s + W_a + g_v \text{ Mark.}$$

5. Der Extraktverlust e_v von a kg Abfall wird gefunden, wenn die Ausbeute des Abfalles zu A_a% bekannt ist, aus

$$e_v = \frac{A_a \cdot a}{100}.$$

Die Ausbeute des unpolierten Malzes ist A_u, d. h. A_u kg Extrakt entsprechen 100 kg unpoliertem Malz, dann sind e_v kg Extrakt aquivalent einer Malzmenge

$$m_v = \frac{100 \cdot e_v}{A_u}.$$

Wären nur Substanzen entfernt worden, welche keinen Extrakt liefern, so wäre tatsächlich dieser Malzverlust zu verzeichnen. In Wirklichkeit wird er etwas niedriger sein; denn Hülsen, Staub usw. liefern auch Extraktbestandteile, wenn sie auch minderwertiger sind.

Es ergibt sich weiter:

Wenn 100 kg unpoliertes Malz P Mark kosten, inkl. sämtlichen Betriebskosten der Mälzerei, so haben m_v kg Malz einen Wert von:

$$M_v = \frac{P \cdot m_v}{100} = \frac{P \cdot A_a \cdot a}{A_u \cdot 100} \text{ Mark.}$$

6. Die jahrlichen Ausgaben fur Amortisation und Verzinsung des Anlagekapitals seien A und die Betriebs- Bedienungs- und Unterhaltungskosten B, dann sind die jahrlichen Gesamtausgaben dafur $A + B$ Mark. Ist die jähr-

liche Verarbeitung J dz unpoliertes Malz, so trifft auf 100 kg unpoliertes Malz eine Ausgabe i von

$$i = \frac{A + B}{J}.$$

Extraktverluste und Gesamtausgaben für die Malzpolierung sind dann

$$V = M_v + i$$

$$V = \frac{P \cdot A_a \cdot a}{A_u \cdot 100} + \frac{A + B}{J}.$$

Rentabel wird gearbeitet, wenn

$$G \geqq V$$

ist, oder mit Einsetzung der obigen Einzelwerte findet man die Rentabilitätsgrenze für eine Poliermaschine aus folgender Grundformel

$$\frac{S \cdot a}{100}\left(1 - \frac{A_a}{A_u}\right) + \frac{a \cdot p}{100} + \frac{v_k \cdot a}{100}\left(1 - \frac{A_a}{A_u}\right) \geqq \frac{P \cdot A_a \cdot a}{A_u \cdot 100} + \frac{A + B}{J}.$$

Beispiel: Mit einer sehr scharf arbeitenden Poliermaschine wurden 25 Ztr. Malz poliert = 1250 kg.

An Abfällen wurden zurückgewogen 30,0 kg, es errechnet sich damit $a = \mathbf{2{,}4}\%$.

Der Abfall wurde sehr gut gemischt und daraus eine zur Untersuchung notwendige Probe entnommen. Die Sortierung dieser Probe ergab:

Hülsen	35,0%	mit einer Ausbeute von	39,0% lufttrocken
Grieß	37,8%	» » » »	50,6% »
Mehl	26,7%	» » » »	57,4% »

Den Sortierungsverhältnissen entsprechend errechnet sich hier eine mittlere Abfallausbeute von $A_a = 48{,}2\%$. Bei einem Steuersatz von M. 18 ist die Steuerersparnis

$$W_s = \frac{18 \cdot 2{,}4}{100} \cdot \left(1 - \frac{48{,}2}{74{,}76}\right) = 0{,}432 \cdot 0{,}357 = \text{M. } \mathbf{0{,}154}.$$

Für 100 kg Polierstaub wurden M. 12,8 bezahlt, der Abfallerlös pro 100 kg unpoliertes Malz ist dann

$$W_a = \frac{2{,}4 \cdot 12{,}8}{100} = \text{M. } \mathbf{0{,}307}.$$

Die Ausbeute des polierten Malzes war $A_p = 75{,}4$.
Die Ausbeute des Abfalles . . . . . $A_a = 48{,}2$.

Daraus errechnet sich die Ausbeute des unpolierten Malzes

$$A_u = \frac{75{,}4\,(100 - 2{,}4) + 48{,}2 \cdot 2{,}4}{100} = 74{,}76.$$

Es ist also eine Ausbeuteerhöhung von 75,4 — 74,76 = 0,64% eingetreten.

Die Kosten, um 100 kg Malz im Sudhaus zu verarbeiten, sind zu v_k = M. 1,45 ermittelt worden, dann ist

$$g_v = \frac{1{,}45 \cdot 2{,}4}{100} \cdot \left(1 - \frac{48{,}2}{74{,}76}\right) = 0{,}0348 \cdot (1 - 0{,}644) = \text{M. } \mathbf{0{,}0124}.$$

Der Gesamtgewinn ist hier:

$$0{,}154 + 0{,}307 + 0{,}0124 = \text{M. } \mathbf{0{,}4734}.$$

Der Extraktverlust im Abfall bedingt einen Malzverlust, wenn der Malzpreis P = M. 31,2 ist, zu

$$M_v = \frac{31{,}2 \cdot 48{,}2 \cdot 2{,}4}{74{,}76 \cdot 100} = \text{M. } \mathbf{0{,}488}.$$

Die Poliermaschine kostete M. 1060, hiervon:

10% Abschreibung	= M. 106
5% Verzinsung	= » 53
	M. 159
Mehr Bedienungskosten entstunden nicht, da das Polieren beim Schroten beaufsichtigt wurde. Die Antriebskraft betrug 2½ PS nebst Vorgelegen, Betriebszeit täglich 2 Stunden = 5 PS/Std.; bei 4 Pf. pro 1 PS/Std. treffen auf 1 Tag M. 0,20, bei 250 Arbeitstagen jährlich	= » 50
Sonstige Unterhaltung	= » 50
Gesamtausgaben	= M. 259

Es wurden jährlich 3000 dz poliert, auf 100 kg treffen dann

$$\frac{259{,}0}{3000} = \text{M. } \mathbf{0{,}0863}.$$

Die gesamten Verluste sind dann 0,488 + 0,0863 = M. **0,5743**.

Diese erreichen nicht ganz den Gewinn, es wird hier also unrentabel gearbeitet; es ist das im besonderen in der hohen Abfallausbeute begründet.

Würde weniger scharf geputzt, so war der Abfall nur $a = 1{,}5\%$ und die Ausbeute des Abfalles sank dabei auf 32,5%, dann ist, bei der gleichen Ausbeute des unpolierten Malzes:

Steuerersparnis

$$W_s = \frac{18 \cdot 1{,}5}{100} \cdot \left(1 - \frac{32{,}5}{74{,}76}\right) = 0{,}27 \cdot (1 - 0{,}435) = \text{M. } \mathbf{0{,}1526},$$

der Erlös für Polierabfall:

$$W_a = \frac{1{,}5 \cdot 12{,}8}{100} = \quad \text{» } \mathbf{0{,}1920},$$

$$G_v = \frac{1{,}45 \cdot 1{,}5}{100} \cdot (1 - 0{,}435) = 0{,}0218 \cdot 0{,}565 = \quad \text{» } \mathbf{0{,}0123},$$

Gesamtgewinn: M. **0,3569.**

Wert des verlorenen Extraktes:

$$M_v = \frac{31{,}2 \cdot 32{,}5 \cdot 1{,}5}{74{,}76 \cdot 100} = \text{M. } \mathbf{0{,}2035},$$

der gleiche Betrag für Amortisation etc.,
Bedienung und Unterhaltung: » **0,0863,**

Gesamtverlust: M. **0,2898.**

Somit Gewinn pro 100 kg poliertes Malz

$$0{,}3569 - 0{,}2898 = 0{,}0671 \text{ M.}$$

Bei 3000 dz, also bei einem kleinen Betrieb, jährlich M. **201,3**; während zuvor pro 100 kg ein Verlust entstund 0,5743 — 0,4734 = 0,1009 und pro 3000 dz = M. **302,7.**

Es ist eine ganz irrige Auffassung, wenn man glaubt, die Polierabfallmenge durch zu scharfes Polieren beliebig in die Höhe schrauben zu konnen. Der Abfallextrakt setzt vielmehr neben anderen Faktoren der prozentischen Abfallmenge eine Grenze.

Bei großen Betrieben können durch fehlerhafte Stellung der Poliermaschine sehr nennenswerte pekuniäre Verluste entstehen. Das Steuergesetz läßt nur 1% Polierabfall vor dem Verschroten zu.

4. Weich- und Waschvorrichtungen.

Die Weichvorrichtungen bedurften in früheren Jahren keinerlei Aufsicht; in neuerer Zeit hat sich die Luftwasserweiche fast allgemein eingeführt und dadurch ist es notwendig geworden, dem Weichprozeß erhöhte Aufmerksamkeit zuzuwenden.

Was das Material der Weichen betrifft, so findet man entweder eiserne Weichen oder Zementweichen; die letzteren bringen erheblich niedrigere Anschaffungskosten mit sich.

Die Form der Weichen soll ausschließlich eine solche mit konischem Boden, also selbsttätigem Auslauf sein.

Für die Berechnung der Größe einer Weiche kann angenommen werden, daß beim Weichprozeß eine Volumenvermehrung um 40% stattfindet, so daß pro 1 hl einzuweichende Gerste 1,4 hl Weichraum notwendig ist. Für Wasser schlägt man hierzu noch 5%.

Der Weichraum r pro 1 hl Gerste ist also

$$r = 1{,}05 \cdot 1{,}4 \text{ hl} = 1{,}47 \text{ hl}.$$

Er schwankt in den äußersten Grenzen zwischen 1,4 bis 1,6 hl pro 1 hl Gerste.

Beispiel: In eine Weiche sollen 100 Ztr. Gerste eingeweicht werden, das Hektolitergewicht der Gerste ist im Mittel 75 kg.

100 Ztr. = 5000 kg entspricht dann einem Gerstenvolumen

$$\frac{5000}{75} = 66{,}7 \text{ hl};$$

dafür ist der nötige Weichraum 66,7 · 1,47 = 98,2 hl = rund 100 hl zu wählen.

Um den Weichprozeß möglichst rationell zu gestalten, hat man danach zu trachten:

a) den Wasserverbrauch auf ein Minimum zu reduzieren, was besonders in solchen Fällen angezeigt ist, in denen der Betrieb an Wassermangel leidet;

b) den Weichprozeß nach Möglichkeit abzukürzen, resp. denselben nicht unnötigerweise in die Länge zu ziehen und

c) das Weichgut schon in der Weiche zur raschen Ankeimung vorzubereiten und nach Möglichkeit von anhaftendem Pilzschleim zu reinigen. Frühzeitiges Spitzen und Ankeimen der Gerste bedeutet einen Arbeits- und Zeitgewinn, man spart dadurch an Tennenzeit.

Der Wasserverbrauch hängt insbesondere von der Wassertemperatur und der Verunreinigung der Gerste durch Staub ab. Beim Weichen der Gerste findet ein mehrmaliger Wasserwechsel statt. Im Mittel kann man pro einen Wasserwechsel auf 1 Ztr. Gerste 0,6 hl Wasser rechnen. Beim Einweichen trifft auf 1 Ztr. Gerste mehr, etwa 0,9 hl Wasser. Je mehr Wasserwechsel stattfinden, desto größer wird demnach der Gesamtwasserverbrauch zum Weichen der Gerste sein, und es wird notwendig erscheinen, wenn eine Wasserersparnis angestrebt werden soll, die Anzahl der Wasserwechsel so weit als möglich zu verringern, wobei man aber natürlich stets im Auge zu behalten hat, daß dem Produkte selbst nie Nachteile entstehen.

Je niedriger die Weichwassertemperatur, desto länger wird die Weichdauer sein müssen. Die beigefügte Tabelle zeigt, daß z. B. bei einer Weichdauer von 64 Stunden und einer Wassertemperatur von 20° C fast die gleiche Wasseraufnahme von 44,8% stattgefunden hat, wie nach 135 stündiger Weichdauer mit Wasser von 10° C.

Da nun mit längerer Weichdauer fast immer häufigerer Wasserwechsel verbunden ist, so wird es im Interesse der Wasserersparnis liegen, mit etwas wärmeren Weichwassern zu arbeiten, um in kürzerer Zeit, also nach weniger Wasserwechseln, schon den gewünschten Weich-

Abhängigkeit der Wasseraufnahme von Temperatur und Weichdauer.

Temperatur		Weichdauer in Stunden				
°R.	°C.	40	64	86	112	135
8	10	36,4	39,2	41,4	43,3	44,6
9	11,2	37,0	39,9	41,9	43,9	45,1
10	12,5	37,7	40,6	42,5	44,6	45,7
11	13,8	38,3	41,4	43,1	45,2	46,2
12	15,0	39,0	42,1	43,7	45,9	46,8
13	16,3	39,6	42,8	44,3	46,4	47,4
14	17,5	40,2	43,3	44,9	46,8	—
15	18,8	40,8	43,8	45,5	47,3	—
16	20,0	41,4	44,8	46,1	47,7	—
17	21,2	42,1	44,9	46,7	48,2	—

grad zu erreichen. Es gibt Mälzereien, welche mit 4 Wasserwechseln ein vorzügliches Malz erzeugen, dagegen arbeiten andere mit 8 und 10 Wasserwechseln, so daß in letzterem Fall der Wasserverbrauch sich mehr als verdoppelt.

Bei stark durch Staub, Schimmel u. dgl. verunreinigten Gersten, was einen häufigeren Wasserwechsel bedingt, kann durch Zusatz eines Desinfektionsmittels zum ersten Weichwasser, deren beliebtester einfachster Vertreter die Kalkmilch ist, in solchen Fällen auch günstig auf die Verringerung der Wasserwechsel eingewirkt werden.

Beispiel: Für eine Brauerei mit einer jährlichen Gerstenverarbeitung von 100 000 Ztr. und ca. 300 000 hl Jahresausstoß ist bei

Wasserwechseln	4	6	8	10
der jährliche Wasserverbrauch zum Weichen zirka	24 000	36 000	48 000	60 000 cbm.

Der Wasserpreis pro 1 cbm war 20 Pf. vom städtischen Netz, so sind die Wasserkosten zum Weichen der Gerste je nach der Zahl der Wasserwechsel M. 4800, M. 7200, M. 9600,

M. 12 000 für diesen Betrieb und man erkennt, daß bei vier Wechseln gegenüber 10 die Summe von M. 7200 gespart werden kann.

Die Abkürzung des Weichprozesses ist in erster Linie durch Anwendung warmer Wassertemperatur zu erreichen. Es haben sich deshalb in neuester Zeit Warmwasserweichverfahren herausgebildet. Das Einweichen geschieht dabei mit Temperaturen von ca. 30° C, das erste Weichwasser bleibt etwa 4 Std. an der Gerste und es wird damit gründlich durchgewaschen. Bei den nächsten Weichwassern wählt man immer niedriger werdende Wassertemperaturen.

Die Erzeugungskosten fur das Warmwasser mussen naturlich durch entsprechende Vorteile gedeckt werden.

Kräftiges Waschen, Lüften, eventuell Umpumpen, kürzt gleichzeitig den Weichprozeß ab und bereitet das Weichgut zur rascheren Ankeimung vor. Das Luften und Waschen geschieht mit Druckluft.

Beim Waschen mittels Luft wendet man niedrigere Drücke an, bei den Dornkaatweichen z. B. 0,4 bis 0,5 Atm. Bei Waschvorrichtungen mit nur einer Umlaufduse sind die Drucke höher. Bei Weichen mit mehreren Dusenwaschrohren ist besonders darauf zu achten, daß *alle Rohre gleichmäßig* arbeiten. Bei konischen Trichterweichen ist das durchaus nicht immer der Fall; denn die in der Mitte liegenden Rohre sind länger, der zu uberwindende Höhenwiderstand ist also ein größerer.

Die Verteilung der Dusen auf die Grundfläche der Weiche muß richtig proportional bemessen sein.

Beispiel: Eine Gerstenweiche hat 4 m Durchm., dann ist die Fläche 12,55 qm, die Düsenzahl sei 18, es trifft dann auf je 0,697 qm eine Düse. Die Proportionalitat der Verteilung der Düsen läßt sich dann ermitteln, wenn man um jedes Dusenmittel einen Kreis mit dieser Grundfläche beschreibt.

Der Luftverbrauch (Saugluft) pro 1 hl Gerste (und pro Minute) liegt meist zwischen 15 bis 20 l angesaugter Luft.

Beispiel: Um 100 hl Gerste zu waschen, war eine Saugluftmenge von 100,86 cbm pro Stunde ermittelt. Auf 1 hl

Gerste trifft dann pro Minute $\frac{100\,860}{60 \cdot 100} = 16{,}81$ l angesaugter Luft.

Das Lüften des Keimgutes geschieht ohne Wasser von unten nach oben. Meist sind im Trichterkonus Luftungsrohre kreisringförmig angeordnet. Dabei möge beachtet werden, daß diese Rohre nicht zu nah an die Wandung gelegt werden, weil sie sonst das selbsttätige Auslaufen der Gerste beim Ausweichen sehr behindern.

Je niedriger die Schichthöhe des Weichgutes, desto niedriger kann der Lüftungsdruck sein; gewohnlich ist derselbe 1 Atm.

Beispiel: Zum Luften von 100 hl Gerste war eine angesaugte Luftmenge von 159 cbm pro Stunde notwendig.

Daraus ergibt sich der Luftverbrauch pro 1 hl Gerste pro Minute zu

$$\frac{159\,000}{60 \cdot 100} = 26{,}5 \text{ l}$$

angesaugter Luft.

Das Überpumpen mit komprimierter Luft erfordert Drucke von etwa 3 Atm., wenn die Weichen in gleicher Hohe stehen.

Beispiel: 100 hl Gerste wurden bei 3 Atm. in 47,5 Min. ubergepumpt. Die erforderliche Luftmenge in dieser Zeit war 92,6 cbm. Demnach ist die pro 1 hl Gerste notwendige Luftmenge pro Minute

$$= \frac{92\,600}{47{,}5 \cdot 100} = 19{,}5 \text{ l angesaugter Luft.}$$

Die Betriebskosten ergeben sich in diesem Beispiel aus folgendem:

Es erforderte 1 cbm angesaugter Luft pro Minute zum Komprimieren auf

½ Atm.	eine	Betriebskraft	von	2,5 PS
1 »	»	»	»	2,9 »
3 »	»	»	»	5,2 »

Gewaschen wurde insgesamt 8 Stunden, gelüftet wurde täglich 6 Stunden, bei 3tägiger Weichdauer 18 Std., ubergepumpt wurde 47,5 Minuten = 0,792 Stunden.

Der zum Betrieb erforderliche Kraftaufwand des Luftkompressors ist dann für 100 hl Gerste zum Waschen der

Gerste	$2{,}5 \cdot 8 \cdot 1{,}681$	=	33,62 PS/Std.
Zum Lüften	$2{,}9 \cdot 18 \cdot 2{,}65$	=	138,10 »
zum Umpumpen	$5{,}2 \cdot 0{,}792 \cdot 1{,}95$	=	8,04 »
			197,76 PS/Std.

Kostet 1 PS/Std. = 3,5 Pf = M. 0,035, so kosten 100 hl

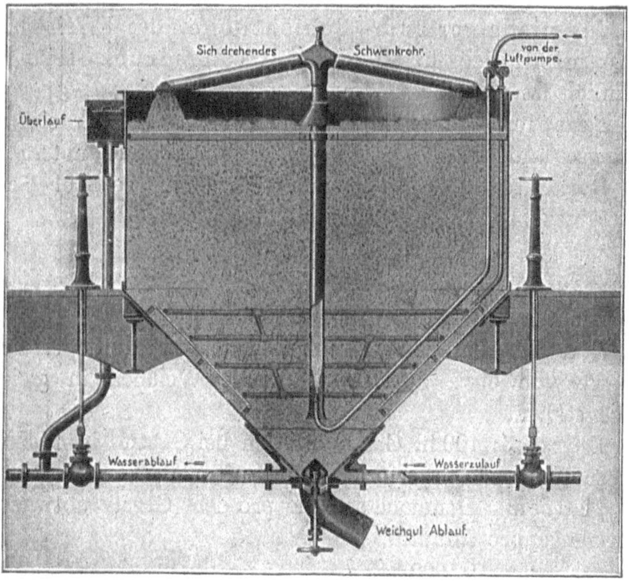

Fig. 26.

Gerste zu waschen, zu lüften und umzupumpen $179{,}76 \cdot 0{,}035$ = M. 6,29, oder auf 1 hl Gerste trifft 6,29 Pf.

Die Anordnung einer Wasch-, Lüftungs- und Umpumpeinrichtung nach Ausführung der Firma J. A. Topf, Erfurt, geht aus Fig. 26 hervor. Diese hat nur 1 Waschrohr. Vorzuziehen sind Waschvorrichtungen mit mehreren Waschrohren; weil die Durchwäsche eine gleichmäßigere wird.

Man rechnet auf je zwei Malztennen gewöhnlich eine Weiche. Bei Trichterweichen ist die Konushöhe $\frac{1}{2} \cdot$ Durchm.

Im übrigen gehen die Maße von Trichterweichen aus folgender Tabelle hervor.

Durchmesser mm	Hohe des zylindr. Teiles mm	Inhalt hl	Durchmesser mm	Hohe des zylindr Teiles mm	Inhalt hl	Durchmesser mm	Höhe des zylindr. Teiles mm	Inhalt hl
1500	1200	25,5	2200	1300	63,0	2700	1500	110,0
1600	1300	29,5	2200	1500	71,0	2800	1300	108,0
1800	1200	38,0	2300	1200	65,5	2800	1400	114,0
1800	1400	43,0	2300	1400	74,5	2900	1300	117,0
1900	1200	42,9	2400	1300	76,0	2900	1400	124,0
1900	1400	48,5	2400	1400	81,5	3000	1400	135,0
2000	1200	48,2	2500	1300	84,0	3000	1500	142,0
2000	1400	54,4	2500	1400	89,0	3200	1500	163,0
2000	1500	57,5	2600	1300	92,0	3500	1500	200,0
2100	1300	57,0	2600	1400	97,0	3700	1500	225,0
2100	1500	64,0	2700	1300	101,0	4000	1500	270,0

5. Keimanlagen.

Die Keimung der Gerste vollzieht sich entweder auf der Tenne, wobei die Bearbeitung des Haufens von Hand oder maschinell erfolgt, oder in Kästen und Trommeln, wobei die Bearbeitung lediglich Maschinenarbeit ist.

Der prinzipielle Unterschied zwischen der Tennenmälzung und der pneumatischen Mälzung (Trommel und Kasten) ist folgender:

Auf der Tenne gelten für die Durchführung des Keimprozesses als gegebene Faktoren: der natürliche Luftwechsel des Tennenraumes, der natürliche Feuchtigkeitsgrad der Tennenluft und die natürliche Raumtemperatur, wie sie von Witterungsverhältnissen und der Jahreszeit abhängig ist.

Die pneumatische Mälzerei bedient sich, wie der Name sagt, einer kunstlichen Belüftung des Keimgutes und damit im Zusammenhang einer kunstlichen Befeuchtung und Temperierung der Lüftungsluft.

Bei dem Mälzungsprozeß müssen Luftwechsel, Luftfeuchtigkeit und Lufttemperatur in bestimmte Beziehungen zueinander gebracht werden, um den Keimprozeß sachgemäß durchfuhren zu konnen.

I. Die Messungen der Luftwechsel, der Luftfeuchtigkeit und der Lufttemperatur.

a) Die Luftwechsel.

Die Messung der Luftwechsel ist bei pneumatischen Anlagen sehr wichtig. Die Beluftung geschieht hierbei durch Ventilatoren. Die Messungen selbst sind im Zuströmkanal zu der pneumatischen Keimanlage mit einem Flügelmanometer (Fig. 27) auszufuhren.

Das Instrument hat eine Anzahl Glimmerflügel, die bei der geringsten Windstärke in Bewegung treten, und diese Bewegung auf ein Zeigerwerk ubertragen. In Verbindung mit einer Uhr stehend, gibt es genau auf einem Zifferblatt die Geschwindigkeit der durchstreichenden Luft in Metern pro Minute an, so daß nur mit der Fläche des Kanalquerschnittes an der Meßstelle in qm zu multiplizieren ist, um die minutlich durchstreichende Luftmenge in cbm zu erhalten.

Die Anemometer treten erst eine bestimmte Zeit (½ Minute oder 1 Minute) nach Einschalten in Funktion.

Diese Anlaufzeit ist notwendig, damit die Glimmerflugel bei Beginn der Messung jene höchste Geschwindigkeit erlangt haben, welche der Luftgeschwindigkeit entspricht. In weiten Zentralrohren von Trommeln, in welche man bei vorzunehmenden Messungen mit einer Laterne ausgerustet einkriecht, hat man sich in genugender Entfernung von dem Instrument aufzuhalten, damit man nicht durch Querschnittsverengung oder Erzeugung eines Luftwiderstandes die Luftgeschwindigkeit beeinflußt. Werden Messungen in Keimtrommeln vorgenommen, so mussen dabei die naturlichen Verhältnisse vorliegen, d. h. die Trommel muß nach außenhin verschlossen sein.

Fig. 27.

An der Lufteintrittsstelle der pneumatischen Keimanlage (vor allem bei Trommeln) bedient man sich zweckmäßig, um von außen auf den Grad der Luftwechsel schließen zu können, der Zugmesser oder Unterdruckmesser (Fig. 28).

Durch laufende Aufzeichnung der Unterdrucke mit Registrierinstrumenten erhalt man ein genaues Bild der gesamten Luftungsvorgänge. Die Skala der Zugmesser kann an Hand von Anemometermessungen so geeicht werden, daß aus den Anzeigen direkt auf die Luftgeschwindigkeit oder die Anzahl der Luftwechsel in der Zeiteinheit geschlossen werden kann.

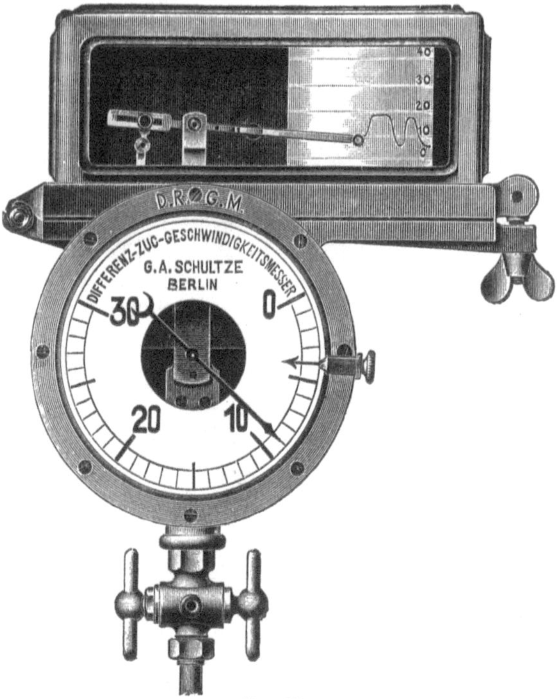

Fig. 28.

Beispiel: Messungen der Windstärken im Zentralrohr.

a) Bei geringem Zug von 7 mm:

Mitte Zentralrohr (am Sternschieber)	0 m/Min.		Geschwindgk.
1,5 m davon entfernt	21	»	»
3,0 m » »	42	»	»
4,5 m » »	65	»	»
am verjüngten Ausgang	141	»	»

b) Bei maximalem Zug von 35 mm:

Mitte Zentralrohr (am Sternschieber)	0 m/Min.		Geschwindgk.
1,5 m davon entfernt (46+44) Mittel	45	»	»

3,0 m davon entfernt (94÷101) Mittel 97,5 m/Min. Geschwind.
4,5 m » » (139÷143) 141 » »
ganz vorne am verjüngten Ausgang 287 » »

Mit der Lüftung steht die Kohlensäureansammlung im Keimgut in direktem Zusammenhang. Je größer die Luftwechsel, desto geringer sind die Kohlensäureansammlungen. Aus diesem Grunde erscheint es natürlich, daß man z. B. bei einem im Junghaufenstadium befindlichen Tennenhaufen einen höheren Kohlensäuregehalt findet wie in den Keimtrommeln. Die Kohlensäuregehalte im Keimgut liegen maximal (im Stadium der höchsten Atmung):

beim Tennenhaufen bei 5 bis 6 Vol.-% der im Keimgut befindlichen Luft,

in der Trommel 1 bis 2 Vol.-% der im Keimgut befindlichen Luft,

beim Kohlensäureabschlußverfahren 40 bis 50 Vol.-% der im Keimgut befindlichen Luft, bei 24 stündigem Abschluß.

Die Probenahme der kohlensäurehaltigen Luft geschieht beim Tennenhaufen und auch im Kasten mit einem heugabelförmigen Probenehmer. Derselbe hat 8 Zinken, ca. 25 cm lang, mit sehr feinen, etwa 2 mm weiten Durchbohrungen, die sich in einem gemeinsamen Rohr vereinigen. Die Zinken sind nur auf der unteren Seite mit sehr feinen Löchern versehen, durch welche beim Ansaugen am gemeinsamen Rohr die Luft eintreten kann. Beim Gebrauch steckt man diesen Probenehmer in die Grünmalzschicht bis auf den Boden, ohne jedoch Teile davon zu heben, und schließt an das herausragende Rohr einen Saugschlauch an.

Um aus Trommeln oder Keimkästen, in denen das Keimgut mehr als 1 m hoch liegt, Luftproben zu entnehmen, benutzt man ein mit einer Stahlspitze versehenes starkwandiges Stechrohr von möglichst enger lichter Weite. Vor dem Versuch ist der Rohrinhalt einigemal leerzusaugen.

Zur zahlenmäßigen volumetrischen Bestimmung des Kohlensäuregehaltes dient der Apparat nach Winkler (Fig. 29). Man saugt zunächst mittels eines an einem T-Stuck der Saugleitung ganz in der Nähe des Hahnes 0 angebrachten Saugballens den Probenehmer und die Schlauchverbindungen voll von der kohlensäurehaltigen Luft. Dann stellt man die Verbindung der Saugleitung mit dem Saugballen ab und diejenige mit dem bis von oben mit Wasser angefüllten Gaszylinder *A* her. Durch Senken der Flasche *C* zieht das im Gasmeßrohr stehende Wasser durch Ausfließen nach der Flasche die zu untersuchende Luft in das Gasmeßrohr. Die erste Füllung wird durch Abschluß der Saugleitung und Öffnung des Saugballenventils ausgestoßen und das Meßrohr ein zweites Mal gefüllt. Wenn die Wassermarke unten auf Null steht, so befinden sich 100 ccm Gas im Rohr. Durch Drehen des Hahnes *O* wird beim Heben von Flasche *C* das Gas in das bis Marke *m* mit Kalilauge vom spezifischen Gewicht 1,25 gefüllte Absorptionsgefäß *B* gedruckt. Läßt man das Wasser bis dicht an den Hahn *O* heransteigen, so sind 100 ccm kohlensäurehaltige Luft ubergedrückt. Die Kalilauge bindet die Kohlensäure (CO_2). Zur Vergrößerung der Absorptionsfläche sind im Gefäß *B* Glasröhrchen eingestellt, an deren Wandungen stets Kalilauge adhäriert. Das entkohlensäuerte Gas zieht man nun durch Senken der Flasche *C* in den Meßzylinder, und wiederholt die Absorption durch nochmaliges Überdrucken nach *B*. Es kommt vor, daß manchmal geringe Mengen CO_2 das erste Mal noch ungebunden bleiben. Nach der zweiten Absorption zieht man das Gas durch Senken von Flasche *C* in das Meßrohr zurück, bis die Kalilauge an Marke *m* heranreicht. Dann schließt man den Hahn *O*, bringt die Flussigkeitsspiegel im

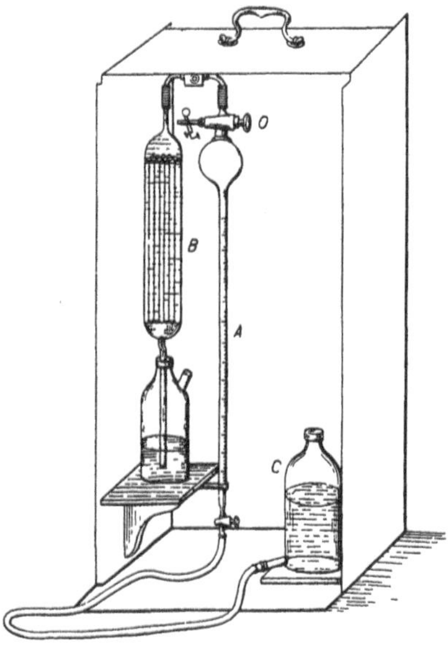

Fig 29

Meßrohr A und Flasche C in gleiche Höhe und liest dann an der Skala des Meßrohres durch den gegebenen Flussigkeitsstand die Volumenprozente CO_2 ab.

Beim Kohlensäureabschlußverfahren hat man neben der Kohlensäurezunahme im Keimgut noch auf die Sauerstoffabnahme zu achten.

Die Bestimmung des Sauerstoffes kann bei Vorhandensein von zwei Absorptionsgefäßen mit dem gleichen Apparat nur unter Anwendung einer anderen Absorptionslösung, nämlich alkalischer Pyrogallussäure geschehen.

Die Herstellung der Absorptionslösungen, Kalilauge und alkalische Pyrogallussäure ist folgende:

Kalilauge wird durch Lösen von festem Kaliumhydrat in destilliertem Wasser bereitet. Das spezifische Gewicht der Lösung soll 1,2 bis 1,28 sein.

Zur Sauerstoffabsorption löst man 15 g Pyrogallussäure in 30 ccm heißem Wasser und mischt dann 80 ccm Kalilauge obiger Lösung bei.

Beispiel (Kohlensäureermittlung beim Abschlußverfahren):

Zeit	Temperatur °C	Kohlensaure Vol.-%	Sauerstoff Vol.-%
Versuchsbeginn	13,1	0	18,2
Nach 1 Std.	14,0	5	8,3
» 2 »	14,9	11,0	4,2
» 3 »	15,5	14,5	3,1
» 4 »	16,0	17,0	1,8
» 5 »	16,4	18,3	0,8
» 6 »	16,6	20,5	0,1
» 7 »	16,8	23,4	0,1
» 8 »	17,0	24,1	0
» 9 »	17,1	25,4	0
» 10 »	17,2	26,3	0
» 11 »	17,3	27,6	0
» 12 »	17,4	28,0	0

Bei diesem Versuch wurde in dem Raum über dem Keimgut ein Kohlensäuregehalt von 13,8% und ein Sauerstoffgehalt von 8,1% am Versuchsende ermittelt.

Gerade beim Abschlußverfahren ist die Erlangung möglichst rascher Luftwechsel nach der Kohlensäurerast sehr wichtig. Die Entlüftungsvorrichtungen mussen dabei also besonders wirksam sein.

Beispiel: Bei einem Kohlensäurerastverfahren in einer Trommel von 9,5 m Länge und 3,5 m Durchm. waren 330 Ztr. Gerste zur Keimung eingebracht. Das Trommelvolumen ergibt sich aus $\frac{3{,}5^2 \cdot \pi}{4} \cdot 9{,}5 = 91{,}2$ cbm Inhalt.

Die Trommel hatte 2 Absaugstellen (Schwagertrommel). Auf eine Absaugstelle trifft somit die Hälfte des Volumens = 45,6 cbm. Der Durchmesser am Ausgang war 35 cm, was einem Ausgangsquerschnitt = 962,1 qcm entspricht = 0,09621 qm. Die Luftgeschwindigkeit konnte beim Absaugen bis zu 287 m pro Minute in diesen Querschnitt gesteigert werden. Es war demnach möglich, pro Minute 287 · 0,09621 = 27,6 cbm Luft zu fördern, d. h. der Trommelinhalt ist in 1,65 Min. entleert, ein Luftwechsel dauert also 1,65 Min. bei der leeren Trommel. Nun ist aber die Trommel weit mehr als die Hälfte ihres freien Volumens mit Grünmalz angefüllt, so daß sich das abzusaugende Luftquantum noch um mehr als die Hälfte reduziert. Allerdings muß berücksichtigt werden, daß die einstromende Luft die darin befindliche nicht ohne weiteres verdrängt, sondern eine Mischung eingeht.

Ein wirklicher Luftwechsel wird eingetreten sein, wenn sich der Kohlensäuregehalt im Keimgut bis auf Null verringert hat.

Dies läßt sich durch die Ermittlung des Kohlensäuregehaltes feststellen.

Was die Unterdrucke bei pneumatischen Keimanlagen anbetrifft, so hängen dieselben vor allem von dem Widerstande des Keimgutes und von dem Stadium, in welchem sich dasselbe befindet, ab. Zur Trommelluftung sind meist keine so hohen Unterdrücke (Zugstärken) nötig wie bei Kohlensäurerastverfahren in Keimkästen.

Beispiel. Bei einer Trommellüftung waren während einer Haufenfuhrung folgende Zugstarken wirksam:

(Am 1. Tag (Naßhaufen)	2—3 mm,	bei Ruhe;	während d. Wendens	14 mm,
am 2. Tag	7 »,	» » :	» » Rotation	14—18 »,
» 3. »	8—10 »,	» » ;	» » »	22—24 »,
» 4. »	8—10 »,	» » ;	» » »	28—35 »,
» 5. »	8—10 »,	» » ;	» » »	22—27 »,
» 6. »	8— 9 »,	» » ;	» » »	25 »,
» 7. »	15 »,	» » ;	» » »	15 ».

Bei Keimkasten mit Kohlensäurerast findet man wirksame Unterdrücke von 60 bis 70 mm.

b) Die Luftfeuchtigkeit.

Bei der Tennen- und Kastenmälzerei kann die Bestimmung am einfachsten durch das Einhängen eines Haarhygrometers (Fig. 30) erfolgen. Dieses gibt zwar keine absolut exakten Feuchtigkeitsgehalte, aber doch gute Vergleichswerte an; insbesondere, wenn dasselbe mit einem Aspirationspsychrometer nachgepruft wird.

Beispiel. In einer Malztenne gibt das Hygrometer an seiner Skala 62% relative Feuchtigkeit, das angebrachte Thermometer 18° C an. Dann zeigt die am Thermometer auf der rechten Seite der Temperaturskala angebrachte Einteilung einen von der Luft aufzunehmenden maximalen Wassergehalt von 15,27 g pro cbm (siehe auch folgende Tabelle).

Da die Luft nur 62% dieser aufzunehmenden maximalen Feuchtigkeit enthält, so sind in 1 cbm Luft $\frac{62 \cdot 15{,}27}{100} = 9{,}46$ g Wasser enthalten.

Zur Nachprüfung der Haarhygrometer bedient man sich des in Fig. 31 dargestellten Lambrechtschen Aspirations-Psychrometers. Dasselbe besteht aus zwei Thermometern und einer Aspirationsvorrichtung. Die Quecksilberkugel des einen Thermometers wird mit Musselin um-

Temperatur °C	Wassergehalt der gesattigten Luft g/cbm	Temperatur °C	Wasserge der gesa ten Lu g/cbm
— 10	2,303	12	10,61
— 8	2,680	14	12,00
— 6	3,117	16	13,55
— 4	3,623	18	15,27
— 2	4,209	20	17,17
0	4,876	22	19,28
+ 2	5,580	24	21,61
4	6,370	25	22,87
6	7,259	26	24,16
8	8,257	28	27,01
10	9,372	30	30,13

geben, das man vorher mit Wasser von Lufttemperatur befeuchtet hat. Nun w die Aspirationsvorrichtung durch Dre einer kleinen biegsamen Welle in Beweg gesetzt. Man findet alsbald, daß das feuc

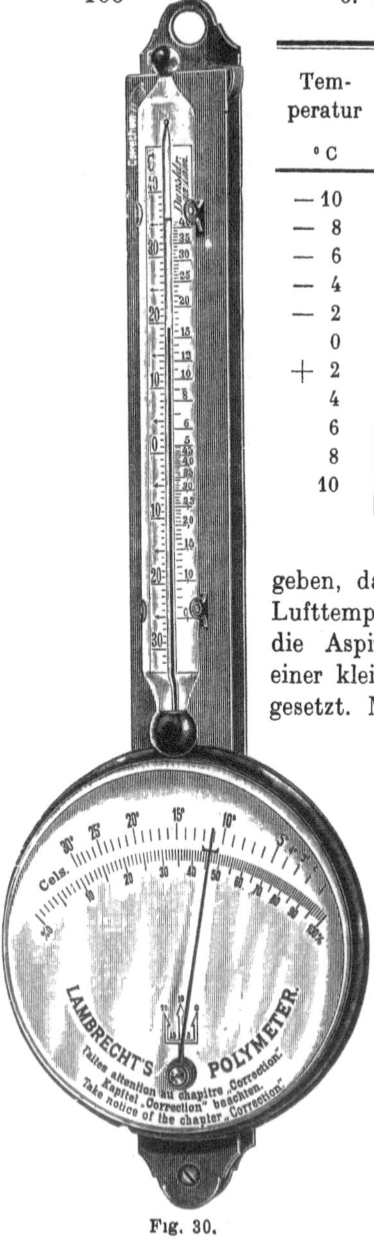

Fig. 30.

Thermometer tiefere Tempe turen anzeigt wie das trock weil durch die Verdunstung Wassers Wärme entzogen w Nach etwa 3 Minuten wer beide Temperaturanzeigen Thermometer abgelesen. Versuch ist öfter zu wiederho man berechnet einen Mittelw Beim Ablesen bedient man zweckmäßig einer vorgehalte Glasscheibe, damit der A und die Korperwärme fern halten wird. Direkte Bestr lung von Sonnenlicht darf eb falls nicht stattfinden.

Die Höhe der Temperaturdifferenz wird um so größer sein, je trockener die Luft ist; denn je trockener die Luft, desto mehr Wasser kann verdunsten und desto mehr Ver-

Fig. 31.

dunstungswärme wird entzogen. Die Berechnung des Feuchtigkeitsgehaltes geschieht nach den Formeln:

$$F_a = F_{f\,\max} - 0{,}5 \cdot (T_t - T_f)$$

$$F_r = \frac{F_a}{F_{t\,\max}} \cdot 100$$

Hierin bedeutet:

F_a = absoluter Feuchtigkeitsgehalt der Luft, ausgedrückt in mm Quecksilbersäule.

$F_{t\max.}$ = höchstmöglicher Feuchtigkeitsgehalt der Luft bei bestimmter Temperatur des trockenen Thermometers (aus Tabelle entnehmen).

$F_{f\max.}$ = höchstmöglicher Feuchtigkeitsgehalt der Luft bei der Temperatur des feuchten Thermometers.

F_r = relativer Feuchtigkeitsgehalt der Luft.

T_t = Temperaturanzeige des trockenen Thermometers.

T_f = Temperaturanzeige des feuchten Thermometers.

Beispiel. Das trockene Thermometer zeige 19,7° C, das feuchte 15,9° C.

Aus der Tabelle ergibt sich für 19,0 links und 0,7 oben $F_{t\max.}$ = 17,04, ebenso für 15,0 links und 0,9 oben $F_{f\max.}$ = 13,42.

Die absolute Feuchtigkeit findet man dann aus:

$$F_a = 13{,}42 - 0{,}5 \cdot (19{,}7 - 15{,}9) = 11{,}52 \text{ mm},$$

d. h. der in der untersuchten Luft vorhandene Wasserdampf zeigt eine Spannkraft von 11,52 mm oder in 1 cbm der untersuchten Luft sind 11,52 g Wasserdampf.

Die relative Feuchtigkeit findet man aus:

$$F_r = \frac{11{,}52}{17{,}04} \cdot 100 = 67{,}7\,\%.$$

Mit diesem Resultat muß die Anzeige des Hygrometers übereinstimmen.

Dampfspannungstafel.

Temperatur Cels.	Druck gesattigten Wasserdampfes in Millimeter									
	0,0	0,1	0,2	0,3	0,4	0,5	0,6	0,7	0,8	0,9
—9	2,33	2,31	2,29	2,27	2,25	2,24	2,22	2,20	2,19	2,17
—8	2,51	2,49	2,48	2,46	2,44	2,42	2,40	2,38	2,36	2,34
—7	2,72	2,69	2,67	2,65	2,63	2,61	2,59	2,57	2,55	2,53
—6	2,93	2,91	2,89	2,86	2,84	2,82	2,80	2,78	2,76	2,74
—5	3,16	3,14	3,11	3,09	3,07	3,04	3,02	3,00	2,98	2,95
—4	3,41	3,38	3,36	3,33	3,31	3,28	3,26	3,23	3,21	3,18
—3	3,67	3,64	3,62	3,59	3,56	3,54	3,52	3,48	3,46	3,43
—2	3,59	3,92	3,89	3,86	3,84	3,81	3,78	3,75	3,72	3,70
—1	4,25	4,22	4,19	4,16	4,13	4,10	4,07	4,04	4,01	3,98
—0	4,57	4,54	4,50	4,47	4,44	4,41	4,37	4,34	4,31	4,28
1	4,57	4,60	4,36	4,67	4,70	4,74	4,77	4,80	4,84	4,87
0	4,91	4,94	4,98	5,02	5,05	5,09	5,12	5,16	5,20	5,23

Temperatur Cels.	Druck gesattigten Wasserdampfes in Millimeter									
	0,0	0,1	0,2	0,3	0,4	0,5	0,6	0,7	0,8	0,9
2	5,27	5,31	5,35	5,39	5,42	5,46	5,50	5,54	5,58	5,62
3	5,66	5,70	5,74	5,78	5,82	5,86	5,90	5,94	5,98	6,03
4	6,07	6,11	6,15	6,20	6,24	6,28	6,33	6,37	6,42	6,46
5	6,51	6,55	6,60	6,64	6,69	6,75	6,78	6,83	6,88	6,92
6	6,97	7,02	7,07	7,12	7,17	7,21	7,26	7,31	7,36	7,42
7	7,47	7,52	7,57	7,62	7,67	7,72	7,78	7,83	7,88	7,94
8	7,99	8,05	8,10	8,15	8,21	8,27	8,32	8,38	8,43	8,49
9	8,55	8,61	8,66	8,72	8,78	8,84	8,90	8,96	9,02	9,08
10	9,14	9,20	9,26	9,32	9,39	9,45	9,51	9,57	9,64	9,70
11	9,77	9,83	9,90	9,96	10,03	10,09	10,16	10,23	10,30	10,36
12	10,34	15,50	10,57	10,64	10,71	10,78	10,85	10,92	10,99	11,06
13	11,14	11,21	11,28	11,36	11,43	11,50	11,58	11,65	11,73	11,81
14	11,28	11,96	12,04	12,12	12,19	12,27	12,35	12,43	12,51	12,59
15	12,67	12,76	12,84	12,92	13,00	13,09	13,17	13,25	13,34	13,42
16	13,51	13,60	13,68	13,77	13,86	13,95	14,04	14,12	14,21	14,30
17	14,39	14,49	14,58	14,67	14,76	14,86	14,95	15,04	15,14	15,23
18	15,33	15,53	15,52	15,62	15,72	15,82	15,92	16,02	16,12	16,22
19	16,32	16,42	16,52	16,63	16,73	16,83	16,94	17,04	17,15	17,26
20	17,36	17,47	17,58	17,69	17,80	17,91	18,02	18,13	18,24	18,35
21	18,47	18,58	18,69	18,81	18,92	19,04	19,16	19,27	19,39	19,51
22	19,63	19,75	19,87	19,99	20,11	20,24	20,36	20,48	20,61	20,73
23	20,86	20,98	21,11	21,24	21,37	21,50	21,63	21,76	21,89	22,02
24	22,15	22,29	22,42	22,55	22,69	22,83	22,96	23,10	23,24	23,38
25	23,52	23,66	23,80	23,94	24,08	24,23	24,37	24,52	24,77	24,81
26	24,96	25,10	25,25	25,40	25,55	25,70	25,86	26,01	26,16	26,32
27	26,47	26,63	26,78	26,94	27,10	27,26	27,42	27,58	27,74	27,90
28	28,07	28,23	28,39	28,56	28,73	28,89	29,06	29,23	29,40	29,57
29	29,74	29,92	30,09	30,26	30,44	30,62	30,79	30,97	31,15	31,33
30	31,51	31,69	31,87	32,06	32,24	32,43	32,61	32,80	32,99	33,18
31	33,37	33,56	33,75	33,94	34,14	34,33	34,53	34,70	34,92	35,12
32	35,32	35,52	35,72	35,92	36,13	36,33	36,54	36,74	36,95	37,16
33	37,37	37,58	37,79	38,00	38,22	38,43	38,65	38,87	39,08	39,30
34	39,52	39,74	39,97	40,19	40,41	40,64	40,87	41,09	41,32	41,55
35	41,78	42,02	42,25	42,48	42,72	42,96	43,19	43,43	43,67	43,92
36	44,16	44,40	44,65	44,89	45,14	45,39	45,64	45,89	46,14	46,39
37	46,65	46,90	47,16	47,42	47,68	47,94	48,20	48,46	48,73	48,99
38	49,26	49,53	49,80	50,07	50,34	50,61	50,89	51,16	51,44	51,72
39	52,00	52,28	52,56	52,84	53,12	53,41	53,70	53,99	54,28	54,57

Die Luftfeuchtigkeit ist bei den verschiedenen Keimverfahren nicht gleich hoch.

Bei Keimtrommeln muß die eintretende Luft oft bis zu 100% gesättigt sein; beim Kohlensäureabschlußverfahren genügt eine relative Luftfeuchtigkeit von 70 bis 80%.

Die relative Luftfeuchtigkeit muß im allgemeinen so gewählt werden, daß der Feuchtigkeitsgehalt des Grünmalzes weder erhöht noch erniedrigt wird. Zu geringer Feuchtigkeitsgehalt erniedrigt den Wassergehalt des Malzes, trocknet dasselbe aus. Zu hoher Feuchtigkeitsgehalt der Luft erhöht den Wassergehalt des Grünmalzes, wenn nicht gleichzeitig für genügend Luftwechsel gesorgt wird, das Grünmalz wird dabei schmierig.

Beispiel. Am Eintritt einer Keimtrommel wurde die Luftfeuchtigkeit gemessen zu 88,5%, bei einer Eintrittstemperatur von 14° C. Laut der am Hygrometer befindlichen Tabelle ist somit die absolute Feuchtigkeit pro 1 cbm Eintrittsluft = 12,0 g, bei 88,5% Sättigung $\frac{12 \cdot 88{,}5}{100} = 10{,}62$ g.

Am Trommelaustritt wurde bei einer Temperatur von 20° C die Luftfeuchtigkeit zu 99,5% ermittelt. Laut Tabelle am Hygrometer ist die Sättigung bei 20° C pro 1 cbm = 17,2 g.

Dann enthält 1 cbm Luft bei 94,5% Sättigung

$$= \frac{99{,}5 \cdot 17{,}2}{100} = 17{,}10 \text{ g.}$$

Es ist zu berücksichtigen, daß sich das Luftvolumen von der Eintrittstemperatur 14° C auf 20° C erwarmt hat und damit nach dem Gay-Lussacschen Gesetz eine Ausdehnung um $\frac{20 - 14}{273} = 0{,}022$ cbm erfahren hat.

Es entspricht also 1 cbm Eintrittsluft = 1,022 cbm austretender Luft. Die durch 1 cbm Eintrittsluft eingeführte Feuchtigkeit war 10,62 g. Die pro 1,022 cbm austretende Feuchtigkeit ist 1,022 · 17,1 = 17,49 g. Pro 1 cbm eingeführte Eintrittsluft wurde an Feuchtigkeit mehr abgeführt 17,49 — 10,62 = 6,87 g.

Man erkennt hier, daß dem Keimgut pro 1 cbm zuströmende Luft 6,87 g Feuchtigkeit entzogen wurde. Der Feuchtigkeitsgehalt des Grünmalzes war 44,54%, nach 24 Stunden 44,94%; der Wassergehalt hat also zugenommen, und zwar als Folge der Aufnahme von Atmungswasser beim Wachstum. In diesem Falle ist durch Regelung (hier noch weitere Erniedrigung) der relativen Feuchtigkeit der eintretenden Luft, nunmehr auf einen geringen Feuchtigkeitsgehalt im Grünmalz hinzuarbeiten.

Selbstverständlich kann auch der Fall eintreten, daß dem Keimgut Feuchtigkeit entzogen wird; dann muß natürlich die Feuchtigkeitssättigung der eintretenden Luft gesteigert werden.

Das Verständnis für die Regelung der Luftwechsel im Zusammenhang mit der Luftfeuchtigkeit an pneumatischen Keimanlagen kommt nur dann, wenn man an Hand der relativen Feuchtigkeitsmenge der ein- und austretenden Luft, unter Berücksichtigung der Ein- und Austrittstemperaturen, den ganzen Arbeitsgang nach der angegebenen Richtung hin rechnerisch verfolgt.

c) Die Temperatur.

Die Messung der Temperatur geschieht bei der Tennenmälzerei mit Quecksilberthermometern, welche in das Keimgut eingeführt werden. Bei Keimkasten und Trommel benutzt man Stahlrohrthermometer.

Bei pneumatischen Keimanlagen interessiert neben der Temperatur des Keimgutes auch diejenige der ein- und austretenden Luft; denn es ist klar, daß die zutretende Lüftungsluft keine zu hohe oder zu niedrige Temperatur besitzen darf, um die gewünschte Wirkung auf das Keimgut auszuüben.

Die Temperaturmessung im Keimgut muß bei Versuchen an pneumatischen Keimvorrichtungen an möglichst viel Stellen geschehen. Eine Keimvorrichtung arbeitet um so günstiger, eine je gleichmäßigere Temperatur sie im Keimgut erzielen läßt.

Ungleichmäßige Erwärmung des Keimgutes kann die Folge *unrichtiger Belüftungsweise*, also unrichtiger Haufenfuhrung sein; wird z. B. während der Rotation einer Keimtrommel (also beim Wenden), *keine genügende Zugstärke* wirksam, dann wird auch keine gleichmäßige Durchlüftung möglich sein.

Ungleichmäßige Erwärmung des Keimguts kann aber auch auf *konstruktive Mängel* zurückzuführen sein, bei Trommeln z. B., wenn die Verteilung der Lüftungsluft in radialer

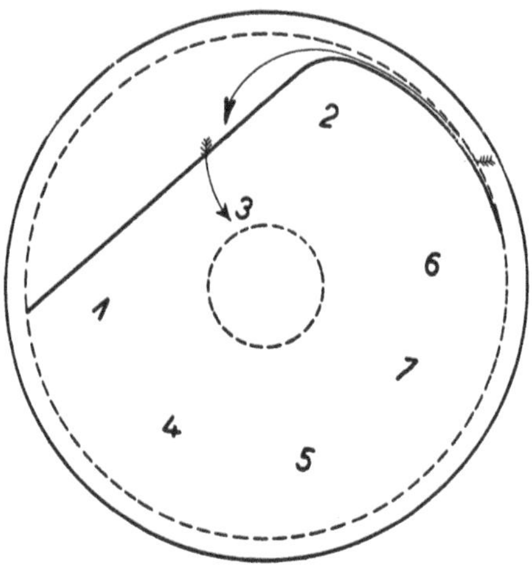

Fig. 32.

Richtung und in der Längsrichtung durch fehlerhafte Anordnung und Verteilung der Luftzuströmkanäle keine gleichmäßige ist. Auch *ungenügender Abschluß der Luftzuströmkanäle* sowie eine *Verstopfung der Perforierung* infolge Verschmutzung kann gleichfalls zu lokalen Erwärmungen beitragen.

Beispiel. Temperaturmessungen in einem Junghaufen bei fehlerhafter Stellung der Luftzuströmschieber in einer Keimtrommel (diese Schieber wurden zu spät geschlossen und ließen Lüftungsluft durch den Spalt, der sich durch Abheben des Grunmalzes durch eigene Schwere vom Trommelumfang bildete, Fig. 32, nach dem freien Raum der Trommel und durch die schwächste Grünmalzschicht zum Zentralrohr treten).

Meßstelle	Temperaturen in der Trommel		
	Hinten	Mitte	Vorn
1	10,0	12,6	10,5
2	11,0	13,1	9,5
3	11,0	11,8	9,8
4	12,5	14,9	13,4
5	14,7	14,8	16,3
6	16,2	15,9	18,1
7	17,6	17,6	19,1

Hier war die durch fehlerhafte Einstellung der Lüftungsorgane entstandene maximale Temperaturdifferenz 19,1—9,5 = 9,6° C.

2. Aufwand für Bedienung und Antrieb der Vorrichtungen zur teilweisen oder vollkommenen mechanischen Bearbeitung des Keimgutes.

Alle diese Vorrichtungen haben den Zweck, die Handarbeit mit der Schaufel teilweise oder ganz zu beseitigen; denn man ist unter den heutigen Verhältnissen in allererster Linie gezwungen, an Arbeitskräften und Arbeitslöhnen zu sparen.

a) Die Malzpflüge.

Das Bearbeiten der Haufen mit Malzpflugen auf der Tenne hat in vielen Fällen Vorteile durch Verkurzung der Bearbeitungszeit gebracht. Die wichtigsten Systeme, die sich herausgebildet haben, sind der Kubelka-Grünmalzwender, die doppelscharige Malzschaufel (System Ewert), die Doppelmalzpfluge nach E. Jalowetz; der letztere ist eine Kombination von einem rechts und einem links arbeitenden Malzpflug, der mittels eines im Scharnier umlegbaren Stiels betätigt wird. Der englische Malzpflug hat eher die Gestalt eines Rechens als eines Pfluges.

Mit diesen genannten Systemen ist es wohl gelungen, eine beträchtliche Verkürzung der Gesamtbearbeitungszeit herbeizuführen; ein vollkommenes Ausschalten der Handarbeit mit der Schaufel dagegen ist noch nicht möglich geworden.

Die Pflüge führen bei der Umlagerung weniger kalte Luft in das Keimgut wie es bei der Wurfbewegung von Hand geschieht.

Der Weisenfeld-Pflugwender besitzt eine bewegliche Ackerschaufel; die durch einen Preßluftmotor in vibrierende Schwingungen gebrachte Wurfschaufel lüftet das Keimgut beim Durchschieben. Der notwendige Luftdruck zum Betrieb schwankt zwischen 3 bis 4 Atm. Die Intensität der Bearbeitung des Keimgutes hängt von der Geschwindigkeit ab, mit welcher der Pflug vorwärts geschoben wird; je langsamer dies geschieht, um so ausgiebiger wird das Grünmalz geschüttelt.

Versuche, welche mit dem Weisenfeldwender angestellt wurden, ergaben folgende Resultate:

	Haufen mit der Schaufel bearbeitet			Haufen mit dem Pflugwender bearbeitet		
	Versuch I	II	III	Versuch I	II	III
Tennenzeit	7 Tage	7 Tage	7 Tage	7 Tage	7 Tage	7 Tage
Bearbeitet	13 mal	10 mal	13 mal	13 mal	10 mal	13 mal
Gesamtarbeitszeit	18 Std. 20 Min.	14 Std. 30 Min.	22 Std.	9 Std. 5 Min.	7 Std. 5 Min.	10 Std. 30 Min.
Extraktausbeute	74,05 %	74,36 %	75,60 %	72,93 %	74,21 %	75,44 %
Schwand	21,6 %	24,72 %	24,24 %	21,00 %	24,26 %	23,62 %

Diese Versuche zeigen, daß unter Umständen eine Verkürzung der Bearbeitungszeit um mehr als 50% möglich ist.

b) Die mechanischen Tennenwender.

Sie wenden und lüften das Keimgut gleichzeitig, und zwar wie bei der Handarbeit durch die Tennenluft selbst, indem sie dasselbe vollkommen vom Tennenpflaster abheben und ein beabsichtigtes Stück weit schleudern.

Die bekanntesten Vertreter der mechanischen Tennenwender sind das System Winter und das System »Eisner-Wörz-Maffei«. Letzterer Wender ist auf Schienen in andere in gleicher Horizontalebene liegende Tennen verschiebbar. Außerdem kann die Wendevorrichtung durch einen Schacht in darüberliegende Tennen gehoben werden. Die Leistungsfähigkeit dieses Wenders kann bis zur Bearbeitung von 8000 bis 9000 qm Tennenfläche gesteigert werden, so daß also für eine Gesamtproduktion von ca. 120 000 Ztr. nur eine Maschine notwendig ist. Dieses Wendersystem kommt für neu zu errichtende Mälzereien vor allem dann in Betracht, wenn man von dem Tennensystem nicht abgehen will und den Platz für Tennenfläche übrig hat. Die Tennenbreite muß eine absolut gleiche und das Tennenpflaster muß äußerst sorgfältig verlegt sein; hervorstehende Erhöhungen am Tennenpflaster müssen abgeschliffen werden. Die gesamte Tennenarbeit wird mit diesem Wender von nur einem Mann, der auch die Maschine selbst betätigt, geleistet.

Beispiel. Die Bearbeitungszeit eines Haufens von 200 Ztr., der auf einer Tenne von 45 m Länge und 7,5 m Breite lag, war

beim Gerstenhaufen 20 Minuten,
beim Wachshaufen 30 Minuten,
die minutliche Wendergeschwindigkeit bei der Vorwärtsbewegung ergab sich beim Gerstenhaufen aus $\frac{45}{20} = \mathbf{2{,}25}$ m, beim Wachshaufen aus $\frac{45}{30} = \mathbf{1{,}5}$ m.

Die Leistung war beim Gerstenhaufen $\frac{200}{20} = 10$ Ztr.

beim Wachshaufen $= \frac{200}{30} = 6{,}67$ Ztr. pro Min.

Die Tourenzahl der Wurfschaufel war 60 pro Min.

Der Wender System »Eisner-Wörz-Maffei« ist äußerst sinnreich durchkonstruiert; die Anlage gestattet es, neben dem Wenden des Keimgutes auch das Weichgut mittels eines fahrbaren Ausweichwagens auf die Tenne zu legen, ferner mittels einer Schiebebühne das Grünmalz vom Tennen zur Transportvorrichtung abzuschieben und endlich das Waschen und Reinigen der Tennenfläche.

Der Ausweichwagen trägt auf jeder Seite 2 Holzrechen, welche zum Abschieben des Grünmalzes dienen. Das Ausweichen von 200 Ztr. geschieht in 30 Minuten; wobei der Ausweichwagen dreimal gefüllt wird. Das Abschieben des Grünmalzes aus 200 Ztr. Gerste ist in einer Stunde erledigt.

Was den Kraftverbrauch betrifft, so ist derselbe gar nicht sehr hoch.

Beispiel. In einem Falle wurden mit dem Wender 30 000 Ztr. Gerste verarbeitet, der Energieverbrauch dafür war 2400 KW/Std.; auf 1 Ztr. Gerste trifft somit

$$\frac{2400}{30\,000} = 0{,}08 \text{ KW/Std.},$$

und zwar insgesamt für Ausweichen, Wenden, Haufenziehen und Tennenwaschen.

Bei einem Preis von 5 Pf. pro 1 KW/Std. sind die Betriebskosten pro 1 Ztr. Gerste 0,08 · 5 = **0,4** Pf.

Kosten für künstliche Befeuchtung oder Belüftung des Keimgutes treten bei diesem Wendersystem nicht auf.

c) Hordenwender (Wanderhaufen).

Hierher gehört die Grünmalz-Keimmaschine, System Plischke. Der Apparat (Fig. 33) stellt ein Etagensystem dar mit sechs übereinander liegenden Horden, von denen jede einzelne aus einem endlosen Stahldrahtband von etwa 2 m Breite besteht. Dieses ist uber zwei Walzen gespannt und uber diese beweglich. Die Hordenbänder sind abwechslungsweise übereinander vorspringend angeordnet, die Hordenantriebe sind zwangläufig miteinander verbunden, d. h. sobald eine in Bewegung gesetzt wird, bewegen sich die anderen mit. Zur Vermeidung des Durchhängens der Bänder sind Tragrollen angeordnet Um in den Horden hängen gebliebene Korner zu entfernen, sind Burstenwalzen angebracht. Von

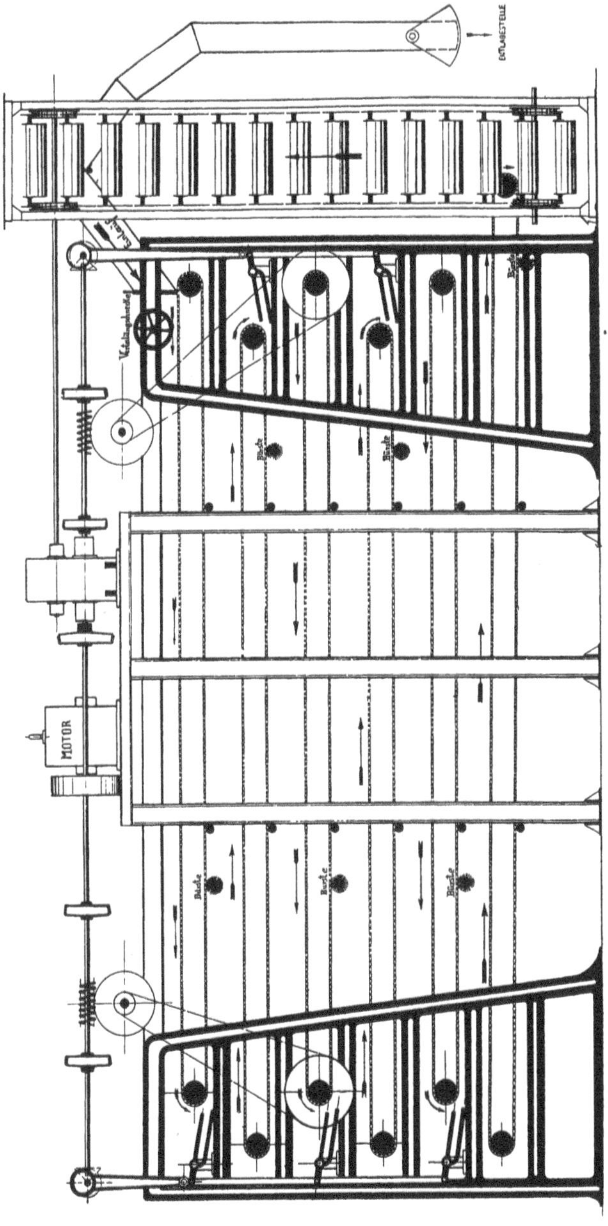

Fig 33.

der untersten Horde fällt der Hordenbelag in einen Elevator und wird auf die oberste Horde ausgeschüttet.

Die Hordengeschwindigkeit beim Wenden ist 40 bis 50 cm pro Minute.

Es hat sich nicht bewährt, auf die Horden Haufen von verschiedenem Alter zu legen, dagegen hat es sich als vorteilhaft erwiesen, die gesamte Hordenfläche mit nur einem Haufen zu belegen.

Die Menge des Weichgutes berechnet man, indem man berücksichtigt, daß bei einer Höhe des Keimgutes von 10 cm auf den Horden mit je 10 m Länge und 2 m Breite (pro Horde 20 qm), also bei 6 Horden 120 qm Platz vorhanden ist.

Die Zeitdauer des Wendens für 100 Ztr. Keimgut ist nach Wahl der Geschwindigkeit 15 bis 20 Minuten.

Kommt der Haufen ins Greifen, so werden die zwischen je 2 Horden horizontal kammartigen Schüttler durch einen Exzenter ins Rütteln gebracht, dadurch lockert sich das Keimgut auf. Beim Ableeren des Grünmalzes läßt man schon nach 5 Minuten das neue Weichgut auf den Apparat laufen, so daß mit der Entleerung fast gleichzeitig die Beschickung verknüpft ist.

Auch bei diesem System hat man von einer künstlichen Befeuchtung und Belüftung des Keimgutes Abstand genommen. Um laut gewordenem Bedenken, der Haufen könnte, da er der Raumluft eine sehr große Oberfläche bietet, austrocknen, zu begegnen, wurde schon vorgeschlagen, wenigstens eine zeitweise künstliche Befeuchtung der Raumluft vorzusehen. Der Kraftverbrauch hat sich hier höher ergeben wie bei den mechanischen Tennenwendern.

Beispiel. Der Energieverbrauch zum Ausweichen des Haufens, zum Wenden (15 mal) und Abladen hat sich zu 21,5 KW/Std. ergeben. Auf 1 Ztr. Gerste trifft somit $\frac{21,5}{100} =$ **0,215** KW/Std.

Bei einem Preis von 5 Pf. pro KW/Std. ist der Kraftverbrauch auf 1 Ztr. Gerste $0,215 \cdot 5 =$ **1,075** Pf.

Den Hordenwendern wird nachgesagt, daß die Reinigungsarbeit nach dem Ableeren des Grünmalzes mit Schwierigkeiten verbunden sei. Zur Vermeidung von Schimmelbildungen empfiehlt sich die Anwendung des Apparates nur in Verbindung mit einer Gerstenwascherei. Über die Haltbarkeit der Drahthorden sind Zweifel entstanden. Nicht angenehm ist der geräuschvolle Gang der Becherwerke.

d) Keimkasten.

Die bisher genannten Keimvorrichtungen charakterisierten sich dadurch, daß man mit ihnen ohne künstliche Befeuchtung und Beluftung zu arbeiten imstande war. Dies ist beim Keimkasten, der zum pneumatischen Mälzungssystem gehört, nicht mehr der Fall.

Man unterscheidet Keimkästen, in denen das Keimgut verbleibt (altes System, nach Saladin) und solche, aus welchen es zwecks Mischung und Luftung in einen darunterliegenden Kasten kommt (Wanderkasten). Letzteres System ist das bei Anwendung von Kohlensaurerast bevorzugte.

Während der Saladinkasten eine mechanische Wendevorrichtung (bestehend in spiraligen Wendern) benötigt, ist das beim Wanderkasten nicht der Fall.

Die Keimguthöhe im Kasten ist beim Ausweichen 50 bis 60 cm, das Grunmalz hat eine Höhe bis 75 cm. Beim Kohlensäureabschlußverfahren ist die Höhe im Keimkasten selbst über 1,0 Meter.

Die Lüftungsluft muß bei Saladinkasten durch Wasserzerstäuber mit Feuchtigkeit gesättigt werden. Die Befeuchtungsanlage besteht meist aus Kühltürmen, in welche eine großere Anzahl Wasserbrausen, welche das Wasser staubformig verteilen, eingelegt sind. Die Luft kann in sehr heißer Jahreszeit durch Rippenkühlrohre im Kuhlturm in der Temperatur erniedrigt werden und in sehr kalter Jahreszeit durch eingeleiteten Dampf erwärmt werden.

Die Kosten fur Luftung und Luftbefeuchtung sind die gleichen wie bei der Trommelmälzerei (siehe dieses Beispiel).

Der Vorteil des Kastens ist eine bedeutende Raumersparnis im Verhältnis der Schichtendicke im Keimkasten zur Schichtendicke auf der Malztenne.

Beispiel. Die Schichtendicke der Malztenne sei 13 cm, diejenige im Keimkasten sei 76 cm, dann ist die Raumersparnis $\frac{76}{13} = 5,85$ mal so groß wie bei der Tenne.

e) Keimtrommeln.

Die Keimtrommeln (Erfinder Galland) sind aus dem Bedürfnis einfacheren Wendens des Keimgutes entstanden. Die Keimtrommel ist sozusagen ein kreisförmig aufgewickelter Malzkasten.

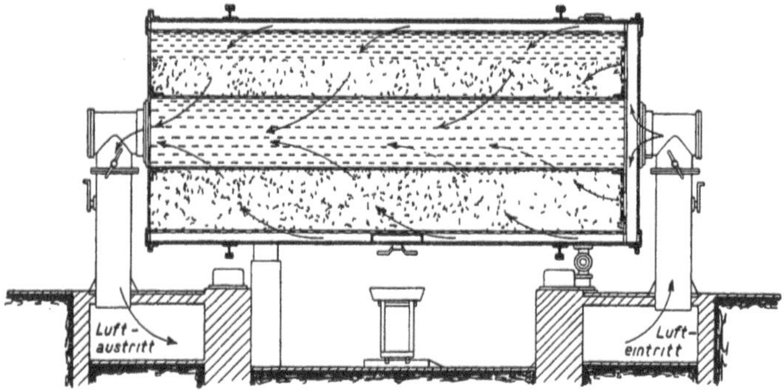

Fig. 34

Man unterscheidet verschiedene Trommelsysteme, die eingeführtesten sind:

1. die Freundsche Trommel nach Galland (Fig. 34); sie charakterisiert sich dadurch, daß die Lüftungsluft an der einen Stirnwand durch an der Peripherie der Trommel oder weiter innen liegende perforierte Kanäle zugeführt wird und an der anderen Stirnseite aus einem durch die ganze Trommel hindurch reichenden Zentralrohr abgesaugt wird;
2. die Schwagertrommel (Fig. 35), sie charakterisiert sich dadurch, daß sie an beiden Stirnseiten, am Umfange durch perforierte Kanäle die Luftungsluft zuführt und aus einem durch die ganze Trommel hindurchreichenden Zentralrohr die Lüftungsluft auf beiden Seiten der Trommel absaugt;

3. die Topftrommel (Fig. 36), diese hat abweichend von den beiden vorigen Systemen, keinen geschlossenen Außenmantel, dadurch kann das Grünmalz mit der Außenluft in Berührung treten.

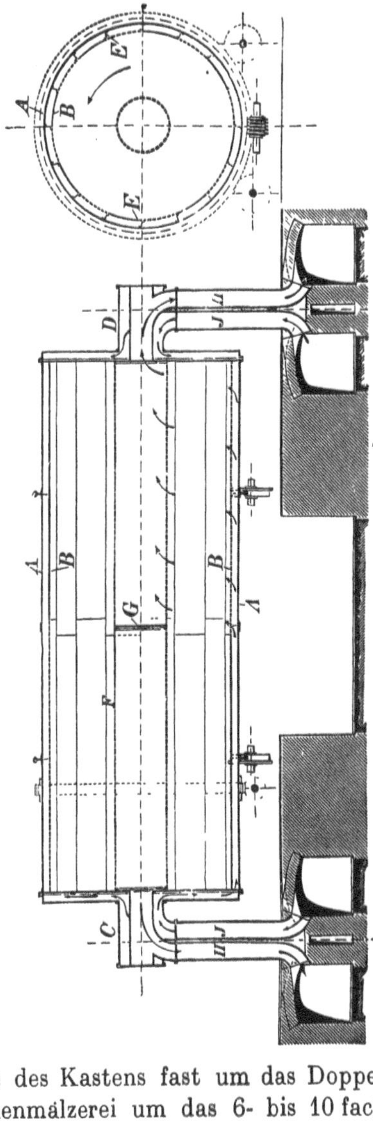

Fig. 35.

Der Hauptvorteil einer Trommel liegt in der einfachen Art des Wendens. 1 Mann genügt für die Bedienung der Wendearbeit des denkbar größten Mälzereibetriebes.

Das Mälzungssystem in Trommeln macht nicht nur unabhängig vom Arbeitspersonal, sondern, was am höchsten anzuschlagen ist, unabhängig von den äußeren Witterungsverhältnissen. Es ist in den Trommeln also möglich, die Keimung bei sehr niedriger Temperatur durchzuführen, und das begründet es, daß sich auch die Mälzungsverluste (der Malzschwand) verringern läßt.

Die Raumersparnis übertrifft selbst diejenige des Kastens fast um das Doppelte und diejenige einer Tennenmälzerei um das 6- bis 10 fache.

Diesen Vorteilen: Ersparnis an Arbeitslöhnen, Unabhängigkeit von einem Arbeitspersonal, Verringerung des Malzschwandes, Raumersparnis, stehen als Nachteile gegenuber der Kraftverbrauch zur Rotation der Trommeln, die Beluftungskosten fur den Ventilatorantrieb, die Befeuchtungskosten fur die Luftungsluft. Rentabel wird gearbeitet, wenn die gebotenen Vorteile die Nachteile ausgleichen.

Die Errechnung der Vorteile bietet keine weiteren Schwierigkeiten. Unklarheit herrscht in vielen Fällen noch uber den

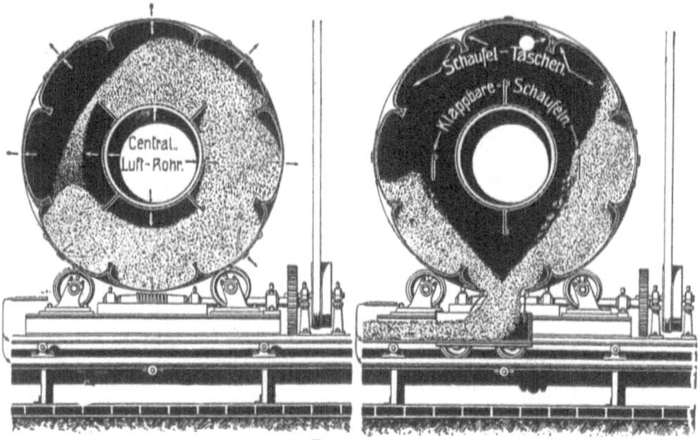

Fig. 36.

Kraftverbrauch, die Beluftungs- und Befeuchtungskosten. In der Praxis ausgefuhrte Versuche ergaben folgende Resultate.

Beispiel. Eine Trommel von 330 Ztr. Gersteninhalt drehte sich beim Wenden in 20 Minuten einmal um; bei 8 tägiger Keimdauer war die Anzahl der Rotationen insgesamt 52, die Gesamtwendezeit war somit $\frac{52}{3} = 14$ Std.; der Kraftverbrauch ergab sich inklusive Antrieb und Verluste im Motor zu 3,4 PS, der Energieverbrauch war somit insgesamt $14 \cdot 3{,}4 = 47{,}6$ PS/Std. Bei einem Preis von 3 Pf. pro 1 PS-Std. sind dann die Kosten der Antriebskraft $47{,}6 \cdot 3 = 142{,}8$ Pf. Es trifft somit auf 1 Ztr. Gerste an

$$\text{Wendekosten } \frac{142{,}8}{330} = \mathbf{0{,}432} \text{ Pf.}$$

Versuche über Wasserverbrauch für die Trommelmälzerei und Feststellung des Dampfverbrauches der Wasserdruckpumpe.

Versuch I.

Alle Düsen geoffnet, wie beim normalen Betrieb (19 schwach geöffnet).

Wasserverbrauch pro 1 Std. 684 kg
» » 1 Std. und 1 Düse 36 kg.
Wasserdruck 4,5 Atm.
Dampfverbrauch pro 1 Std. 59,0 kg
» » 1 Std. und 1 Duse 3,1 kg.
Kesselspannung 6,3 Atm. Überdruck.
Dampfpreis pro 1000 kg = 241 Pf.
Dampfkosten, wenn 19 Dusen geöffnet, 1 Std. 14,2 Pf.
» » 1 Düse » 1 Std. 0,67 Pf.
Wasserpreis M. 0,20 pro cbm.
Wasserkosten, wenn 19 Dusen 1 Std. geoffnet 13,680 Pf.
» » 1 Duse 1 Std. » 0,595 Pf.

Gesamtkosten des Wasserpumpens (aus dem Tiefreservoir):
pro 1 Std. bei 19 Dusen 27,880 Pf.
» 1 Std. » 1 Düse geöffnet 1,265 Pf.

Mittlere Tourenzahl (Doppelhube der Pumpe) 4,8 pro Minute.

Versuch II.

Acht Düsen im Kuhlturm ganz geöffnet.

Wasserverbrauch pro 1 Std. und 8 Dusen 394,00 kg
» » 1 Std. » 1 Duse 49,25 kg
Wasserdruck 5,0 Atm.
Dampfverbrauch pro 1 Std. 8 Dusen 60,70 kg Dampf
» » 1 Std. 1 Duse 7,58 kg »
Kesselspannung 7,7 Atm. Überdruck.
Dampfpreis pro 1000 kg 241 Pf.
Dampfkosten, wenn 8 Dusen 1 Std. geöffnet 14,65 Pf.
» » 1 Duse 1 Std. » 1,83 Pf.
Wasserkosten, wenn 8 Dusen 1 Std. » 7,88 Pf.
» » 1 Duse 1 Std. » 0,985 Pf.
Wasserpreis 20 Pf. pro cbm.

Gesamtkosten des Wasserpumpens (aus dem Tiefreservoir).

pro 1 Std. bei 8 Düsen 22,53 Pf.

» 1 Std. » 1 Düse 2,815 Pf.

Mittlere Tourenzahl (Doppelhübe) 4,5 pro Minute.

Zur Ermittlung der Befeuchtungskosten aus diesen Versuchen ist zu berücksichtigen, daß:

19 Düsen 12 Std. liefen $= 12 \cdot 27{,}88 = 335$ Pf.

8 » 12 Std. » $= 12 \cdot 22{,}53 = 270$ Pf.

Gesamtausgaben = 605 Pf.

Befeuchtet wurden 8 Trommeln à 330 Ztr. Inhalt.

Gesamtinhalt also $8 \cdot 330 = 2640$ Ztr.

Bei einer Keimdauer von 8 Tagen trifft pro 1 Tag je ein Trommelinhalt = 330 Ztr.

Es treffen also auf 330 Ztr. Gerste 605 Pf. Befeuchtungskosten, auf 1 Ztr. Gerste trifft $\frac{605}{330} = \mathbf{1{,}83}$ Pf.

Zur Belüftung muß ein Ventilator, dessen Kraftverbrauch 12,5 PS war, täglich 20 Std. in Betrieb gesetzt werden. Der tägliche Energieverbrauch war somit $20 \cdot 12{,}5 = 250$ PS/Std.

Rechnet man für 1 PS/Std. = 3 Pf., so sind die Gesamtausgaben pro Tag $3 \cdot 250 = 750$ Pf.

Auf 1 Ztr. Gerste treffen dann an Beluftungskosten $\frac{750}{330} = \mathbf{2{,}72}$ Pf.

In diesem Versuchsfalle sind die Gesamtausgaben für Wenden, Befeuchten und Belüften pro 1 Ztr. Gerste = **0,432** + **1,83** + **2,27** = **4,532** Pf.

6. Die Darren.

Im Prinzip unterscheidet man Rauchdarren und Luftdarren. Die Rauchdarren findet man nur noch selten in Kleinbetrieben vor; bei ihnen werden die Verbrennungsprodukte des Brennmaterials durch das Darrgut geleitet. Hierdurch erhält das Malz einen widrigen Rauchgeschmack.

In der Hauptsache kommen heute nur Luftdarren in Frage. Die Luftdarre besteht aus:

1. dem Darrofen, d. i. der Feuerraum mit dem Rost und dem Feuergeschränke;
2. den Rauch- und Heizröhren, welche aus dem Feuerraum die Heizgase zur Lufterwärmung weiterleiten und dem Schornstein zuführen. Die Oberfläche der Heizröhren und Heizkanäle nennt man die Heizfläche;
3. den Darrhorden. Die Oberfläche der Darrhorde ist die Darrfläche. Nach der Anzahl der Horden unterscheidet man ein-, zwei- und dreihordige Darren. Das Material für die Horden ist gelochtes oder geschlitztes Blech mit Loch- oder Schlitzweiten von 1,8 bis 2,8 mm. Ferner findet man Drahthorden aus geschlungenem Draht oder gewebte und gewalzte Drahthorden;
4. der Darrsau. Dies ist die Wärmespeicherkammer, in welcher die Heizkanäle verlegt sind.
5. den Zugen für kalte Luft. Die Regulierung der Kaltluftzuführung geschieht durch Jalousien, durch Schieber oder Klappen;

6. dem Dunstkamin, der den Zweck hat, den Wasserdampf ins Freie zu führen. Entsprechende Weite und Höhe desselben sorgt für genügenden Zug. Sind die Zugverhältnisse schlecht, so kann man durch den Einbau eines Ventilators die Zugstärke in jedem gewünschten Maße erhöhen.

Die Darren sind indirekte Feuerungen, d. h. die Feuergase wirken nicht auf den zu erwärmenden Körper (hier Malz), sondern erwärmen ein Zwischenmittel (Luft), welches die weitere Wärmeubertragung herbeiführt. Aus diesem Grunde wird die Ausnutzung des Brennstoffes bei einer Darre niemals die Höhe erreichen wie bei einer direkten Feuerung.

I. Die Prüfung der Gleichmäßigkeit der Wärmeverteilung.

Ein gleichmäßiges Produkt kann nur von jener Darre geliefert werden, welche die Wärme auch gleichmäßig an das Darrgut abgibt.

Zur Ermittlung der Gleichmäßigkeit der Wärmeverteilung in der Darre ist an möglichst vielen, aber in gleicher Horizontalebene liegenden Stellen die Temperatur zu messen, d. h. man mißt zu gleicher Zeit an sämtlichen Luftpfeifen, welche die untere und die Obersau verbinden. Außerdem werden an den Darrhorden mehrere Thermometer eingesteckt, und zwar sämtliche bis auf das Hordenblech. Die Messungen sind nicht nur bei einer Temperatur, sondern während des ganzen Darrprozesses vorzunehmen; denn es ist möglich, daß z. B. bei niedrigeren Temperaturgraden, solange die Züge noch weit geöffnet sind, eine sehr gleichmäßige Wärmeverteilung wahrzunehmen ist, dagegen tritt eine beträchtliche Ungleichmäßigkeit erst beim teilweisen oder vollkommenen Abschluß der Züge in Erscheinung. In solchem Falle ist die ungleichmäßige Wärmeverteilung in ungleichmäßiger Wärmeausstrahlung des Heizkörpers begründet.

Alte Darren haben häufig schon den Geburtsfehler, daß sie die von der Heizfläche abgegebene Wärme ungleichmäßig nach oben senden.

In Darren kleiner Betriebe findet man, am Hordenblech der unteren Horde gemessen, oft gewaltige Temperaturdifferenzen zwischen der Eintrittsstelle der Heizgase in die Sau, d. i. dort, wo die Heizröhren an den Darrofen angeschlossen sind, und der Austrittsstelle derselben zum Kamin. Um Nachteilen, welche die sehr hohe Temperatur an der Eintrittsstelle zur Folge hat, aus dem Weg zu gehen, hilft man sich dann durch Ausräumen, weil bei der hohen nach oben strahlenden Wärme das Malz, wie man sagt, zu »Hüpfen und Springen« beginnt, ein Zeichen eines von unten her an das Darrgut sehr intensiven Wärmezutritts.

Sind die Heizröhren bei englischen Darren nicht in gleichmäßiger Steigung vom Darrofen nach dem Anschluß zum Schornstein zu verlegt, so wird die Wärmeverteilung auch eine ungleichmäßige. Der Grund ungleicher Erwärmung liegt hier in ungleicher Strahlung von unten her.

Es kann aber auch der von unten nach oben streichende Luftstrom lokal ungleichmäßig vorgewärmt sein und recht betrachtliche Temperaturunterschiede aufweisen.

Die Temperaturmessungen im Malz an verschiedenen Stellen des Darrbelages in der unteren Horde geben lediglich darüber Aufschluß, daß eventuell Temperaturdifferenzen vorhanden sind, sie besagen aber nicht, ob die Ursache in einer lokalen Strahlung oder ungleichen Luftverteilung zu suchen ist. Mit Sicherheit kann man das nur durch Messungen in der Sau feststellen, und zwar muß man dabei ganz den Weg der Trocknungsluft von ihrem Eintritt bis zu ihrem Auftreffen an die Horde verfolgen; dann lernt man unterscheiden zwischen der durch direkte Strahlung und der durch den Trocknungsluftstrom an den Hordenbelag zugeführten Warme.

Einige Versuchsresultate uber solche Messungen bezüglich der Lufterwarmung und Wärmeverteilung seien hier mitgeteilt, gewonnen an einer Darre, deren Bauart aus dem Schema Fig. 37 zu ersehen ist. In der schematischen Darstellung der Darrheizanlage sind der Darrofen und die gemauerten Heizkanäle der unteren Sau punktiert, die Heizrohre der oberen Sau sind ausgezogen gezeichnet. Die kleinen Kreise mit den eingeschriebenen Zahlen stellen die Anzahl und Verteilung der Luftpfeifen dar, welche von der unteren nach der oberen Sau fuhren. Während die Rohr-

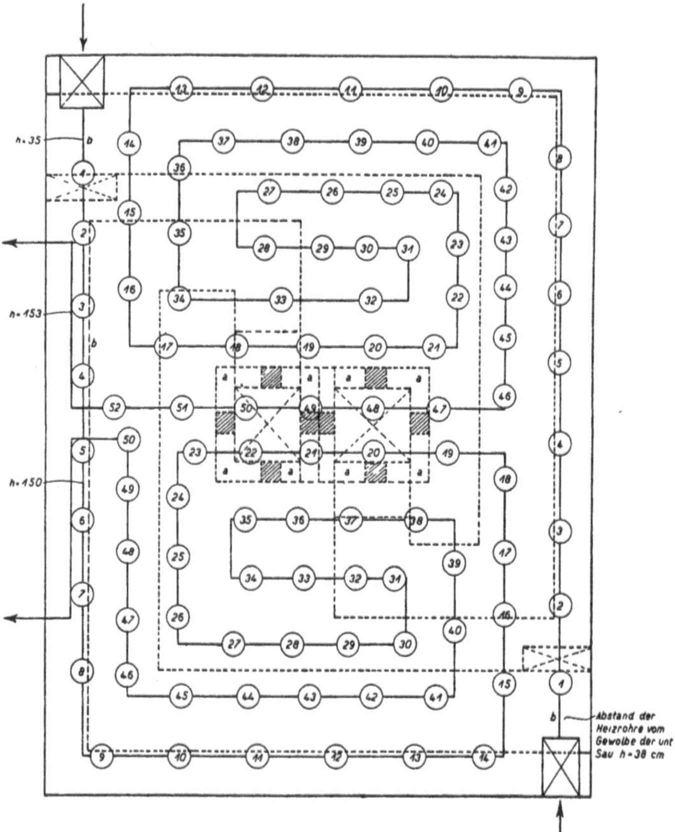

Fig. 37.

abstände usw. maßstäblich in der Skizze eingetragen sind, sind die Durchmesser der Deutlichkeit halber verzerrt größer gezeichnet.

Äußerlich erkennt man aus dem Schema, daß die Darre zwei in der Mitte liegende getrennte Darröfen hat, von jedem geht in der unteren Sau ein gemauerter Heizkanal aus, von denen jeder in den entgegengesetzten Ecken der Darre zu einem Heizrohrsystem der oberen Sau führt. Die Darre hat 100 qm Hordenfläche. Die Höhe der unteren Sau ist 1,05 m, die der oberen Sau 2,56 m; die der unteren Horde 2,32 m und die der oberen Horde bis zur höchsten Stelle des Gewölbes 5,5 m.

Über die Gleichmäßigkeit der Temperatur der in der unteren Sau vorgewärmten Luft erhält man am einfachsten Aufschluß durch Messungen in den Luftpfeifen zwischen unterer und oberer Sau. Solche Messungen haben z. B. an der in Fig. 37 dargestellten Darre folgende Resultate ergeben:

Heizrohrsystem I (50 Luftpfeifen).				**Heizrohrsystem II** (52 Luftpfeifen).			
Nummer der Pfeife	Temperaturen °C beim			Nummer der Pfeife	Temperaturen °C beim		
	Vordarren	Beginn Ausdarren	Ausdarren, Zuge zu		Vordarren	Beginn Ausdarren	Ausdarren, Züge zu
1	29	52	80	1	25	58	75
2	29	56	80	2	46	67	76
3	32	55	80	3	34	49	77
4	37	58	82	4	33	48	78
5	39	60	81	5	32	52	78
6	39	59	82	6	38	57	79
7	38	59	80	7	37	59	80
8	33	61	80	8	34	51	80
9	37	64	74	9	33	52	82
10	35	52	75	10	32	50	81
11	36	51	76	11	36	50	80
12	33	59	78	12	39	52	85
13	32	59	80	13	39	58	86
14	25	62	80	14	32	50	87
15	26	62	80	15	36	62	82
16	43	73	80	16	45	70	79
17	49	74	74	17	19	26	79
18	19	22	70	18	47	74	77
19	16	27	72	19	44	74	76

durch die große Anzahl von Pfeifen und trotz folgender weiterer Anwärmung am Heizrohrsystem der oberen Sau kann in solchen Fällen nicht immer ein Ausgleich geschaffen werden. Temperaturdifferenzen der an die untere

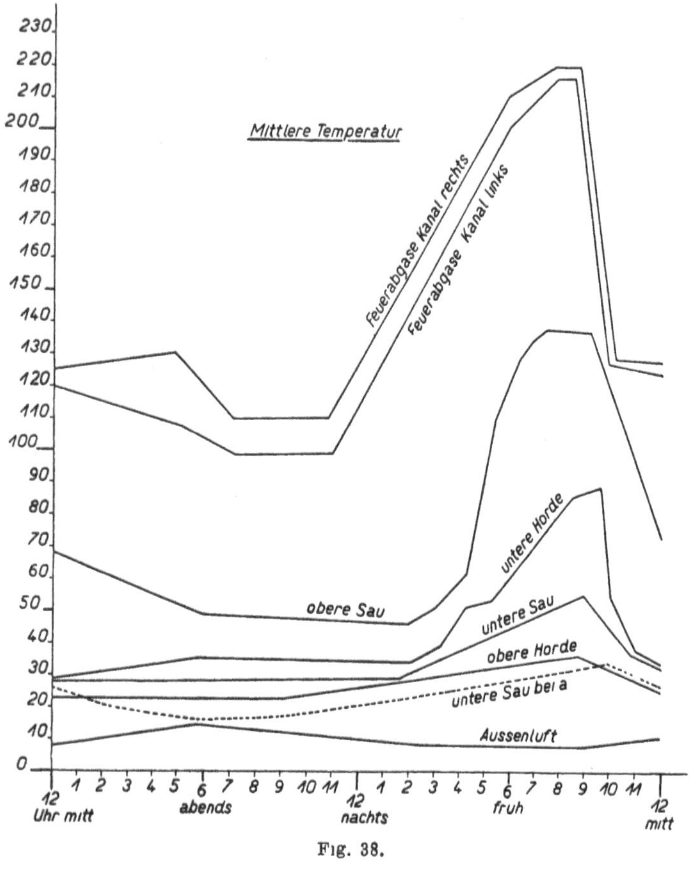

Fig. 38.

Horde herantretenden Trocknungsluft von 10° und noch mehr sind dabei keine Seltenheit. Im Malz gemessen, hatten sich an dieser Darre folgende Temperaturdifferenzen während der Zeit der Temperatursteigerung vor dem Abdarren ergeben:

a) **Dunkles Malz.**

Nach Durchgang des Wenders	Messung an sechs verschiedenen Stellen					
	I	II	III	IV	V	VI
Beginn, Aufwartsfeuern	78	56	73	77	70	72
Nach 1 Std.	82	66	89	98	92	85
» 2 »	88	76	85	97	86	85
» 3 »	90	84	88	95	88	86
b) Helles Malz.						
Beginn, Aufwärtsfeuern	69	52	65	60	61	58
Nach 1 Std	69	57	66	67	66	62
» 2 »	73	61	70	71	70	64
» 3 »	73	60	70	70	70	68

Wenn sich auch beim Abdarren, sobald die Zuge geschlossen werden, ein Ausgleich in der Temperatur mehr und mehr einstellt, auf die Ungleichheit der Färbung des Mehlkörpers wird die ungleichartige Vordarrung und der damit in Zusammenhang stehende ungleich hohe Feuchtigkeitsgehalt des Malzes sicher von Einfluß sein.

Wenn reichlich Trocknungsluft zuströmt und die Querschnitte der Luftzuströmungen verringert werden können, kann man sich durch ganzes oder teilweises Abschließen derjenigen Öffnungen helfen, welche unregelmäßigen Temperaturausgleich schaffen.

In der oberen Sau muß durch einfache Höhenmessung die Proportionalität der Steigung der Heizrohren abhängig von der Länge nachgewiesen werden. In Fig. 38 sind die Saurohre beim Eintritt in die obere Sau bei *b* am Heizrohrsystem I 35 cm, bei II 38 cm; am Austritt bei I 150 cm, bei II 153 cm. Hier ergab die Nachprüfung, welche am einfachsten graphisch durch Auftragen der Längen und Steigung der Saurohre erfolgt, eine durchweg proportionale Steigung.

Bei zu großer Steigung an einer Stelle strahlt das Heizrohr zuviel Wärme nach oben; man kann sich dann am besten durch Blechabdeckungen helfen, wenn man es nicht bei sehr grobem Fehler gleich vorzieht, die Heizrohre tiefer zu legen.

Bei mehr als einem Darrofen für eine Hordenbeheizung kommt es vor, daß die verschiedenen an die einzelnen Darrofen angeschlossenen Heizrohrsysteme infolge Verschiedenartigkeit der Heizflächengroße, ungleichen Verlegens der Kanäle mit Ruß, ungleicher Rauchabgaswiderstände und dergleichen sich ungleichmäßig in der Wärmeabgabe verhalten.

Werden bei gleichem Rostbelag Temperaturdifferenzen festgestellt, so kann durch Änderung der Rostfläche wohl ein Ausgleich geschaffen werden.

Neben solchen durch Fehler in der Darrkonstruktion bedingten Mängeln wirken in zweiter Linie auf die Ungleichmaßigkeit der Abdarrung die von dem Darrgut dem Durchgang der Trocknungsluft entgegengesetzten Widerstände.

Ungleich starke Schichtendicke hat immer den genannten Übelstand zur Folge.

Beim Handwenden findet man eine dünnere Schicht dort, wo »zugestrichen« wird; dieser Teil ist stets mehr ausgetrocknet. Aber auch beim Wenden mit mechanischen Wendern findet man bisweilen ungleichmäßig hohe Schicht, so z. B. bei runden Darren, wenn die Wenderschaufeln in radialer Richtung nicht richtig verteilt sind; dann arbeiten die Wender vielfach nach außen, in der Mitte eine dunnere Schicht bildend, welche von der Trocknungsluft leichter passiert wird.

Die Verschiedenartigkeit des Darrens läßt sich in solchen Fallen am einfachsten durch die Ungleichheit in bezug auf den Wassergehalt nachweisen.

Bei allzu hoher Beschickung ist gleichfalls sehr häufig diese Störung wahrzunehmen, wenn nicht oft genug gewendet wird.

Die Leistung eines Wenders darf nicht überschritten werden; sie hangt neben seiner Tourenzahl und seinem minutlichen Vorwärtsschritt auch von seinem Radius ab. Fur die Beschickungshöhe ist durch den Wenderradius eine Grenze gesetzt. Periodischer Wendergang, d. i. eine Erscheinung, welche bei unsicherem, zu schwachem Antrieb beim jedesmaligen Eingreifen der Schaufeln in das Grunmalz stattfindet, z. B. auch vielfach bei Kettenantrieben von Wendern zu finden ist, hat auch ungleichmäßiges Wenden durch das ruckweise Entleeren der Schaufeln zur Folge; endlich wenden auch schlecht klappende Schaufeln unexakt.

Die Anzahl der Horden hat einen sehr wesentlichen Einfluß auf die Gleichmaßigkeit des Darrens, am gunstigsten gestaltet sich diese bei Dreihordendarren, am ungünstigsten bei Einhordendarren. Bei letzteren, man findet sie noch in kleinen Betrieben, geht am ersten Darrtage, wenn eine zu geringe Leistung des Dunstabzuges mit vorliegt, ein wahrer Regen von Kondenswasser nieder, wodurch naturgemaß ein Teil des Darrgutes stark angefeuchtet wird, was zur ungleichmäßigen Abdarrung sehr beiträgt.

2. Die Prüfung des Abdarrungsgrades und der Luftwechsel.

Die wesentlichsten Erfordernisse zur Erzielung einer normalen Abdarrung sind zunachst genugende Zufuhr von Trocknungsluft und dann genugend hohe Temperatureinwirkung.

Wird bei zu niedriger Temperatur abgedarrt, so resultieren »grüne Malze« mit zu hohem Wassergehalt. Überschreitet der letztere eine bestimmte Grenze, so besitzen solche Malze auch eine schlechte Haltbarkeit. Im Mehlkorper gehen bei ungünstiger Lagertemperatur mit der Zeit Zersetzungen vor sich.

Zu hoch abgedarrte, zu stark gebräunte Malze haben vielfach am Verzuckerungsvermogen gelitten; die Geschmacksstoffe aus zu hoch abgedarrten Malzen sind unangenehm bitter, rauh und brenzlich.

Ungenügend ist die Abdarrung, wenn bei dunklen Malzen die Zuge während des Ausdarrens nicht vollkommen geschlossen werden. Der namliche Nachteil kann aber auch bei Darren auftreten, wenn Klappen und Schieber nicht schließen oder im Mauerwerk weite Risse und Sprünge sind, die zu viel Luft einströmen lassen.

Mit ungeeignetem Brennmaterial und durch unrichtiges Beschicken können zu hohe oder auch viel zu niedrige Temperaturen als die gewünschten erreicht werden. Zu hohe Hitzegrade entstehen bei übermäßigem Aufwerfen von rasch entzündlichem Brennstoff mit sehr hohem Heizwert; umgekehrt wird die angestrebte Temperatur bei Verarbeitung minderwertigen, für die Feuerung nicht passenden Brennstoffes überhaupt nicht erreicht. Abfälle, Torf, Lignit u. a. Brennstoffe sind nicht für jede Feuerungsanlage geeignet.

Bisweilen ist man sich infolge fehlerhafter Anzeige über die Höhe der Abdarrtemperatur noch dauernd unbewußt im unklaren. In früheren Zeiten wurde fast ausschließlich nur die Lufttemperatur in der unteren Horde gemessen; heute weiß man, daß das Wesentliche die Temperatur im Malz ist.

Die Registrierthermometer zur Ermittlung der Lufttemperaturen in Sau und unterer Horde müssen, weil die Richtigkeit ihrer Anzeige nicht dauernd anhält, zeitweise nachgeprüft werden, sonst kommt es vor, daß man nach einiger Zeit ganz fehlerhafte Diagramme erhält. Meist richtet sich nun der Darrfax mit dem Feuern nach den Angaben des Registrierthermometers; denn es ist ihm die Einhaltung einer Normalkurve vorgeschrieben. Sind nun die Anzeigen des Registrierinstrumentes fehlerhaft, so haben auf das Malz auch niemals diejenigen Temperaturen eingewirkt, welche man beabsichtigt hatte, einwirken zu lassen.

Falsch eingestellte Registrierthermometer können zu großen Täuschungen Veranlassung geben. Die Darrdiagramme, Fig. 39 und 40 sind der Praxis entnommen. Fig. 39 stellt eine fehlerhafte, zu niedrige, Temperaturaufzeichnung der Sautemperatur dar. Man erkennt, daß die Sautemperatur in diesem Falle sogar mehr als 10^0 beim Vordarren niedriger liegt wie die Lufttemperatur der unteren Horde. Nach der Verstellung ergab sich das Diagramm Fig. 40. Die wirk-

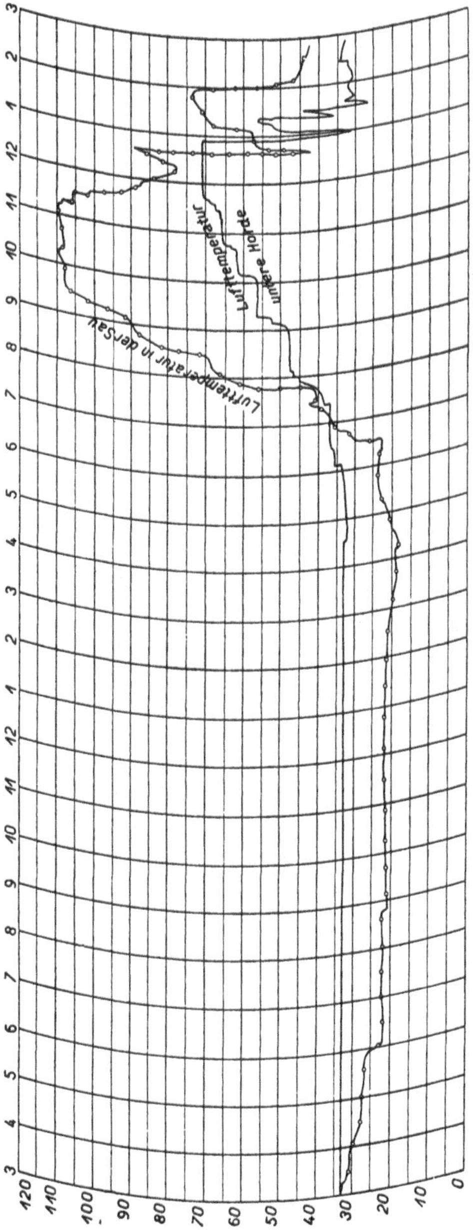

Fig 39.

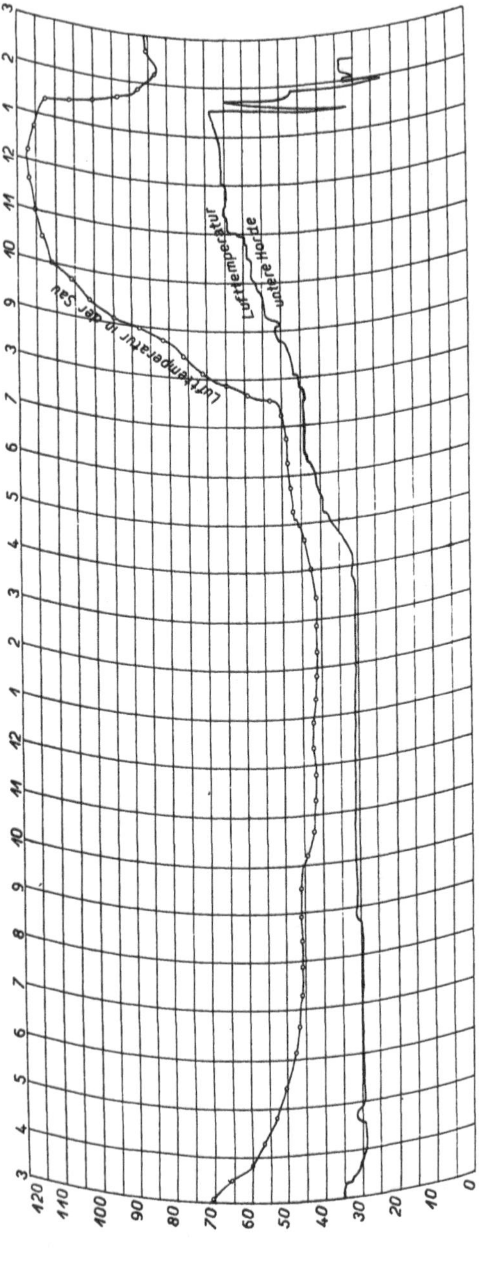

Fig. 40.

lichen Vordarrtemperaturen lagen also um 25° höher, als das fehlerhafte Diagramm anzeigte.

Man erkannte nach der Regulierung auch, daß man die Abdarrtemperatur ohne Wissen unzulässig hoch eingehalten hatte.

Bei der Anbringung eines registrierenden Thermometers muß in der Sau auch der richtige Ort gewählt werden, damit einerseits das Thermometer nicht in den Strahlungsbereich eines Heizrohres und anderseits nicht in einer vom Mittel sehr nach unten abweichenden kalten Luftstromung aufgehängt wird. Vor der Anbringung sind versuchsweise Temperaturbeobachtungen an verschiedenen Stellen der Sau zu machen, um den günstigsten Aufhängeort aufzufinden.

Konstruktive Fehler, wie zu wenig Luftzüge, zu enge Querschnitte der Zuge, zu niedrige Kaminhöhe usw., konnen die Zugverhaltnisse naturlich wesentlich beeinträchtigen, so daß die zur Mitnahme der Feuchtigkeit aus dem Malz notwendige Trocknungsluftmenge nicht ausreicht.

Zu hoher Widerstand des Darrgutes, stark festgetretener Belag der Oberdarre und zu hohe Beschickung wirken ebenfalls sehr ungunstig auf den Trocknungsluftwechsel.

An die Darrvorrichtung muß schon von unten und außen her die notwendige Luftmenge sowohl für die Feuerung als diejenige zum Trocknen herantreten können, d. h. die Darre darf nicht etwa in einem zu stark abgeschlossenen Raume stehen.

Es kommt vor, daß neben der Darre der Dampfkessel steht und der Raum durch Türen verschlossen ist. Die Dampfkesselfeuerung mit ihrem hohen Kamin saugt sich leicht durch die Spalten und Fugen in Fenstern, Turen und Mauerwerk ihre zur Verbrennung des Rostbelages notwendige Luftmenge an, auch fur die Darrfeuerung bleibt vielleicht noch eine genugende Verbrennungsluftmenge ubrig; aber die notwendige Trocknungsluftmenge fur das Darrgut fehlt, die Darre zieht sehr schlecht und die Feuchtig-

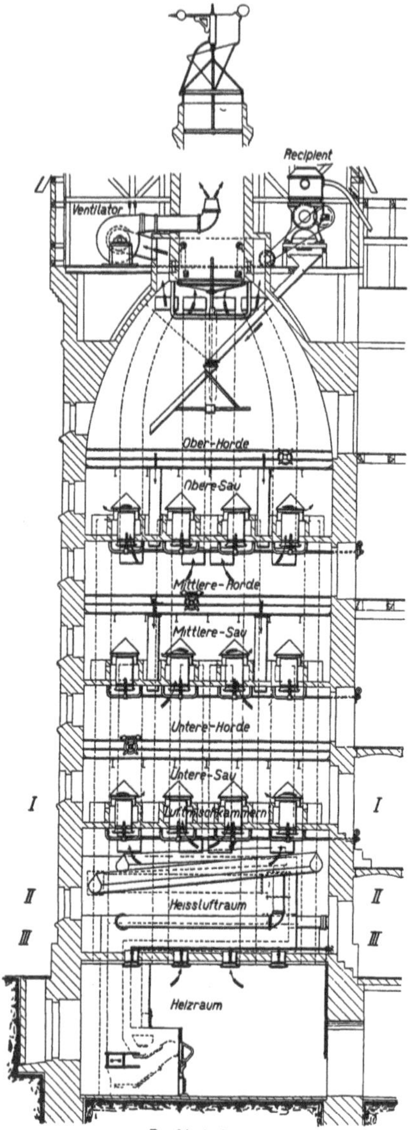

Fig. 43.

des Wassergehaltes. Die Versuche sind an einer von der Firma Weigel, Neiße-Neuland, ausgeführten Brünedarre abgenommen und von dieser Firma mir zur Verwertung überlassen worden. Diese Darrkonstruktion ist in Fig. 43 und 44 dargestellt.

Unter jeder Horde befinden sich eine Luftmischkammer oder Luftmischkanäle, wodurch die einzelnen Horden voneinander vollständig unabhängig gemacht sind. Unter der untersten Luftmischkammer ist eine Heißluftkammer und darunter der Heiz- oder Schurraum, in dem der Darrofen steht. Der Ofen hat eine Treppenrostfeuerung.

In die Luftmischkammern fuhren Kalt- und Warmluftkanäle, die durch besonders konstruierte Verschlußklappen verstell- und verschließbar sind. In den Luftmischkanälen sind regulierbare Luftmischdrusen eingebaut. Die ganze Darrluft oder auch nur ein Teil der-

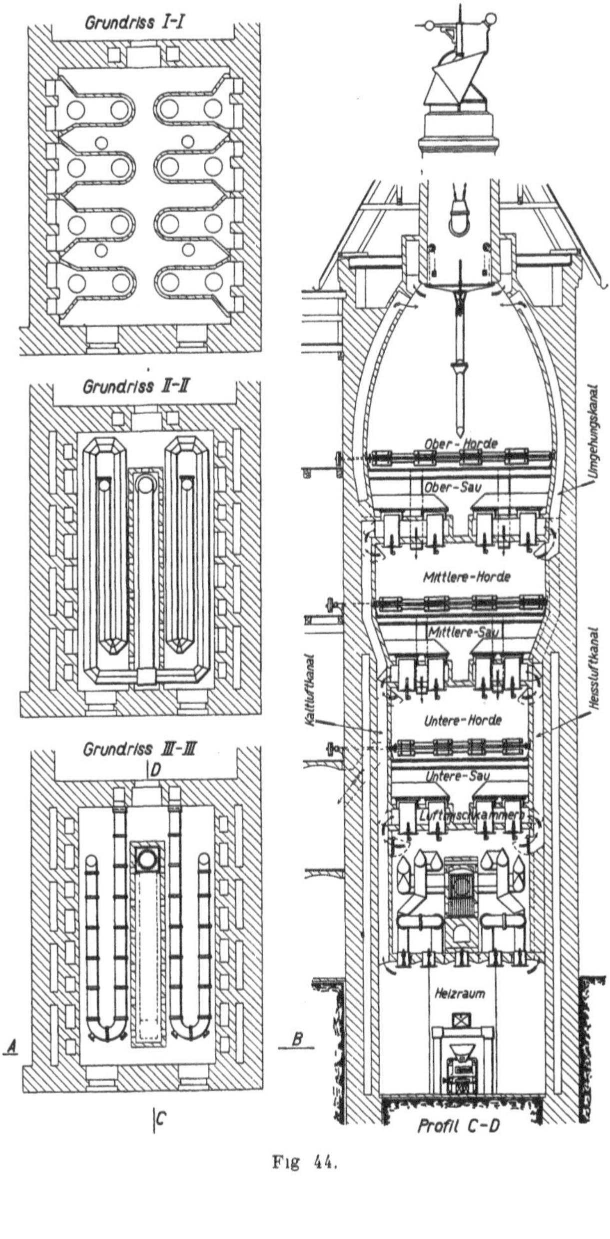
Grundriss I-I
Grundriss II-II
Grundriss III-III
D
A
C
B
Ober-Horde
Ober-Sau
Umgehungskanal
Mittlere-Horde
Mittlere-Sau
Heissluftkanal
Kaltluftkanal
Untere-Horde
Untere-Sau
Luftmischkammern
Heizraum
Profil C-D

Fig 44.

selben wird von der untersten Heißluftkammer aus direkt durch die Düsen oder indirekt durch die Heißluftkanäle den einzelnen Horden zugeführt.

Die in den Darrumfassungsmauern angeordneten Kaltluftkanäle beginnen im Heizraum, die Heißluftkanäle im Heißluftraum und in der unteren Horde, aber alle Kanäle münden in die einzelnen Luftmischkanäle. Die Luftmischdüsen und Verschlußklappen werden gruppenweise durch Handräder betätigt, die auf dem Treppenflur angebracht sind. Eine Zeigervorrichtung läßt die jeweilige Stellung der Düsen und Klappen erkennen. Durch diese Kalt- und Warmluftkanäle im Mauerwerk in Verbindung mit den Luftmischkanälen oder den Kammern können die einzelnen Horden unabhängig voneinander beheizt und beluftet werden.

Während der Abräumezeit werden die Warmluftkanäle nach den Horden geschlossen. Die auf dem Rost nutzbar erzeugte Wärme wird in dem Heißluftraume angesammelt. Die Temperatur steigt hier bis auf 250° C. Nach dem Öffnen der Klappen zu den Warmluftkanälen und nach den Luftmischkanälen wird der Wärmevorrat zur Erwärmung der Darrluft und des Malzes, welches auf den darüber liegenden Horden liegt, verwendet. Hierdurch sinkt die Temperatur in dem Heißluftraume. Während des Abräumens der Darre wird das Heizen nicht unterbrochen. Das Feuer brennt in dieser Zeit in dem Ofen gleichmäßig fort.

Zur Entlüftung der mittleren Horde sind besondere Kanäle um die Oberhorde nach dem Dunstkamin geleitet, damit die anfangs noch feuchte Darrluft, ohne durch die Oberhorde zu ziehen, direkt abgeführt werden kann.

So dicht wie die Klappen und Düsen abzuschließen sind, so dicht kann auch der Wrasenschirm an dem Dunstschornstein geschlossen werden.

Zur Verstärkung der Ventilation ist noch ein Ventilator eingebaut. Der Ventilator steht oberhalb des Darrgewölbes. Er saugt aus einem Ringkanal, der um den unteren Teil des Dunstschornsteins angeordnet ist, die feuchte Darrluft durch einer Anzahl kleinere Saugöffnungen im Darrgewölbe ab und druckt sie ins Freie.

3. Der Brennstoffverbrauch und die Unterhaltungskosten.

a) Die Wärmeverluste.

Bei der Darrfeuerung ist die Ausnutzung des Brennstoffes infolge auftretender Wärmeverluste eine unvollkommene. Zu den Wärmeverlusten der gewöhnlichen Feuerung treten noch weitere hinzu, nämlich diejenigen im Luftbeheizungsapparat. Deshalb wird der Gesamtwirkungsgrad einer Darrheizanlage stets niedriger liegen als derjenige von Heizanlagen mit direkter Verwertung der Brennstoffwärme.

Die Wärmeverluste in der Feuerung gliedern sich in solche durch die Abgase, durch unvollkommene Verbrennung, durch Herdruckstande und durch Strahlung und Leitung.

Die Wärmeverluste durch die Abgase werden bedingt durch die Wärmemenge, welche mit den Rauchgasen infolge ihrer hohen Temperatur aus dem Heizapparat durch den Schornstein entweicht. Die Große des Verlustes hängt von dem gebildeten Rauchgasvolumen und der Rauchgastemperatur ab.

Hoher Luftuberschuß bei der Verbrennung bedingt ein großes Rauchabgasvolumen. Auf die Größe des Luftüberschusses läßt sich durch die Rauchgasanalyse, insbesondere aus dem Kohlensäuregehalt, schließen. Man findet es nur sehr selten, daß die Rauchgase der Darrfeuerung in der Praxis nach dieser Richtung hin geprüft werden, trotzdem gerade die schätzungsweise Luftzuführung zum Brennstoff bei der Verschiedenartigkeit des Rostbelages beim Vordarren und Ausdarren nur sehr unvollkommen gelingt. Zweifelsohne kann hier durch die registrierende Rauchgasanalyse brennstoffsparend eingewirkt werden.

Auch die Rauchabgastemperaturen werden sehr selten gemessen; gewöhnlich fehlt schon die Moglichkeit zum Messen , weil die Abgasrauchkanäle durch Meßrohre nicht zugänglich gemacht sind.

Hohe Rauchgastemperaturen können auf verschiedene Weise ausgenutzt werden; fur die Darre selbst kommt bisweilen eine Rückleitung durch ein Heizrohrsystem in die untere Sau zur Vorwärmung der eintretenden Trocknungsluft in Frage.

Wärmeverluste durch unvollkommene Verbrennung entstehen, wenn der Kohlenstoff des Brennstoffes infolge Luftmangels nicht vollkommen zu Kohlensäure, sondern nur zu Kohlenoxyd verbrennt und als solches mit den Abgasen entweicht.

Kohlenoxyd besitzt noch einen Heizwert von 2440 Kal. und diese Wärmemenge geht bei unvollkommener Verbrennung unsichtbar verloren. Schon bei äußerlich ziemlich niedrig erscheinendem Kohlenoxydgehalt, z. B. nur 1% im Rauchgas, ist der Wärmeverlust immerhin schon recht beträchtlich. Hoher Kohlensäuregehalt der Rauchgase bürgt nicht immer dafür, daß gleichzeitig Kohlenoxyd fehlt, im Gegenteil, überschreitet der Kohlensäuregehalt in konzentrierteren Rauchabgasgemischen ein bestimmtes Maß, etwa 12 bis 14%, so kann vielfach beobachtet werden, daß gleichzeitig infolge zu geringen Luftüberschusses eine Kohlenoxydbildung eingetreten ist.

Wenn, wie es bei Darrfeuerungen leider sehr häufig geschieht, periodisch viel Brennstoff beim Vordarren bei recht ungleichmäßiger Rostbeschickung aufgeworfen wird, so ist damit stets eine unvollkommene Verbrennung verknüpft.

Wärmeverluste durch die Herdruckstände entstehen entweder durch das in den Rückständen noch enthaltene Verbrennliche oder durch die in den Rückständen aufgespeicherte Wärme, welche beim Entfernen derselben verloren geht. Letzterer Anteil dieses Verlustes ist bei Darren sehr gering, wenn man, was wohl allgemein geschieht, das Feuer einfach nach dem Abdarren ausbrennen läßt und den bis zum Beginn des Vordarrens der nächsten Beschickung abgekühlten Rostbelag erst dann beim Feuerputzen entfernt. Bei unrichtiger Rostwahl für den vorliegenden Brennstoff, bei zu großen Spaltenweiten und defekten Rosten gelangt viel Verbrennliches mit in die Herdruckstande.

Die Wärmeverluste durch Strahlung und Leitung am Darrofen selbst sind ziemlich niedrig, niedriger wie bei einer Dampfkesselfeurung, weil die Feuerkanäle zur Sau fast immer ringsum von Luftkanalen umhullt sind und somit nur an der Feuertür beträchtliche Temperaturdifferenzen zwischen Außenluft und Feuer- bzw. Rauchgastemperatur vorhanden sind.

Die Höhe der Temperatur der Rauchgase, mit welcher sie den Heizapparat verlassen, gibt Aufschluß uber die Ausnutzung der Warme zur Lufterwärmung. Die Ausnutzung wird bei zu geringer Heizflache des Heizrohrsystemes und bei schlechter Ableitung des Heizsystemes an die Trocknungsluft unvollkommen sein. Ein starkes Verlegen der Heizrohre mit Flugasche und Ruß wirkt nachteilig in diesem Sinne; deshalb mussen je nach Eigenschaft des Brennstoffes die Heizkanäle genügend oft von Ruß- und Flugascheablagerungen gereinigt werden.

b) Die Unterhaltung.

Die Unterhaltungskosten des Darrbetriebes gliedern sich in solche fur Bedienung, Ausgaben fur Reparaturen, den Aufwand an Kraft für Beschickung, Wenden, Entleeren und eventuell Ventilatorantrieb.

Die Bedienung »von Hand« beim Be- und Entladen und Wenden bedingt selbstredend viel hohere Ausgaben an Arbeitslöhnen als eine mechanische Bedienung.

Das Beladen mit Saug- oder Gebläsevorrichtungen kann von einem Mann erledigt werden, auch mittels fahrbarer Krane und Kippmulde ist die Beschickung einfach.

Zu wenig Abstoßöffnungen in der oberen Horde bedeuten beträchtliche Mehrarbeit; bei alten Darren ist die Zahl meist ungenugend, die Kosten fur die Vermehrung derselben unbedeutend.

Das Abräumen der unteren Horde sollte, sehr kleine Darren ausgenommen, heute nicht mehr von Hand erfolgen. Der sog. »Dampfesel« erleichtert die Abräumarbeit sehr.

Diejenigen Teile, welche dem raschesten Verschleiß unterworfen sind, sind die Heizrohrsysteme. Defekte treten hier meist am Eintritt der Heizgase aus dem Darrofen in das Heizrohrsystem auf; die Rohre brennen infolge der hohen Hitzegrade durch. Ein Durchrosten findet man an Blechheizrohren, dort, wo sehr kalte Luft an die Rohre durch Luftpfeifen herantritt. Letzterer Übelstand kann vermindert werden, wenn man denjenigen Luftpfeifen, welche zu kalte Luftzuströmungen erkennen lassen, kleine Hauben aufsetzt, an welchen sich die kalte Luft einmal stößt.

Die gefürchtetste, gefährlichste Störung, durch welche oft die gesamte Darrvorrichtung zerstört wird, ist der Darrbrand. Seine Entstehung kann zweierlei Ursachen haben und entweder auf eine direkte Entzündung des trockenen Hordenbelages oder eine indirekte, durch übermäßiges Überhitzen entstandene Entzundung zurückzuführen sein.

Zu den direkten Entzündungsursachen gehört es, wenn leicht entzündliche Körper, wie Streichhölzer, aus irgendeinem Anlaß ins Malz gelangen und durch die Reibung beim mechanischen Wenden sich ungesehen entzünden. Auch die Funkenbildung beim Kurzschluß einer abfallenden elektrischen Leitung kann eine solche Ursache sein.

Die indirekte Entzündung rührt aus dem Heizrohrsystem her; es können aus diesem solche Hitzegrade durch Strahlung im Malz entstehen, daß es die Entzündungstemperatur erreicht. Bisweilen lagert sich auch auf Saurohren ein Malzkeimhugel an, der bis zur Horde heranreicht. Bei der hohen Abdarrtemperatur kommt derselbe ins Glimmen und entzündet den Darrbelag.

Hingewiesen muß auch hier ausdrücklich auf jene Vorsicht werden, welche allgemein bei einem Darrbrand zu gebrauchen ist: Hat die Entzündung des Darrgutes einmal eingesetzt und schon um sich gegriffen, d. h. kann sie nicht noch gerade im Begriff des Entstehens unterdrückt werden, so gebe man direkt jede Hoffnung auf Rettung des Darrbelages auf, verschließe die Darren absolut dicht mit den Doppeltüren, auch an der Beschickungsstelle der oberen Horde und von unten her durch Zuklappen aller Zugöffnungen und überlasse dann den Darrinhalt sich selbst. Es ist der großte Fehler, wenn eine unvorsichtige Feuerwehr, wie man es leider gar zu häufig findet, glaubt, durch Einspritzen von Wasser die in Brand geratene Darre löschen zu können. Wenn man alles dicht verschlossen hält, bleibt bei einem Darrbrand das Feuer auf seinen Herd beschränkt. Beim Öffnen einer Tur dagegen schlagen die Flammen sehr leicht nach außen und finden in dem auf Malzböden in der nachsten Nähe der Darre stets befindlichen Gebälke sofort Nahrung.

c) Die Festlegung des Brennstoffverbrauches.

Sie geschieht in einfacher Weise durch mechanisches oder automatisches Vorwiegen. Kennt man die gesamte erzeugte Malzmenge, so berechnet man gewöhnlich den Kohlenverbrauch pro 1 Ztr. fertig geputztes Malz.

Beispiel. Malz erzeugt 98,0 Ztr. = 4900 kg; Kohlenverbrauch gesamt 916 kg; auf 1 Ztr. fertig geputztes Malz treffen somit $\frac{916}{98} = 9{,}35$ kg Kohle.

Die Kohle hatte einen Heizwert von 7200 Kal. und kostet pro 1 kg = 1,9 Pf., somit war die pro 1 Ztr. Malz aufzuwendende Wärmemenge

$$9{,}35 \cdot 7200 = \mathbf{67\,320} \text{ Kal.}$$

und die Brennstoffkosten pro 1 Ztr. Malz

$$9{,}35 \cdot 1{,}9 = \mathbf{17{,}8} \text{ Pf.}$$

Will man zwei verschiedene Darren in bezug auf ihren Brennstoffverbrauch vergleichen, so ist notwendig, daß die Darren pro 1 qm Hordenfläche mit der gleichen Menge Grunmalz beschickt werden (gleiche Schichthohe) und ferner, daß das Grünmalz wie auch das erzeugte Darrmalz sehr ähnliche und bestimmte Wassergehalte aufweisen.

Die Angabe der Kohlenmenge in kg pro Ztr. Malz genügt nicht zu einer Beurteilung, sondern es ist stets auf den Wärmeverbrauch umzurechnen.

Beispiel.

a) Es wurden Braunkohlen verfeuert, Verbrauch pro 1 Ztr. Malz 12,7 kg, der Heizwert der Kohle war 5120 Kal., der Preis pro 1 kg 1,32 Pf.

b) Es wurden obige Steinkohlen verfeuert, Verbrauch 9,35 kg/Ztr. mit 7200 Kal., Preis 1,90 Pf.

Im Fall a) ist der Wärmeverbrauch 64 000 Kal. und die Kosten pro 1 Ztr. Malz = **16,74** Pf.; im Fall b) ist der Wärmeverbrauch 67 320 Kal. und die Kosten pro 1 Ztr. Malz **17,8** Pf., also trotz des geringeren Kohlenverbrauches höher.

Für Darrfeuerungen eignet sich nicht jeder Brennstoff gleich gut. Es ist sehr wesentlich, das ortsbilligste Brennmaterial fur die Darre zu ermitteln. Am ungeeignetsten sind Kohlen mit viel fluchtigen Bestandteilen, welche rasch zur Verbrennung gelangen und eine momentane hohe Feuertemperatur entwickeln. Fur Darrfeuerungen ist ein gleichmäßige Wärme produzierender Brennstoff empfehlenswerter.

Sehr gute Resultate ergaben bei der Darrfeuerung Versuche mit Kohlenmischungen, wenn man einen langsam brennenden Brennstoff, wie Torf oder Braunkohle, mit einer passenden Steinkohle mischt. Dabei verfahrt man derart, daß man in der ersten Periode, in welcher noch niedrige Temperaturen im Malz gehalten werden sollen, fast keine Beimischung von Steinkohlen (oder guten Braunkohlen) gibt, dagegen mit steigender Temperaturerhohung gegen das Abdarren zu den Brennstoff mit niedrigem Heizwert in der Beimischung verringert oder fehlen läßt.

Beispiel. Die Darre wurde stets gleich geladen und mit verschiedenen Mischungen einer Braunkohle und einer Steinkohle gefeuert.

Versuch	I	II	III	IV
Abgeraumtes Malz (geputzt)	98 Ztr.	99,4 Ztr.	97,3 Ztr.	98,5 Ztr.
Gesamtkohlenverbrauch . .	916 kg	980 kg	1020 kg	1250 kg
Davon Braunkohlen . . .	—	370 kg	835 kg	1250 kg
» Steinkohlen	916 kg	610 kg	185 kg	—
Die Kosten der Braunkohlen	—	$370 \cdot 1{,}32 = 4{,}88$ M.	$835 \cdot 1{,}32 = 11{,}00$ M.	$1250 \cdot 1{,}32 = 16{,}5$ M.
» » » Steinkohlen	$916 \cdot 1{,}90 = 17{,}4$ M	$610 \cdot 1{,}90 = 11{,}6$ M.	$185 \cdot 1{,}90 = 3{,}52$ M.	—
Gesamtkosten fur die ganze Darrladung	17,4 M.	16,48 M.	14,52 M.	16,5 M.
Auf 1 Ztr. fertig geputztes Malz	$\frac{1740}{98{,}0} = \mathbf{17.75}$ Pf.	$\frac{1648}{99{,}4} = \mathbf{16{,}58}$ Pf.	$\frac{1452}{97{,}3} = \mathbf{14.95}$ Pf.	$\frac{1650}{98{,}5} = \mathbf{16{,}78}$ Pf.
kg Kohlen auf 1 Ztr. fertiges Malz	$\frac{916}{98} = \mathbf{9{,}34}$ kg	$\frac{370 + 610}{99{,}4} = \mathbf{9{,}85}$ kg	$\frac{835 + 185}{97{,}3} = \mathbf{10{,}48}$ kg	$\frac{1250}{98{,}5} = \mathbf{12{,}70}$ kg

Diese Versuche zeigen, daß es an der vorliegenden Darre genügte, dem gesamten Brennstoff nur $\frac{185 \cdot 100}{835 + 185} = 18{,}1\%$ höherwertige Steinkohle beizumischen, und zwar wurde dieselbe erst in den letzten 6 Stunden mit verbrannt. Die Ersparnis gegenüber reiner Steinkohlenverfeuerung beträgt:

$$\frac{(17{,}75 - 14{,}95) \cdot 100}{17{,}75} = \mathbf{15{,}8\,\%},$$

gegenüber reiner Braunkohlenverfeuerung

$$\frac{(16{,}78 - 14{,}95) \cdot 100}{16{,}78} = \mathbf{10{,}9\,\%}.$$

Die Ersparnisse durch solche Kohlenmischung sind darin begründet, daß bei Kohlen mit höherem Heizwert (Steinkohlen) in der ersten, langsamen Feuerungsperiode zu große Schornsteinverluste durch unvollkommene Verbrennung auftreten, umgekehrt steigern sich bei Verwendung von geringwertigen Kohlen gegen die Abdarrzeit die Schornsteinverluste durch Anwendung übermäßigen Luftüberschusses. Nur mit dem letzteren und starker Rostanstrengung erzielt man dann die gewunschten Abdarrtemperaturen.

Der Kohlenverbrauch pro 1 Ztr. Malz ändert sich mit der Stärke des Auftragens einer Horde. Einen wesentlichen Einfluß hat aber außerdem die Regelmäßigkeit der Rostbeschickung und die richtige Stellung der Luftzüge.

4. Die Ermittlung des Nutzeffektes einer Darre.

Die in der Darre verwertete Wärme dient

a) zur Erwärmung des Malzes von seiner Beschickungstemperatur auf die Abräumtemperatur;

b) zum Verdunsten des Wassers im Grünmalz auf den Wassergehalt des abgebräumten Malzes;

c) zur Erwärmung der durchströmenden Luft.

Formelle Entwicklung.

a) Die zur Malzerwärmung notwendige Wärmemenge.

Die spezifische Wärme der Malztrockensubstanz ist 0,42, d. h. um 1 kg Malztrockensubstanz um 1^0 C in der Temperatur zu erhöhen, sind 0,42 Kal. nötig.

Ist der Wassergehalt des Grünmalzes bekannt zu $f\%$ und die gesamte Darrladung des Grunmalzgewichtes G kg, so war die Ladung in kg Trockensubstanz T

$$T = \frac{G \cdot (100 - f)}{100}.$$

Ist die Temperatur des Grünmalzes beim Laden t_l, diejenige beim Abräumen t_a, so ist die zur Erwarmung von 1 kg Malztrockensubstanz notwendig gewesene Wärme

$$w_m = (t_a - t_l) \cdot 0{,}42$$

und die für Erwärmung von T kg Malztrockensubstanz notwendige Gesamtwärmemenge W_m ist

$$W_m = T \cdot w_m = \frac{G \cdot (100 - f) \cdot (t_a - t_l) \cdot 0{,}42}{100}.$$

Es macht sich somit zunächst nötig, die Menge der auf die Darre gebrachten kg Malztrockensubstanz zu ermitteln. Zu diesem Zweck wird das gesamte Grünmalz, welches auf die Darre geladen wird, gewogen und eine gute Durchschnittsprobe zur Ermittlung des Wassergehaltes entnommen. Der Wassergehalt wird in bekannter Weise nach der Doppeltrocknungsmethode bestimmt.

b) Die zur Wasserverdunstung notwendige Wärmemenge.

Nach oben ist G das Grunmalzgewicht; bestimmt man ferner nach der Abdarrung das lufttrockene Darrmalzgewicht Dl und das der lufttrockenen Keime k, so ist das gesamte verdunstete Wassergewicht H_g

$$H_g = G - (D_l + k).$$

Die Temperatur des Grünmalzes ist beim Laden t_l. Außerdem muß die mittlere Temperatur der im Dunstschlot abziehenden, Wasserdampf enthaltenden Luft ermittelt werden. Man liest diese entweder alle ½ Stunden ab oder zeichnet sie mit einem Registrierinstrument graphisch auf. Sie sei im Mittel berechnet zu t_w. Diese Temperatur ist die Temperatur des erzeugten Dampfes. Derselben entspricht eine bestimmte Gesamtwärme λ (siehe Tabellen von Fliegner und Zeuner), welche notwendig, um 1 kg Wasser von 0^0 C in Dampf von $t_w{}^0$ C zu verwandeln. Hat das Wasser aber $t_l{}^0$ C, so ist pro 1 kg Wasser nur eine Wärmemenge

$$w_w = \lambda - t_l$$

notwendig oder fur ein Wassergewicht H_g kg

$$\underline{W_w = H_g \cdot w_w = [G - (D_l + k)] \cdot (\lambda - t_l).}$$

Wurde das lufttrockene Darrmalzgewicht inkl. Keime nicht ermittelt, sondern nur der mittlcre Wassergehalt des nichtentkeimten Malzes zu $h\%$, so enthalten 100 kg nicht entkeimtes Darrmalz $(100 - h)$ kg Trockensubstanz.

Die gesamte geladene Trockensubstanz T ergibt sich aus Grünmalzgewicht G und dessen Wassergehalt f nach oben zu

$$T = \frac{G \cdot (100 - f)}{100};$$

die gesamte im Grunmalz enthaltene Wassermenge ist

$$H = G - T.$$

Im Darrmalz verbleiben auf $(100 - h)$ kg Trockensubstanz h kg Wasser, auf T kg Trockensubstanz treffen dann $\frac{h \cdot T}{100 - h}$ kg Wasser.

Das Gesamtwasser im Grunmalz ist $\frac{G \cdot f}{100}$ kg, so daß $H_g = \frac{G \cdot f}{100} - \frac{h \cdot T}{100 - h}$ kg Wasser zur Verdunstung gelangen.

Ganz exakt ist diese Berechnungsart ohne das lufttrockene Malzgewicht nicht, weil tatsächlich Verluste an Grünmalztrockensubstanz auftreten, welche umso höher sind, je hoher das Malz abgedarrt wird.

c) Die zur Lufterwärmung notwendige Wärmemenge.

Man ermittelt mittels Flügelanemometer alle Stunden (während dieser Zeit darf an den Zugen nichts verstellt werden) im Dunstrohr die Luftgeschwindigkeit c in m pro Minute. Ist der Querschnitt an der Meßstelle Q qm, so ist das minutliche Luftquantum

$$l_m = Q \cdot c \text{ in Kubikmeter}$$

und das stundliche Luftquantum $l_s = 60 \cdot Q \cdot c$.

Ist die Geschwindigkeit der Luft bei Versuchsbeginn c_1 und nach der ersten Stunde c_2 (wenig von c_1 verschieden), so ist die mittlere Geschwindigkeit $c = \frac{c_1 + c_2}{2}$ fur die erste Stunde. Wird nach der ersten Stunde an den Zügen nichts verstellt, so kann c_2 gleich als Anfangsgeschwindigkeit in der zweiten Stunde gelten; werden die Züge aber verstellt, so muß eine weitere Messung fur die anfängliche Luftgeschwindigkeit in der zweiten Stunde gemacht werden.

Man erhalt fur alle 24 Stunden die Werte l_{s1}, l_{s2}, l_{s3} usw. und addiert diese. So ergibt sich die gesamte zur Darrung notwendige Gesamtluftmenge L

$$L = l_{s1} + l_{s2} + l_{s3} + \cdots l_{s24} \text{ in cbm.}$$

Durch Regelung der Luftzuge muß an allen Versuchstagen in gleicher Zeit gleiche Luftgeschwindigkeit eingehalten werden.

Ist nun die Temperatur der den Zugen zuströmenden kalten Luft t_k und diejenige im Dunstschlot abziehende an der Meßstelle t_w, so muß die gesamte Luftmenge um $(t_w - t_k)^0$ C erwärmt werden.

Diese Luftmenge L enthält aber außer der Luft noch den gesamten Wasserdampf der verdunsteten Wassermenge bei $t_w{}^0$ C. Aus der Tabelle von Fliegner ergibt sich bei bestimmter Temperatur t_w ein spezifisches Dampfgewicht von d_w pro cbm Dampf.

Ist die gesamte verdunstete Wassermenge H_g, so ist das gesamte Dampfvolumen $V_w = \frac{H_g}{d_w}$ und die tatsächliche Luftmenge L_t in cbm

$$L_t = L - V_w = L - \frac{H_g}{d_w}.$$

Es ist bekannt, daß 1 cbm Luft bei 0^0 C und Normaldruck 1,294 kg wiegt und die spezifische Wärme 0,2374 pro 1 kg Luft ist. Auf diese Normalverhaltnisse ist die Luftmenge L_t umzurechnen. (Nach Gay-Lussacschem Gesetz.)

$$L_0 = \frac{L_t}{1 + \frac{t_w}{273}}.$$

Das Luftgewicht ist dann $L_0 \cdot 1{,}294$ kg und die zur gesamten Lufterwärmung anzuwendende Gesamtwärme

$$\underline{W_l = L_0 \cdot 1{,}294 \cdot 0{,}2374 \cdot (t_w - t_k).}$$

Die Summe der in der Darre für Malzerwärmung, Wasserverdunstung und Lufterwärmung notwendigen Wärmemenge

$$\underline{W = W_m + W_w + W_l.}$$

Zur Berechnung muß der gesamte Brennstoffverbrauch B in kg während der 24 stündigen Darrzeit sowie dessen Heizwert H bekannt sein. Die vom Brennstoff eingebrachte Gesamtwärme ist dann

$$\underline{W_b = H \cdot B.}$$

Drückt man dann aus, wieviel Prozent der Gesamtwärme W_b der in der Darre nutzbar gemachte Betrag W beträgt, s ergibt sich der Nutzeffekt

$$\underline{E = \frac{W \cdot 100}{W_b}.}$$

Beispiel. Eingewogene Grünmalzmenge (Darrladung) $D = 5400$ kg. Wassergehalt $f = 43{,}5\%$. Grünmalztemperatur beim Laden $t_l = 18^0$ C. Abdarrtemperatur $t_a = 90^0$ C.

Die zur Malzerwärmung notwendige Wärme W_m ist

$$W_m = \frac{G \cdot (100 - f) \cdot (t_a - t_l) \,.\, 0{,}42}{100} =$$

$$= \frac{5400 \cdot (100 - 43{,}5) \cdot (90 - 18{,}0) \cdot 0{,}42}{100} = \mathbf{92\,200} \text{ Kalorien.}$$

Das lufttrockene Darrmalzgewicht D_l war $= 3140$ kg; das der lufttrockenen Keime $k = 140$ kg; die mittlere Temperatur im Dunstkamin war $t_w = 31{,}2^0$ C, welcher eine Gesamtwärme $\lambda = 613{,}5$ Kal. entspricht.

Der mittlere Wassergehalt des unentkeimten Darrmalzes beim Abräumen war $h = 4{,}1\%$.

Die zur Wasserverdunstung notwendige Wärme W_w ist

$$W_w = H_g \cdot w_w = (G - D_l + k) \cdot (\lambda - t_l) =$$

$$[5400 - (3140 - 140)] \cdot (613{,}6 - 18) = \mathbf{1\,261\,000} \text{ Kalorien,}$$

oder

$$W_w = \left(\frac{G \cdot f}{100} - \frac{h \cdot T}{100 - h}\right) \cdot w_w =$$

$$= \left[\frac{5400 \cdot 43{,}5}{100} - \frac{4{,}1 \cdot \frac{5400 \cdot (100 - 43{,}5)}{100}}{100 - 4{,}1}\right] \cdot (613{,}5 - 18) =$$

$$= 1\,261\,000 \text{ Kalorien.}$$

Der Dunstschlot hatte an der Meßstelle einen kreisrunden Querschnitt von 2,2 m Durchmesser, so daß $Q = \frac{2{,}2^2 \pi}{4}$ $= 3{,}8$ qm.

c_1 zu Beginn der ersten Stunde war 78,5 m pro Minute, c_2 am Ende der ersten Stunde war 81,5 m pro Minute, so daß $c = \frac{c_1 + c_2}{2} = \frac{78{,}5 + 81{,}5}{2} = 80$ m pro Minute.

Die stündliche Luftmenge l_{s1} war dann $60 \cdot 3{,}8 \cdot 80 =$ 18 240 cbm in der Stunde. In der gleichen Weise wurde l_{s2}, l_{s3} usw. ermittelt.

Es hat sich z. B. ergeben:

Zeit	Std.-Luftmenge in cbm	Zeit	Std.-Luftmenge in cbm
6 Uhr morgens . .	18 240	6 Uhr abends . .	22 320
7 » » . .	19 000	7 » » . .	23 600
8 » » . .	18 950	8 » » . .	23 280
9 » » .	19 080	9 » » . .	23 220
10 » » . .	18 240	10 » » . .	19 320
11 » » . .	20 180	11 » » . .	22 600
12 » mittags .	20 800	12 » nachts . .	23 900
1 » » .	21 000	1 » » . .	24 840
2 » » . .	21 140	2 » » . .	25 380
3 » » . .	20 280	3 » » . .	25 640
4 » » . .	21 260	4 » » . .	24 920
5 » » . .	20 280	5 » » . .	24 560
		6 » morgens . .	522 030

Hier sind nur die Aufzeichnungen von 24 Stunden Dauer angegeben. In Wirklichkeit mussen diese bei einer Gesamtdarrdauer von 2 × 24 Stunden auch ebensolange beobachtet werden. Der Berechnung ist aber nur die in 24 Stunden durchtretende Luftmenge zugrunde zu legen; denn während auf der oberen Horde das Malz vortrocknet, darrt das schon getrocknete auf der unteren Horde aus.

Da nun aber beim Versuch beide Horden stets mit der gleichen Gewichtsmenge Grünmalz mit gleichem Wassergehalt zu laden sind, so konnen bei den aufeinanderfolgenden Versuchen Versuchsbedingungen als gleich betrachtet werden.

Die Summe ergab eine Gesamtluftmenge von $L = 522\,030$ cbm in 24 Stunden Darrdauer. Bei der Temperatur $t_w = 31{,}2^0$ C ist das spezifische Dampfgewicht 0,0302 kg/cbm.

Das Dampfvolumen ist $V_w = \frac{H_g}{d_w} = \frac{2120}{0{,}0302} = 70\,300$ cbm, die tatsächliche Luftmenge

$$L_t = L - V_w = 522\,030 - 70\,300 = 451\,730 \text{ cbm},$$

auf 0^0 C bezogen ist das Volumen

$$L_0 = \frac{L_t}{1 + \frac{1}{273} \cdot t_w} = \frac{451\,730}{1 + \frac{1}{273} \cdot 31{,}2} = 395\,000 \text{ cbm}$$

Die zur Lufterwärmung notwendige Wärmemenge ist bei einer Eintrittstemperatur von 11^0 C in die Zuge

$$W_l = L_0 \cdot 1{,}294 \cdot 0{,}2374 \cdot (t_w - t_k) =$$
$$= 395\,000 \cdot 1{,}294 \cdot 0{,}2374 \cdot (31{,}2 - 11) = \mathbf{2\,450\,000} \text{ Kalorien.}$$

Die gesamte nutzbar gemachte Wärme

$$W = W_m + W_w + W_l =$$
$$= 92\,200 + 1\,261\,000 + 2\,450\,000 = \mathbf{3\,803\,200} \text{ Kalorien.}$$

Die aufgewendete Brennstoffmenge während der Darrdauer war $B = 1180$ kg Braunkohle mit einem Heizwert $H = 5200$ Kal.

Die eingebrachte Gesamtwarme des Brennstoffes ist somit

$$W_b = H \cdot B = 5200 \cdot 1180 = 6\,136\,000 \text{ Kalorien,}$$

der Nutzeffekt der Darre

$$E = \frac{W \cdot 100}{W_b} = \frac{4\,803\,200 \cdot 100}{6\,136\,000} = \mathbf{62{,}0\,\%}$$

und die Warmeverluste in der Feuerung 100 — 62,0 = 38,0%.

Die Verteilung der Wärmeausnutzung ist folgende:

a) auf Malzerwärmung trifft $\frac{92800 \cdot 100}{6136000} = 1{,}5\,\%$,

b) » Wasserverdunstung » $\frac{1261000 \cdot 100}{6136000} = 20{,}6$ »

c) » Lufterwärmung » $\frac{2450000 \cdot 100}{6136000} = 39{,}9$ »

zusammen: **62,0 %**.

Der Rest 100 — 62,0 = **38,0%** ging durch Schornstein, Aschenfall und Strahlung verloren.

Auf der oberen Darre wird der großte Teil der Wärme ausgenutzt.

Ein Versuch zeigte:

Horde	Nutzbar verwendete Warme			Zusammen	Feuerungsverluste
	Wasser verdunstet	Malz erwarmt	Luft erwarmt		
Obere . .	24,0	1,9	42,0	67,9	27,3 %
Untere . .	1,5	1,1	2,2	4,8	

Mit je niedrigerem Wassergehalt das Grunmalz auf die Darre kommt, desto mehr kann an Brennstoff gespart werden. Eine gute Schwelke kann den Wassergehalt um 5 bis 7% herabdrucken.

Beispiel. Hätte das Grünmalz statt 43,5% Wasser nur 36,5% Wasser gehabt, so wäre um 7% weniger Wasser zu verdampfen gewesen. Die gleiche Darrmalzmenge wäre dann aus einem Grunmalzgewicht $\frac{5400 \cdot 36{,}5}{43{,}5} = 4530$ kg entstanden, welche $\frac{36{,}5 \cdot 4530}{100} = 1655$ kg Gesamtwasser enthalten, und 130,5 kg verbleibt im Darrmalz, so daß 1655 — 130,5 = 1524,5 kg verdampft werden mussen, wozu eine Wärmemenge 1524,5 (613.5 —18) = **908 000** Kal.

Es können also 1 261 000 — 908 000 = **353 000** Kal. gespart werden.

Der größte Wärmeverlust kann durch übermäßige Zufuhr von Trocknungsluft entstehen. Es ist wesentlich, daß die Trocknungsluftmenge von dem Feuchtigkeitsgehalt der durch den Dunstabzug abgehenden Luft abhängig gemacht wird.

Bei Versuchen uber den Kohlenverbrauch von Darren muß man sehr vorsichtig zu Werke gehen. Sollen z. B. hintereinander Versuche mit verschiedenen Brennstoffen gemacht werden, so ist besondere Sorgfalt darauf zu legen, daß der Darrbelag bei allen Versuchen der gleiche ist. Man darf sich durchaus nicht damit begnügen, daß man Haufen gleicher Größe, d. h. aus gleichen eingeweichten Gerstenmengen auf die Darre bringt, sondern das Grünmalzgewicht und der dazugehörige Grünmalzwassergehalt muß notwendigerweise in jedem Versuchsfalle festgestellt werden. Auch der Wassergehalt des abgeräumten Malzes, die Malzmenge und der Keimabfall sind genau zu ermitteln.

Die Abmessungen der Darren müssen nach Thausing in bestimmtem Verhältnis zu einander stehen:

Verhaltnis von	I.	II.	III.	IV.
	Englische Rohrendarren		Carolifère-Darre	Kombinierte Darre
Darrflache zur Heizfläche *(D:H)*	1:2,27	1:2,15	1:2,7	1:3,51
Rostflache zur Heizflache *(R:H)*	1:333	1:347	1:130	1:242
Rostflache zur Darrflache *(R:D)*	1:146	1:160	1:46	1:67
Hohe der Darre (exkl. Dunstschlauch): *D*	1:6	1:5,4	1:1,83	1:2,88
Hohe des Dunstschlauchs: *D* . .	1:9	1:5.4	1:4	1:6,1
Querschnitt des Dunstschlauchs zur Darrflache	1:33,6	1:22,3	1:26	1:20,7
Querschnitt der Kaltlufteinstromungen zur Darrflache . .	1:40	1:26	1:30	1:36
Querschnitt der Kaltlufteinstromungen zur Heizflache . .	1:90	1:56	1:80	1:128
Darrflache zur freien Durchgangsflache fur Luft . . .	1:0,23	1:0,13	1:0,32	1:0,35

7. Gerste- und Malztrocknungsvorrichtungen.

Der Zweck dieser Trocknungsvorrichtungen ist ein ganz anderer wie derjenige der Darren. Das Darren des Malzes ist nicht nur lediglich ein Trocknungsprozeß, sondern es gehen im Innern des Malzkornes durch die Einwirkung bestimmter Temperaturen große Veränderungen vor sich. Bei der Erzeugung von dunklen Charaktermalzen ist ja nur an die Farbe und Aromabildung zu denken.

Der Trocknungsprozeß fordert im Gegensatz zum Darrprozeß, daß eine Veränderung im Innern des Kornes nicht vor sich gehen darf. Damit soll nicht gesagt sein, daß sich eventuell Darranlagen fur die Trocknung nicht eignen würden, im Gegenteil, es wurde auch schon mit Darren sowohl beim Vortrocknen von Gerste als beim Nachtrocknen des Malzes sehr gute Resultate erzielt.

a) Der Nutzen der Gerstenvortrocknung.

1. Verbesserung der Lagerbeständigkeit. Es ist bekannt, daß, je wasserhaltiger eine Gerste ist, sich diese um so weniger leicht lagern läßt: denn solche Gersten neigen sehr zu Erwärmung im Lager; werden sie nicht sehr sorgfältig geluftet, sei es durch Umschaufeln von Hand oder irgendeine andere Belüftungsart, so verandert sich das Korninnere in nachteiligem Sinn. Der Geruch der Gerste wird dumpf und modrig und die Keimfähigkeit verschlechtert sich immer mehr und mehr. Das Luften und Umtranspor-

tieren erfordert aber viel Zeit und Arbeit; diese kann eingespart werden, wenn man sich zum Vortrocknen entschließt.

2. Erhöhung der Keimungsenergie und Keimfähigkeit. Je feuchter eine Gerste geerntet wird, desto langere Samenruhe benötigt dieselbe bis sie für die Zwecke der Mälzerei verwendet werden kann. Feuchte Gersten zeigen auch ein sehr ungleichmäßiges Ankeimen. Beim Ankauf solcher feuchter Ware bliebe also nur die Möglichkeit, die Gerste unter öfterem Luften so lange zu lagern, bis sie eine gleichmäßige Keimfahigkeit erreicht hat. Zur Deckung des Malzbedarfes ist man dann, wenn z. B. die einheimischen Gersten feucht geerntet werden, gezwungen, trockenere Auslandsware zu beziehen. Infolge der größeren Fracht erhöhen sich dann häufig die Bezugskosten. Abgesehen davon, daß eine lagernde Ware, welche gekauft ist aber nicht verarbeitet werden kann, entsprechend der verlängerten Lagerzeit, Unkosten durch Zinsverluste bringt.

b) Der Nutzen der Malznachtrocknung.

Der Zweck ist der, den Wassergehalt des zum Verbrauen gelangenden Malzes vor dem Verschroten soweit als möglich zu reduzieren; denn unter den heutigen Steuerverhältnissen ist ein wasserreiches Malz genau so hoch zu versteuern wie ein wasserarmes Malz. Je weiter nun der Feuchtigkeitsgehalt des Malzes reduziert wird, desto mehr extraktliefernde Trockensubstanz und desto weniger nutzloses Wasser wird verarbeitet. Der Vorteil, den die Malznachtrocknung bietet, liegt also lediglich in einer Steuerersparnis, welche der ausgetrockneten Wassermenge direkt proportional ist.

c) Die Begutachtung der Trockner und die Berechnung der Rentabilität.

Beim Trocknungsprozeß von Gerste oder Malz muß das enthaltene Wasser als flussiges Wasser angesehen werden, das man nur durch Verdampfung entfernen kann, nach dem Gesetz, daß die Dämpfe stets von den Orten hoherer Spannung zu den Orten niedrigerer Spannung wandern. Die Wasserabgabe erfolgt beim Trocknen dadurch, daß die Dampfspannung im Korn durch Wärmezufuhr erhoht wird, und daß sie damit beträchtlich hoher ist als die der Umgebung. Je mehr man dafur sorgt, desto rascher wird die Trocknung erfolgen, eine desto großere Leistungsfahigkeit hat der betreffende Trockner.

Das Gefälle der Dampfspannung zwischen Korn und Umgebung wird erheblich, und zwar ungunstig beeinflußt durch das Wasserbedürfnis des Kornes. Enthalt dieses z. B. 10,7% Wasser bei 4° C, dann befindet es sich im Gleichgewicht mit einer Umgebung, welche 38% Feuchtigkeit enthalt, d. h. eine Luft mit 40% Feuchtigkeit, welche man bei 4° C als recht trocken bezeichnen muß, gibt an das betreffende Korn bereits Wasser ab. Bei 34° C steht eine Gerste von 10,5% im Gleichgewicht mit der Umgebung, wenn diese 52% Feuchtigkeit enthalt. Ist der Feuchtigkeitsgehalt großer, dann nimmt das Korn auch aus dieser Luft Wasser auf.

Bei der Trocknung darf ein bestimmtes Temperaturmaximum nicht uberschritten werden. Das zulassige Temperaturmaximum hangt ab:

1. Von dem Trockengut, insofern als Gerste z. B. bei weit niedrigeren Temperaturen zu trocknen ist als Malz; denn bei der Gerste ist die Lebensfähigkeit des Keimlings absolut zu erhalten, wahrend es sich beim Malz nur um die Erhaltung der Enzyme handelt. Letztere erfahren aber erst bei viel hoheren Temperaturen eine Schwächung.

2. Von dem mit der Trocknung verknupften Luftwechsel, d. h. bei Anwendung von etwas hoheren Trocknungstemperaturen muß auch fur Zufuhr erhohter Trocknungsluft gesorgt werden.

3. Von dem Feuchtigkeitsgehalt des Trockengutes selbst, wobei man dann rationell arbeitet, wenn man bei hohem Feuchtigkeitsgehalt des Trockengutes etwas niedrigere Trockentemperaturen wahlt als bei niedrigerem Feuchtigkeitsgehalt des Trockengutes.

Bei der Trocknung soll ferner dafur gesorgt werden, daß die dem Trockner zustromende Trocknungsluft einen so niedrig als moglichen Feuchtigkeitsgehalt besitzt. Das eigene Wasserbedurfnis des Kornes fordert nicht nur die Fernhaltung zuströmender Trocknungsluft mit sehr hohem Feuchtigkeitsgehalt, sondern auch die Entfernung der aus dem Korn entwickelten Feuchtigkeit mit Hilfe strömender Luftmengen, welche unter keinen Umständen den halben Sättigungsgrad erreichen durfen. Die Kosten für die Förderung der Trocknungsluft übersteigen meist die des Brennstoffaufwandes, daraus ist auch ersichtlich, daß man nicht mehr als unbedingt erforderlich lüften soll.

Nicht jedes Trockengut verhält sich bei der Trocknung in bezug auf seine Wasserabgabe gleich, insbesondere ist zwischen Gerste und Malz ein bedeutender Unterschied. Das Gerstenkorn ist in eine Hülle, eine Haut von lederartiger Beschaffenheit, eingehüllt, welche die Feuchtigkeit auch in Form von Dämpfen nur schwer hindurchläßt. Dieser Umstand bedingt, daß man Gerste längere Zeit im Trockner verweilen lassen muß, damit die Feuchtigkeit Zeit genug hat, um zu entweichen. Es durfte kaum möglich sein, nach irgendeinem Verfahren Gerste mit 20% Wasser in einer kurzeren Zeit als 1 Stunde auf 15% Wasser herunterzutrocknen, ohne erwunschte Eigenschaften zu schädigen.

Beim Malz wird die Trocknung insofern etwas erleichtert, weil der freiwerdende Wasserdampf nicht durch die Samenhaut allein dringen muß, sondern weil er entlang den vom Keimling beschaffenen Wege entweichen kann.

Bei der Trocknung auf Darren entstehen keine direkten Kosten fur die Bewegung der Lüftungs- und Trocknungsluft, weil hier der natürliche Zug dies selbsttätig bewirkt.

Die Berechnung der entzogenen Wassermengen kann entweder durch Wägung des Trockengutes vor und nach der Trocknung geschehen. Hierbei erhält man den direkten Wasserverlust in kg oder durch Berechnung aus den Feuchtigkeitsgehalten vor und nach der Trocknung.

Ist allgemein

Gf = kg zur Trocknung eingebrachter Gerste,

Gt = kg getrocknete Gerste, so ist die zur Verflüchtigung gebrachte Wassermenge in % = w;

$$w = \frac{(Gf - Gt) \cdot 100}{Gf},$$

oder ist ferner

ff = prozentischer Feuchtigkeitsgehalt der feuchten Gerste,

ft = prozentischer Feuchtigkeitsgehalt der getrockneten Gerste,

dann ist der Wasserverlust

$$w = ff - \frac{ft \cdot (100 - ff)}{100 - ft}.$$

Beispiel. Es wurden auf einer Darre 220 Ztr. Gerste bei 25° C Lufttemperatur in der unteren Horde getrocknet. Die Trocknung erfolgte auf der Oberhorde. Die Trocknungsdauer war 48 Std. Nach der Trocknung wurde ein Gewicht von 196,5 Ztr. festgestellt. Der Wasserverlust war somit, wenn man 220 Ztr. = 11 000 kg einbrachte und 196,5 Ztr. = 9825 kg.

11 000 — 9825 = 1175 kg, das sind = **10,68**%.

Der Wassergehalt der Gerste vor der Trocknung war 20,36%, derjenige nach der Trocknung 10,84%.

100 kg feuchte Gerste enthalten 100 — 20,36 = 79,64 kg Trockensubstanz; 100 kg trockene Gerste enthalten 100 — 10,84 = 89,16 kg Trockensubstanz.

Es treffen also auf 89,16 kg Trockensubstanz 10,84 kg Wasser; auf 79,64 kg Trockensubstanz dann $\frac{10{,}84 \cdot 79{,}64}{89{,}16}$ = 9,68 kg Wasser.

So viel Wasser bleibt also von dem Gesamtwasser der feuchten Gerste zurück.

Und es wurden verdunstet 20,36 — 9,68 = 10,68 kg, bezogen gedacht auf 100 kg feuchte Gerste, d. h. der Wasserverlust ist wie oben direkt ermittelt **10,68**%.

Bei der Berechnung der Wasserverdunstung findet man einen sehr häufig wiederkehrenden Fehler, auf den hier ausdrücklich aufmerksam gemacht wird.

Beispiel (fehlerhafte Berechnung). Der Wassergehalt der feuchten Gerste ist 20,36%, derjenige der getrockneten Gerste 10,84%; somit ist der Wasserverlust 20,36 — 10,84 = **9,52%**, im Gegensatz zu dem richtigen Wert 10,68 ist hier durch fehlerhafte Berechnung die Verdunstung um

$$10{,}68 - 9{,}52 = \mathbf{1{,}16\%}$$

zu niedrig gefunden worden.

Trocknungsresultate von Versuchen mit einer niederbayerischen Gerste 1912.

Versuche	Wassergehalt in %	Keimenergie	Keimfahigkeit	Ausbleiber
Ursprunglich	20,36	81	89	11
4 Tage an der Luft getrocknet ohne Beheizung	18,75	89	91	9
Nach 24 Std. obere Horde .	16,65	90	92	8
Nach 24 Std. untere Horde	15,6	90	92	8
Nach 48 Std. obere Horde .	14,8	91	94	6
Nach 48 Std. untere Horde	10,9	93	95	5

Diese Versuche zeigen, daß neben einer Erhöhung der Keimungsenergie und der Keimfähigkeit sich die Lagerbeständigkeit durch die Erniedrigung des Wassergehaltes verbessert hat.

Die Rentabilität der Gerstentrocknung ergibt sich beim Trocknen auf Darren unter Berucksichtigung des Brennstoffverbrauches.

Beispiel. Auf einer Darre wurden 400 Ztr. Gerste getrocknet, wobei der Wasserverlust 9,09% betrug. Der ursprüngliche Wassergehalt war 20,36%. Die Trocknungsdauer war 48 Std. bei 26°, der Kohlenverbrauch war 15 Ztr. = 750 kg. Der Kohlenpreis war pro 100 kg M. 2,8. Hiermit ergeben sich die Trocknungskosten zu

$$7{,}5 \cdot 2{,}5 = \text{M. } 21.$$

Die Arbeitslöhne zum Beladen und Entladen der Darre waren M. 4,5. Der Kraftverbrauch zum Wenden usw. kostete M. 0,85, die gesamten Ausgaben sind somit:

$$21{,}0 + 4{,}5 + 0{,}85 = \text{M. } \mathbf{26{,}35}.$$

Ein gleich großer Posten von 400 Ztr. derselben Gerste wurde ungetrocknet gelagert. Infolge ungünstiger vorhandener Lagerräume machte es sich notwendig, diese Gerste jeden dritten Tag umzustechen, wozu ein Mann 3½ Std. beschäftigt war. Der ortsubliche Stundenlohn war M. 0,5, so daß die Kosten fur einmaliges Wenden und Luften der Gerste von Hand

$$3{,}5 \cdot 0{,}5 = \text{M. } 1{,}75$$

betrug. Bis die Gerste die gewunschte Lagerreife und Gleichmäßigkeit in bezug auf Keimung erreichte, war eine Lagerzeit von 9 Wochen erforderlich. Es wurde in 9 Wochen = 63 Tage 21 mal gewendet. Die Kosten dafür waren $21 \cdot 1{,}75 = \text{M. } 36{,}7$; also bedeutend hoher als die Trocknungskosten. Selbstredend mußte bei der Berechnung der Rentabilität noch der Amortisationsbetrag der Darre berücksichtigt werden, welcher auf die getrocknete Menge trifft. Bei Darren ist der Betrag der Amortisation, der auf die Einheit des zu trocknenden Gutes trifft, ein sehr geringer, bei Trockenvorrichtungen dagegen, welche nur speziell für diesen Zweck angeschafft wurden, ein sehr beträchtlicher, die Rentabilität hängt davon in hohem Maße ab.

Bei der Malznachtrocknung ist der gebotene Vorteil lediglich eine Steuerersparnis. Hat das lufttrockene Malz einen Wassergehalt ff und das getrocknete Malz einen prozentualen Wassergehalt ft, so ist auch hier der Wasserverlust die entzogene Wassermenge pro 100 kg lufttrockenes Malz

$$w = ff - \frac{ft \cdot (100 - ff)}{100 - ft}.$$

Beispiel. Der Feuchtigkeitsgehalt des lufttrockenen Malzes war $ff = 6{,}1\%$, derjenige des nachgetrockneten Malzes $= 1{,}5\%$, dann ist die Wasserentziehung pro 100 kg Malz

$$w = 6{,}1 - \frac{1{,}5 \cdot (100 - 6{,}1)}{(100 - 1{,}5)} = \mathbf{4{,}67}\,\%,$$

d. h. pro 100 kg lufttrockenes Malz wurden 4,67 kg Wasser entzogen.

Ist S = die pro 100 kg lufttrockenes Malz zu entrichtende Steuer in Mark, dann wurde an Steuern gespart

$$s = \frac{S \cdot w}{100}.$$

Beispiel. Bei einem Steuersatz von S = M. 20 ergibt sich im vorhergehenden Fall

$$s = \frac{20{,}0 \cdot 4{,}67}{100} = \text{M. } \mathbf{0{,}934}.$$

Man findet auch bei der Rentabilitätsberechnung der Malznachtrocknung fehlerhafte Berechnungsweisen, indem die Ausbeuteerhöhung durch das Trocknen der Kalkulation zugrunde gelegt wird.

Beispiel (falsche Berechnung). Die Ausbeute des Malzes vor dem Trocknen war bei 6,1% Wasser 70,2, nach dem Trocknen bei 1,5% Wasser 73,75%.

Mehr Extrakt pro 100 kg Malz = 73,75 — 70,2 = 3,55 kg.

70,2 kg Extrakt kosten M. 20 Steuer.

Gewinn pro 100 kg feuchtes Malz, = Steuerersparnis auf 3,55 kg $= \frac{20{,}0 \cdot 3{,}55}{70{,}2} = \text{M. } \mathbf{1{,}01}.$

Dagegen kann in der Rentabilitätsberechnung noch Berücksichtigung finden, daß mit dem Malz höherer lufttrockener Ausbeute pro Jahr einige Sude weniger zu machen sind, wodurch eine geringe Einsparung l an Löhnen, auf je 100 kg bei Malz berechnet, möglich ist; außerdem kann noch in die Berechnung gezogen werden, daß sich durch das Trocknen der Polierabfall erhöht, weil mehr nutzloser Spelzenballast abpoliert wird. Die Errechnung des daraus erzielten eventuellen Mehrgewinnes pro 100 kg lufttrockenes Malz durch Steuergewinn siehe unter »Poliermaschinen«.

Dem Gewinn stehen an Ausgaben gegenüber:

1. Die Trocknungskosten T pro 100 kg lufttrockenes Malz, welche sich aus den Dampfkosten und den Antriebskosten fur Trockner und Ventilator zusammensetzen.

2. Der Betrag der Amortisation und Verzinsung = a Mark auf je 100 kg lufttrockenes Malz treffend. Dieser wird um so geringer sein, je mehr die Nachtrockenanlage ausgenutzt wird.

Rentabel wird somit gearbeitet solange

$$s + l + p \geqq T + a.$$

Es ist gar nicht gleichgültig, ob ein Malz von 7,0 auf 5,0% oder von 5,0 auf 3,0% Wasser herabgetrocknet wird. Die ersten Wasserprozente sind mit viel geringeren Betriebskosten zu verflüchtigen als die letzten Wasserreste. Die Trocknungskosten sind also nicht etwa der Wasserverdunstung proportional, sondern sie erhöhen sich mit niedrig werdendem Wassergehalt.

---

8. Die Schrotanlagen.

a) Prüfung des Feinheitsgrades und Begutachtung des Schrotes.

Der Feinheitsgrad des Schrotes hat sich nach der im Sudhaus vorhandenen Läutervorrichtung zu richten. Beim Arbeiten mit dem Maischefilter kann derselbe sehr weit gesteigert werden; beim Läuterbottich ist man unter allen Umständen an einen bestimmten Grad der Zerkleinerung gebunden.

Ein gutes Schrot fur einen Lauterbottich soll vollkommen entleerte, aber moglichst ganze, also geschonte, nicht zerrissene oder stark verkleinerte Hulsen zeigen, ferner möglichst viel feine Grieße und nicht über etwa 25 bis 30% Mehl. Grobgrieße sollen bei weniger gut gelösten Malzen in nicht zu großer Menge vorhanden sein. Maischefilterschrote enthalten ca. 10% Hülsen, etwa 40 bis 50% feine Grieße und 40 bis 50% Mehl; sie sind also viel feiner.

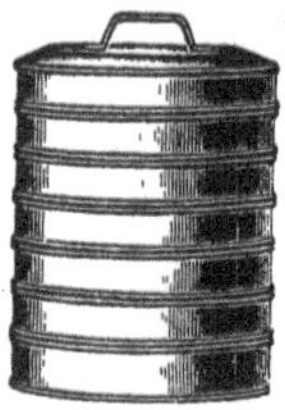

Fig. 45.

Der Feinheitsgrad eines Schrotes wird durch Aussieben auf ineinander geschachtelten Sieben (Fig. 45) von verschiedener Maschenweite ermittelt. Man gibt die zu untersuchende Probe, welche natürlich ein guter Durchschnitt sein muß, auf das oberste Sieb, schüttelt etwa 5 Minuten, wägt dann die einzelnen Sortimente und berechnet sie in Gewichtsprozenten.

Ein einheitliches Schrotsieb, d. h. ein Normalsieb mit Siebsätzen von bestimmter Maschenweite gibt es noch nicht. Am gebräuchlichsten sind die Siebe, bestehend aus zwei

Einsätzen von 16 Maschen oben und 100 oder 144 Maschen unten pro 1 qcm, so daß 3 Sortimente: 1. Spelzen, 2. Grobgrieß und 3. Feingrieß und Mehl entstehen oder ein Siebsatz von fünf Sieben:

Sieb I = 16 Maschen pro 1 qcm, auf welchem die Hülsen liegen bleiben,
» II = 36 » » 1 » , » welchem der Grobgrieß I liegen bleibt,
» III = 64 » » 1 » , » welchem der Grobgrieß II liegen bleibt,
» IV = 144 » » 1 » , » welchem der Feingrieß I liegen bleibt,
» V = 196 » » 1 » , » welchem der Feingrieß II liegen bleibt

und durch welches das Mehl fällt.

Verfasser empfiehlt folgendes Sieb, welches sich fur die Praxis recht bewahrt:

Sieb I 4^2 = 16 Maschen pro qcm (0,40 mm) Drahtstärke, auf dem die Hulsen,
Sieb II 6^2 = 36 Maschen pro qcm (0.30 mm) Drahtstärke, auf dem der Grobgrieß I,
Sieb III 8^2 = 64 Maschen pro qcm (0,25 mm) Drahtstärke, auf dem der Grobgrieß II,
Sieb IV 10^2 = 100 Maschen pro qcm (0,20 mm) Drahtstärke, auf dem der Mittelgrieß,
Sieb V 12^2 = 144 Maschen pro qcm (0,15 mm) Drahtstärke, auf dem der Feingrieß I,
Sieb VI 14^2 = 196 Maschen pro qcm (0,10 mm) Drahtstärke, auf dem der Freingrieß II,

liegen bleiben, und durch welches das Mehl fällt.

Dieses Sieb charakterisiert sich also dadurch, daß die quadratische Seitenlänge von 1 qcm Siebfläche des folgenden Siebes eine stets um 2 großere Maschenzahl hat als das darüberliegende Sieb. Exakte Schrotprüfungen, besonders bei Abnahmeversuchen neuer Schrotmühlen, fordern diese Siebsätze.

Fur die Praxis genugt es zur laufenden Schrotprufung auch nur in 5 Sortimente, d. h. Hulsen, Grobgrieß, Mittelgrieß, Feingrieß und Mehl, zu trennen. Man würde dabei Siebe II und V auszuschalten haben.

Ein Sieb zur Prüfung des Schrotes soll folgenden Bedingungen genügen:

1. Das Schrotsieb darf nur quadratische Maschen haben.
2. Die Maschenzahl pro Quadratcentimeter muß eine ganze Quadratzahl sein.
3. Die Drahtstärke muß bestimmt sein.

Unbrauchbar sind also Siebe mit Maschenzahlen von 30, 54, 56, 156. Schrotsiebe, bei welchen die Maschenzahl keine Quadratzahl, wohl aber eine ganze Zahl ist, haben keine quadratischen Maschen.

Die Berechnung der prozentischen Schrotzusammensetzung ist einfach.

Beispiel. Verwendung findet das letztgenannte Sieb mit vier Einsätzen: Auf das oberste Sieb wurde eine Schrotprobe aufgegeben, deren Gesamtgewicht sich zu 197,5 g ergab.

Die Wägungen der einzelnen Sortimente ergaben:

Hülsen	32,5 g
Grobgrieß	52,2 g
Mittelgrieß	34,8 g
Feingrieß	15,8 g
Mehl	61,3 g

Die Gesamtsumme ist dann:

$$32{,}5 + 52{,}2 + 34{,}8 + 15{,}8 + 61{,}3 = 196{,}6 \text{ g},$$

es gingen somit beim Aussieben $197{,}5 - 196{,}6 = 0{,}9$ g durch Verstauben verloren. Letztere Differenz ist auf das allgemeine Resultat wenig von Belang. Will man sie aber berücksichtigen, so addiert man diese Differenz noch zu der Mehlgewichtsmenge, hier also $61{,}3 + 0{,}9 = 62{,}2$ g, da nur von dem Mehl eine Verstaubung möglich ist. Dann rechnet man:

197,5 g Schrot enthalten 32,5 g Hulsen,

100,0 g Schrot enthalten dann $\frac{32{,}5 \cdot 100}{197{,}5} = 15{,}5\%$ Hülsen, ebenso berechnet sich:

Grobgrieß aus $\frac{52{,}2 \cdot 100}{197{,}5} = 26{,}5\%$,

Mittelgrieß zu 17,6%,

Feingrieß zu 8,0%,

Mehl zu 31,4%.

Die Schrotzusammensetzung ist dann:

Hülsen	16,5%
Grobgrieß	26,5%
Mittelgrieß	17,6%
Feingrieß	8,0%
Mehl	31,4%.

Zum Abwiegen des Schrotes empfiehlt sich die Schnellwage, Fig. 46, der Firma J. Geissel, Frankfurt a. M., Kirchgasse. Man schuttet den Inhalt eines Siebes in die Wageschüssel und kann an der Zeigerskala direkt das Gewicht ablesen. Die Wageschussel ist abnehmbar und dadurch leicht zu entleeren. Die Genauigkeit dieser Wage genugt fur die Schrotprufung vollkommen. Gewichtswagen sind, da die Ausschuttelung des Schrotes am besten direkt an der Schrotmuhle gemacht wird, schwer transportabel und schlechter handlich.

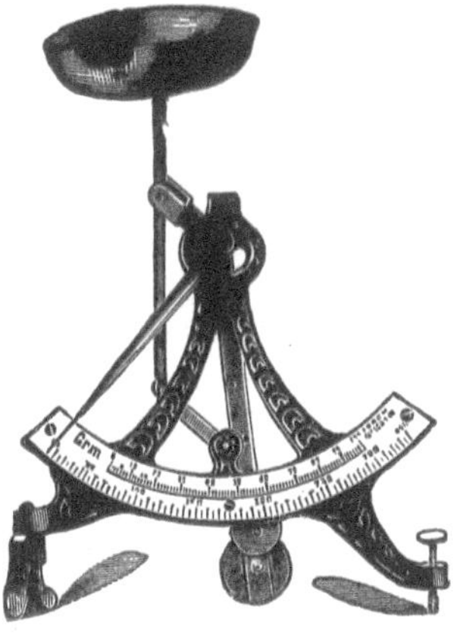

Fig. 46.

Aus der prozentischen Schrotzusammensetzung allein läßt sich nicht ohne weiteres sagen, ob die Zusammensetzung die richtige ist. Auch aus einem hoheren Gehalt an Grobgrießen kann man nicht immer auf ungunstiges Schrot schließen. Die Beurteilung ist ganz der in Frage kommenden Malzqualität anzupassen. Während z. B. bei sehr gut gelösten Malzen ein höherer Gehalt an Grobgrieß die Ausbeute nicht oder nur wenig beeinflussen wird, wirkt dieser Umstand bei schlecht gelöstem Malz sehr ungünstig auf die Ausbeute ein, indem glasige Grobgrieße beim Maischprozeß, selbst wenn sie in der Maischpfanne gekocht werden, nur stark aufquellen, und eine klebrige, undurchlässige Masse bilden, welche nur an ihrer Oberfläche der Diastase einen Angriffspunkt gibt. Deshalb ist bei glasigen Malzen darauf zu achten, daß unter Schonung der Hülsen der Gehalt an Grobgrießen möglichst gering ist; diese sollen nicht zu Mehl, sondern in feine Grieße zerlegt werden.

Die Probenahme von Schrotproben hat mit größter Vorsicht zu geschehen. Absolut fehlerhaft ist die Entnahme von Schrotproben vom Haufen aus dem Schrotrumpf. Beim Abfallen des Schrotes entmischt sich dasselbe, indem sich ein Kegel bildet. Grieß und Mehl sammeln sich in der Mitte an und gröbere Teile, besonders Hülsen, rollen abwärts. Die Entnahme der Probe soll direkt unter den untersten Walzen erfolgen. Neue Mühlen haben fast ausnahmslos Öffnungen, um mit einer langgestielten Schaufel während des Ganges Proben zu entnehmen. Die Größe der Probe sei ungefähr faustgroß, ca. 150 bis 250 g. Bei der Prüfung muß die ganze entnommene Probe (auch wenn sie etwas größer ausgefallen sein sollte) sortiert werden; niemals nehme man nur einen Teil der auf einmal entnommenen Schrotmenge. Bei Schrot ist allzu leicht eine Entmischung möglich. Eine einzige Probe genügt nicht, es sind mindestens 3 (besser 6) Proben, und zwar die erste nach Beginn der Schrotung (wenn etwa 10% vom Sud geschrotet), die zweite, wenn der halbe Sud geschrotet, und die letzte kurz vor dem Ende der Schrotung zu nehmen.

Bisweilen kommt es vor, daß die Walzen einer Schrotmuhle nicht parallel stehen; hierüber gibt die Schrotsortierung ebenfalls Aufschluß. Nimmt man gleichzeitig an der linken und an der rechten Seite Proben, so deuten Unterschiede in der Sortierung auf diesen Fehler hin. Viel leichter als durch die Schrotsortierung ergibt sich unrichtige Walzenstellung durch Entnahme von Bleiabdrücken (s. weiter unten).

Sollte sich bei Betrachtung des Hülsensortimentes ergeben, daß die Hülsen schlecht entleert, besonders viel harte Spitzen enthalten, so ist das Schrot zu grob. Fur die Zerkleinerung der Hülsen ist eine Schranke gesetzt; denn sie sollen beim Läuterbottich als Filtermaterial dienen und möglichst wenig verletzt werden. Jedenfalls ist es beim Arbeiten mit dem Läuterbottich weit wichtiger, mehr darauf bedacht zu sein, eine gute durchlässige Filterschicht zu erhalten als den meist gar nicht allzu erheblichen Anteil des Mehlkörpers auf Kosten der Schädigung der Hülsen freilegen zu wollen.

Als einen mittleren Hülsengehalt gibt man gewöhnlich beim Läuterbottich 12 bis 15% an. Fällt derselbe unter diese Grenze, so liegt der Verdacht der Zertrümmerung sehr nahe, was die bloße Inaugenscheinnahme bestätigen wird. In solchem Fall findet sich auch stets im Grobgrieß eine beträchtliche Menge Spelzenteile. Ist der Spelzengehalt höher, so ist hauptsächlich auf die genügende Entleerung der Hülsen zu achten.

Für die Begutachtung einer Schrotmühle ist jene Art der Prüfung einer Schrotmühle, wobei die Sudhausausbeute der Praxis als Kriterium zugrunde gelegt wird, nicht empfehlenswert; denn die Ausbeute der Praxis ist doch von zu vielen Nebenumständen abhängig, als daß man, gewisse Fälle wohl ausgenommen, nur die Schrotmühle als den einen eventuell garantierte Ausbeuteerhöhung bringenden Gegenstand ansehen könnte. Die neu aufzustellende Schrotmuhle bildet meist den Ersatz einer alten Mühle, sie findet also nicht neben der alten Platz. In solchen Fällen sind Parallelversuche zu gleichen Zeiten unmöglich. Meist liegt ein größerer oder geringerer Zeitraum zwischen den Versuchen mit der alten und neuen Muhle.

Empfehlenswert ist jene Prufung einer neuen Schrotmühlenanlage, die direkt auf der Untersuchung der Schrotsortimente selbst, mit gleichen Malzen, basiert.

Zu der Zeit, in welcher die alte Schrotmühle noch in Betrieb ist, bereitet man drei Malze vor:

1. ein sehr gut gelöstes,
2. eines von mittlerer und
3. ein solches von mangelhafter Lösung.

Die Hälfte dieser drei Malze wird auf der alten Mühle verarbeitet (siehe unten), die andere Hälfte in einem gut verschlossenen Raum vor Feuchtigkeitsaufnahme geschützt aufbewahrt, um nach der Aufstellung der neuen Mühle die gleichen Versuche anstellen zu können. Nur unter Anwendung gleicher Malze wird der Einfluß der Malzqualität selbst bei den Vergleichen eliminiert. Die Arbeitsweise einer Mühle muß aber auch unter Zugrundelegung verschiedener Malzqualitäten untersucht werden.

Die Sudhausausbeute selbst soll, wie schon erwähnt, als direktes Kriterium zur Begutachtung einer Mühle in Wegfall kommen; das soll aber nicht heißen, daß der gesamten Sudhausarbeit keine Beachtung zu schenken wäre. Im Gegenteil, die Abläuterdauer ist bei jedem Probesud neben den Ergebnissen der Schrotkontrolle unbedingt zu vermerken. Eine Änderung der Schrotzusammensetzung darf nicht vorgenommen werden, wenn nicht gleichzeitig die Wirkung auf den Läuterprozeß mitbeobachtet wird.

Bei Versuchen an Schrotmühlen hat man sich ferner zur Regel zu machen, daß unter allen Umständen eine gleiche Maischarbeit, d. h. gleiche Maischkochdauern und gleiche Maischzeiten im Sudhaus beibehalten wird.

Neben der Prufung des fertigen, an den unteren Walzen abfallenden Schrotes ist zeitweise auch die Stellung des oberen Walzenpaares zu kontrollieren. Diese soll nicht allzu eng sein, das Malz darf nur eine leichte Anpuetschung unter Schonung der Hülsen erfahren.

b) Die Leistung einer Schrotmühle.

Die Leistung einer Schrotmuhle hängt von der Große der Oberfläche der Walzen und von deren Geschwindigkeit ab. Ist in einem Betrieb eine sehr alte Muhle in Gebrauch, so findet man haufig unnormale Tourenzahlen der Walzen, also unnormale Walzengeschwindigkeiten.

Bei zu großen Geschwindigkeiten arbeiten die Walzen mehr durch Stoß als durch Druck, wodurch eine stärkere Zerkleinerung der Hülsen zu befürchten ist. Je größer der Walzendurchmesser ist, desto länger hält der Druck auf die durchgehenden Malzkörner an, er kann deshalb geringer sein wie bei Mühlen mit kleinem Walzendurchmesser. Außer der Beschaffenheit der Walzen hat aber auch die Art der Speisung einen großen Einfluß auf die quantitative und qualitative Leistung.

Erstere wird bei zu langsamer Speisung in ungünstigem Sinne beeinträchtigt, letztere bei zu starkem Zulauf.

Endlich sei noch auf den großen Einfluß der Anzahl der Walzenpaare hingewiesen. Die Muhlen mit mehreren Walzenpaaren haben sich herausgebildet, weil es sich in der Praxis ergeben hat, daß bei mehrmaligen, succesive ansteigenden Drücken auf das Malzkorn dieses gunstiger zerfällt als bei nur einmaligem großen Druck.

Ist n = minutliche Tourenzahl der unteren Walzen,
l = Länge der Walze in m,
d = Durchmesser der Walze in m,
K = die pro Minute zufließende Malzmenge in kg,
Sch = Schuttung pro Sud in kg,
Z = gesamte Schrotdauer in Minuten,

so wird bei 1 Umdrehung der Walze dem Malz eine Mahlfläche von $d \cdot \pi \cdot l$ qm dargeboten.

In 1 Minute wird eine Mehlfläche von $n \cdot d \ \pi \cdot l$ qm dargeboten.

Die pro Minute zufließende Malzmenge ist

$$K = \frac{Sch}{Z}.$$

Es trifft somit auf eine minutliche Malzmenge von K kg eine Mahlfläche von $n \cdot d \cdot \pi$ 1 qm, auf l qm Mahlfläche trifft dann eine spezifische Leistung M.

$$M = \frac{K}{n \cdot d \cdot \pi l} = \frac{Sch}{Z \cdot n \cdot d \cdot \pi \cdot l}.$$

Beispiel. Auf einer Muhle werden in 1 Stunde 12 Minuten 50 Ztr. Malz geschrotet. Die Tourenzahl der unteren Walze ist 270 pro Minute. Der Walzendurchmesser ist 25 cm, die Walzenlänge 80 cm. Es ist also

$$
\begin{aligned}
Sch &= 50 \cdot 50 = 2500 \text{ kg},\\
n &= 270 \text{ Touren},\\
d &= 0{,}25 \text{ m},\\
l &= 0{,}8 \text{ m},\\
Z &= 72 \text{ Minuten};
\end{aligned}
$$

und die spezifische Leistung pro Quadratmeter Mahlfläche ist dann

$$M = \frac{2500}{72 \cdot 270 \cdot 0{,}25 \cdot 3{,}14 \cdot 0{,}8} = 0{,}207 \text{ kg}.$$

Nach dieser Berechnung können Beanspruchungen von Mühlen verglichen werden.

c) Die Regulierung der Schrotmühlenwalzen.

Die Einstellung der Schrotmühlenwalzenentfernungen geschieht durch Bleiabdrücke. Man beginnt zuerst mit der Einstellung der oberen Walzen; die Stärke des Bleibleches sei 3 mm; die Bleistreifen sollen eine Länge von etwa 40 mm und eine Breite von etwa 1 cm besitzen. Hartblei ist für diesen Zweck nicht geeignet, sondern es kann nur ein sehr leicht drückbares Weichblei Verwendung finden.

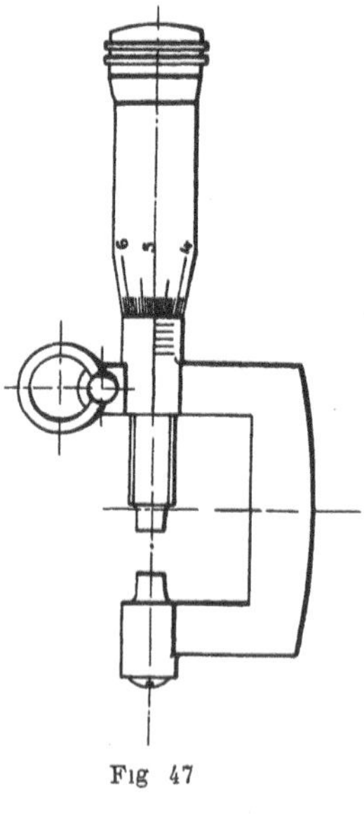

Fig 47

Nach Öffnen der Schrotmühle und Abstauben der Walzen führt man links und rechts gleichzeitig von oben die Bleistreifen zwischen das Walzenpaar, dann läßt man die Muhle im Sinne der gewöhnlichen Drehrichtung bewegen. Dadurch preßt sich der Bleistreifen, je nach der Walzenentfernung,, mehr oder weniger zusammen. Nunmehr dreht man die Walzen wieder zurück. Dieser Versuch ist dreimal zu wiederholen; denn bei nur einmaliger Pressung gibt der

Bleiabdruck noch nicht die tatsächliche Walzenentfernung, sondern noch eine zu weite Stellung an, weil er nicht genügend gepreßt wurde.

Nach der Prüfung der oberen Walzen folgt diejenige der mittleren oder unteren mit den vorgepreßten Bleiabdrücken. Das Messen der Bleiblechstärke geschieht mittels Mikrometerschraube Fig. 47. Es ist wesentlich, daß das Mikrometer eine Gefuhlsschraube und einen Nonius besitzt, um $^1/_{100}$ mm mit Sicherheit ablesen zu können. Werden die Walzen vor dem Messen nicht genugend entstaubt, so erhält man fehlerhafte Resultate, wenn nach dem Messen von Bleiabdruck angepreßtes Malzmehl wieder abfallt.

Beispiel. Folgender Versuch zeigt, wie sich die Dimensionen des Bleistreifens bis zum vierten Abdruck ändern können.

Die Versuche beziehen sich auf eine Prüfung der unteren Walzen, wobei das Blei eine ursprüngliche Stärke von 2 mm hatte.

Walzen-abdruck Nr.	Versuch					
	I		II		III	
	links	rechts	links	rechts	links	rechts
1	1,45	1,95	0,85	1,23	1,38	1,53
2	1,27	1,85	0,62	0,82	0,95	0,94
3	1,21	1,84	0,56	0,64	0,78	0,78
4	1,20	1,83	0,56	0,64	0,78	0,78

Nach Versuch I wurde, da die Mühle rechts zu weit und außerdem nicht parallel stand, auf beiden Seiten enger gestellt, jedoch die gleichen Bleistreifen, die am Ende des Versuches I benutzt wurden, wieder verwendet. Man erkennt besonders auf der rechten Seite, daß bei den dickeren eingeführten Bleistreifen weit größere Meßdifferenzen sich ergeben als bei den schwächeren auf der linken Seite.

Außer Bleiblech kann eventuell auch Bleidraht Verwendung finden.

Bei alten Schrotmühlen ist auf die konstruktive Ausführung der Regulierungsvorrichtung zur genauen Walzeneinstellung eine sehr geringe Sorgfalt gelegt; bei den meisten neuen Konstruktionen dagegen ist dieser Übelstand beseitigt.

Von einer guten Walzenreguliervorrichtung müssen wir fordern, daß sie eine Einregulierung auf zweihundertstel Millimeter mit Sicherheit gestattet, und daß beide Walzenseiten zwangläufig die gleiche Einstellung erhalten. Zweihundertstel Millimeter engerer Walzenabstand produzieren 0,4 bis 1,0% mehr Mehl; deshalb ist die Forderung der Einregulierung auf dieses Mindestmaß berechtigt.

Während die eine Walze festgelagert ist, ist die Regulierwalze verschiebbar gelagert.

Die Vorrichtungen für die Walzenregulierung sind sehr verschieden; die älteste Konstruktion ist diejenige, daß ein gewöhnlicherer Schraubenbolzen, auf welchem eine Sechskantmutter aufgeschraubt ist, durch den Gewichtshebel angepreßt wird; je weiter die Sechskantmutter vorgeschraubt wird, desto mehr wird der Schraubenbolzen zurückgezogen und desto weiter entfernen sich beim Schroten die Walzen.

Die alten Regulierungen ließen aus dem Stand der Schraubenmutter äußerlich nicht erkennen, welche Entfernung in Wirklichkeit bei den Walzen im Innern der Schrotmuhle vorhanden war.

Die Regulierung selbst ist eine absolut ungenügende, wenn sich die Sechskantmutter nur um $^1/_6$ Umdrehung verschrauben läßt, was dann der Fall ist, wenn das Mühlengehäuse gleichzeitig die Stellschraube vor Weiterdrehung sichern soll. Ist dann z. B. die Stärke des Schraubenbolzens 1 englisch Zoll = 25,4 mm, so treffen bei einer solchen Schraube nach Whitworth 8 Schraubengänge auf den Durchmesser, d. h. die Steigung der Regulierschraube ist $\frac{25,4}{8} = 3,175$ mm bei einer ganzen Umdrehung der Schraubenmutter wird sich also der Schraubenbolzen um 3,175 mm vorwärts schieben, in dem gleichen Maße tritt die Walzenentfernung ein. Ist nun nur $^1/_6$ Umdrehung die geringste zulässige Verdrehung, so ist die geringst mögliche Differenz in der Einstellung $\frac{3,175}{6} =$ 0,529 mm, d. h. der Regulierungssprung ist hierbei etwas mehr wie ½ mm. Diese Genauigkeit genügt natürlich unter keinen Umständen; denn es wird dadurch der Mehlgehalt um ca. 10% verändert.

Beispiel. An einer solchen Schrotmühle wurde ermittelt:

	Links	Rechts
Oberer Walzenstand	1,7 mm	2,5 mm
unterer Walzenstand	1,55 mm	0,8 mm.

Diese Zahlen zeigen, daß der Stand der oberen Walzen rechts und derjenige der unteren Walzen links zu weit ist. Durch $^1/_6$ Verdrehung der Schraubenmutter kann natürlich niemals genau eine Parallelstellung der Walzen vollkommen erreicht werden; denn der obere Walzenstand rechts verringert sich dann von 2,50 auf 2,50—0,529 auf 1,971 mm, so daß immer noch 0,271 mm zu verstellen wären, um einen Parallelstand der Walzen zu erreichen.

Fig. 48.

Eine Verbesserung in bezug auf Genauigkeit der Einstellung bringt schon jene Regulierungsvorrichtung, welche anstatt der gewohnlichen Sechskantschraubenmutter ein Schneckenrad auf dem Schraubenbolzen tragt, welches durch eine Schnecke mit Handrad reguliert werden kann (s. Muhle Fig. 48). Wenn auch äußerlich bei dieser Vorrichtung nicht direkt die

Walzenentfernung abgelesen werden kann, so ist es doch möglich, dieselbe zu eichen. Die Genauigkeit der Einstellungsmöglichkeit ergibt sich aus der Schneckenradubersetzung.

Beispiel. Bei der Prüfung einer solchen Reguliervorrichtung hat sich folgendes ergeben:

	Untere Walzen	
	Links	Rechts
Bisherige Walzenentfernung, mm	0,81	0,90
Eine Umdrehung am Handrad aufgedreht	1,04	1,10
Zwei Umdrehungen am Handrad aufgedreht	1,29	1,33
Zwei Umdrehungen am Handrad zugedreht	1,03	1,08
Zwei Umdrehungen am Handrad zugedreht	0,64	0,71.

Es bedeutet demnach links eine Umdrehung am Handrad = 0,21 mm und rechts eine Umdrehung am Handrad = 0,24 mm Walzenentfernung.

Bei einer Umdrehung des Handrades verdrehte sich das Schneckenrad um einen Zahn, die Anzahl der Zähne am Schneckenrad war 21, eine ganze Umdrehung des Schneckenrades bedeutete aus dem Mittel obiger Zahlen berechnet 4,73 mm Walzenentfernung. Für diese Mühle ist die Einstellungsmöglichkeit eine schon sehr exakte, denn wenn rund eine Handradumdrehung = 0,2 mm Walzenentfernung bedeutet, so bedeuten 0,02 mm Walzenentfernung = $^1/_{10}$ Handradumdrehung. Der Versuch zeigt, daß die Walzen bei dieser Mühle nicht ganz parallel stehen. Um einen parallelen Stand zu erreichen, bleibt nichts anderes übrig als jede Seite fur sich einzuregulieren. Nach der Einregulierung ergab sich der Walzenstand unten links 0,86 mm, rechts 0,88 mm.

	Obere Walzen	
	Links	Rechts
Bisherige Walzenentfernung, mm	2,36	2,31
Eine Umdrehung am Handrad zugedreht	2,15	2,09

	Obere Walzen	
	Links	Rechts
Zwei Umdrehungen am Handrad zugedreht	1,94	1,92
Zwei Umdrehungen am Handrad zugedreht	1,48	1,44.

Eine Handumdrehung ist demnach = rd. 0,21 mm Walzenentfernung und = 1 Zahnverschiebung am Schneckenrad. Bei dieser Mühle hatten die oberen Walzen einen Durchmesser von 340 mm und die unteren einen solchen von 210 mm.

Bei neuen Schrotmühlen soll der Walzenstand an einer Skala ablesbar sein. Die Ablesvorrichtungen sind ganz verschiedene, entweder sie bestehen aus einem Zeigerwerk, welches an der Verstellmutter befestigt ist, oder aus einem an der oben erwähnten Schneckenspindel verschiebbaren Schraubenschlitten mit Zeiger (s. Fig. 49, Ausführung der Maschinenfabrik Germania, Chemnitz), oder aus einer Hebelverstellung mit Markierungsskala (Fig. 50).

Beispiel. Die Prufung an einer neueren Mühle mit einer an der Verstellmutter angebrachten Zeigerskala, wobei eine zifferblattähnliche Skala Stellungen von 0 bis 60 (bei einer ganzen Umdrehung) trug, ergab:

	Untere Walzen		Obere Walzen	
Stellung	Links	Rechts	Links	Rechts
0	0	0,10	0,16	0,16
10	0,46	0,49	0,66	0,64
20	0,82	0,86	0,95	0,95
30	1,21	1,25	1,34	1,34
40	1,61	1,67	1,80	1,75
50	2,02	2,07	2,24	2,20
60	2,38	2,46	2,68	2,59.

Bei dieser Schrotmuhle (System Riedinger) waren alle Walzen zwangläufig angetrieben, die Walzenlänge war 400 mm, der Walzendurchmesser 206 mm, die Tourenzahl der oberen Walzen 220, diejenigen der unteren Walzen 306 pro Min., die Speisewalze hatte einen inneren Durchmesser von 60, einen äußeren Durchmesser von 65 mm, die Länge der Speisewalze war 400 m.

Fig. 49.

Aus den Versuchsresultaten erkennt man, daß je 10 Skalenteile = rd. 0,4 mm Walzenentfernung entsprechen. Ferner ergibt sich, daß die erhaltenen Versuchswerte nicht gleichmäßig proportional steigen, was auf den toten Gang der

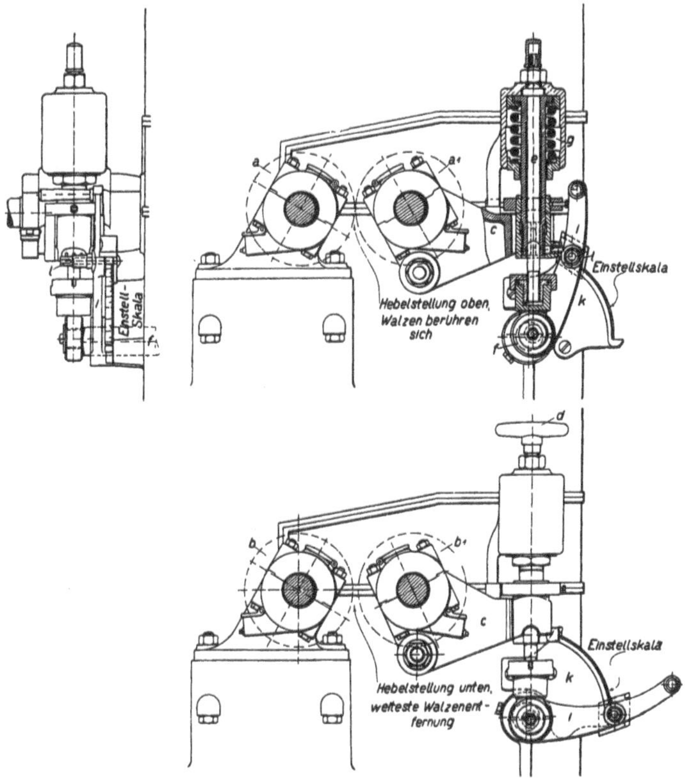

Fig 50.

Einstellschraubvorrichtung zuruckzuführen ist. Bei Hebelübersetzung ist dieser geringer wie bei einer Schraubvorrichtung. Hier ist 2,4 mm = 60 Skalengraden, ein Skalengrad = 0,04 mm Walzenentfernung; fur eine moderne Muhle ist diese Reguliervorrichtung zu ungenau.

Die Einstellungsvorrichtung der Walzen an der Seckmuhle zeigt Fig. 50.

Die Walze *a* ist festgelagert, während die in Hebeln *c* gelagerte Walze a^1 an ihren beiden Enden mit Hilfe je eines Schlussels *d* nach Bedarf eingestellt werden kann, um eine genaue Parallelstellung der Walzen zu sichern.

Das Hebellager *c* ist durch eine Spindel *e* mit der Exzenterwelle *f* verbunden, unter Einschaltung einer starken Pufferfeder *g*, die der Walze a^1 gestattet elastisch auszuweichen, falls ein harter Fremdkorper zwischen die Walzen gerät.

An der einen Seite des Mühlengehäuses sitzt auf der Exzenterwelle ein Handhebel *i*, der an einem mit Skala versehenen Schleifbogen *k* verschiebbar ist und mittels einer Klemmschraube *l*, die ebenfalls durch den Schlüssel *d* betätigt wird, festgestellt werden kann.

In der Zeichnung sind die oberen Walzen *a* und a^1 ganz zusammengestellt gezeichnet, wohingegen die unteren Walzen *b* und b^1 auf ihre äußerste Stellung auseinandergeruckt sind.

Die ungefahren Abmessungen von Schrotmuhlen mit ein, zwei- und drei-Walzenpaaren gehen aus den folgenden Tabellen hervor:

Dimensionen von Schrotmühlen mit 1 Walzenpaar.

Leistung der Maschine p. Std. Ztr.	3—4	6—8	10—12	14—16	18—20	25—30	40—50
Ganze Höhe der Maschine . . mm	1070	1070	1080	1140	1190	1245	1285
Durchmesser der Antriebriemenscheibe . . . mm	1600	400	400	400	500	600	600
Breite . . . . mm	Schw.-Rad-durchm.	90	90	100	110	120	130
Umdrehungen pro Minute	—	200	200	200	200	200	200
Kraftbedarf in PS	—	1—2	1—2	2—3	3—4	5—6	6—7

(Dimensionen von Schrotmuhlen mit 2 Walzenpaaren siehe nachste Seite.)

Von den Mühlen mit mehr als vier Walzen (zwei Walzenpaaren) sind besonders die Konstruktionen der Firmen: Seck, Dresden, und Simon, Buhler & Baumann, Frankfurt a. M., bekannt geworden. Das Prinzip der Konstruktion der Seckmuhlen geht aus den Figuren 51 hervor.

Dimensionen von Schrotmühlen mit 2 Walzenpaaren.

Leistung der Maschine pro Std. in Ztr.	14–16	18—20	25—30	40–50
Ganze Hohe der Maschine . . mm	1510	1560	1620	1685
Durchm. der Antriebsriemenscheibe der oberen Walze . . . . mm	400	500	600	600
Durchm. der Antriebsriemenscheibe der unteren Walze . . . mm	300	300	400	400
Breite der Antriebsriemenscheibe mm	100	110	120	130
Umdrehungen pro Minute der oberen Walze	200	200	200	200
Umdrehungen pro Minute der unteren Walze	350	350	350	350
Kraftbedarf in PS . . . . . ca.	2–3	3—4	5—6	6–8

Das Malz gelangt durch die Zuführungswalze auf das erste Walzenpaar *aa*. Von diesen Walzen, die auf der Oberfläche glatt und nur mit Einzugsriefen versehen sind, wird das Malz grob vorgebrochen, während das Schrot dann auf die

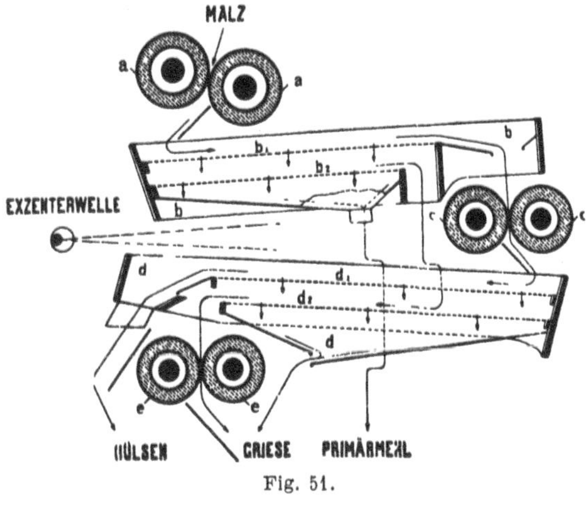

Fig. 51.

obere Siebfläche *b 1* des Schüttelkastens *b* fällt. Diese ist mit Drahtgaze von solcher Maschenweite bespannt, daß Mehl und Gries auf die zweite Siebfläche *b 2* hindurchfallen müssen, die alsdann das Gemisch in seine Bestandteile zerlegt, und zwar wird das Mehl (das sog. Primärmehl) als fertiges Produkt durch seitliche Rohre direkt in den Auslauf der Mühle geleitet, während der Grieß noch den unteren Schüttelkasten zu passieren hat.

Der Abgang von der Siebfläche *b 1*, bestehend aus groben Hülsen, denen noch Grießteile anhaften, wird auf den Walzen *cc* nachgemahlen, und das Produkt passiert dann die obere Siebfläche *d 1* des Schüttelkastens *d*. Diese scheidet wieder Mehl und Grieße aus; am Ende werden die reinen Hülsen abgestoßen. Das ausgesiebte Gemisch von Mehl und Grießen aber fällt nun zusammen mit den Grießen vom oberen Schüttelkasten auf die untere Siebfläche *d 2*, die dazu dient, die feinen Grieße abzusondern und die übergehenden Grobgrieße dem Walzenpaar *e e* zuzuführen, auf dem sie in gewünschtem Grade zerkleinert werden, um alsdann mit den ausgesiebten Feingrießen vereinigt zu werden.

Die Muhle ergibt also: 1. Primärmehl; 2. ausgemahlene Hulsen; 3. Feingrieße und Sekundärmehl.

Die Dimensionen der neuesten Konstruktion gibt die folgende Tabelle wieder.

Universal-Seckmühle.

Lange der Walzen mm	Für Feinschrot	Fur Grobschrot	
	Ungefahre Leistung pro Stunde kg	Ungefahrer Kraftbedarf HP	Ungefähre Leistung pro Stunde kg
500	1000—1250	$2—2^1/_2$	1100—1400
600	1200—1500	$2^1/_2—3$	1550—1850
700	1400—1750	$3—3^3/_4$	1900—2250
800	1600—2000	$3^3/_4—4^3/_4$	2300—2700
1000	2000—2500	$5^3/_4—6^3/_4$	2750—3250

Das Konstruktionsprinzip der Schrotmühlen der Firma Simon Bühler & Baumann ergibt sich aus Fig. 52.

Das Malz gelangt durch eine Zufuhrungswalze in die erste Mahlpassage, bestehend aus den Walzen *1* und *2*. Hier wird es vorgeschroten und darauf dem Sieb I zugefuhrt, welches das beim Vorschroten entstandene Mehl Primärmehl ausscheidet und zum Auslauf hinleitet. Das mehlfreie Schrot gelangt nun in die zweite Passage, bestehend aus den Walzen *2* und *3*, in welcher Spelzen und Grieße einer weiteren Vermahlung unterzogen werden. Alsdann passiert das Schrot das Sieb II, welches zunächst wieder

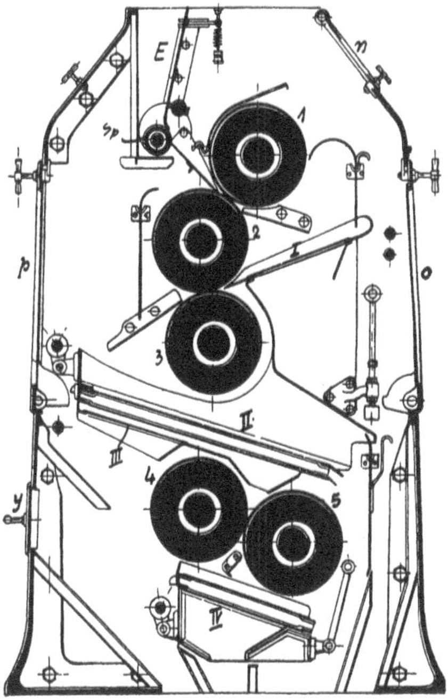

Fig. B

Querschnitt.

Fig 52

das beim zweiten Schroten entstandene Mehl — das Sekundärmehl — aussichtet und dem Auslauf zufuhrt. Ferner trennt dieses Sieb die Grieße von den Spelzen, fuhrt letztere dem Auslauf zu, während die Grieße zur dritten Vermahlung, in die dritte Passage gelangen, gebildet durch die unteren Walzen. Diese Grieße setzen sich aus den härtesten Stärkepartikeln, insbesondere den glasigen Spitzen zusammen, an welchen oft noch Spelzenteile anhaften. Diese Spelzenteile werden bei der dritten Vermahlung frei; sie werden durch das unterste Sieb von den Grießen getrennt und den von dem mittleren Sieb kommenden Spelzen zugeführt, während die rein ausgesichteten Grieße zum Auslauf gehen.

Die Passagenstellungen können sehr variieren; im allgemeinen wird eingehalten.

	Passage I	Passage II	Passage III
Läuterbottichschrot	15—20	10—15	4—8
Maischefilterschrot	5—10	2—8	0—3.

Die Zahlen geben die Anzahl $^1/_{10}$ mm an, womit die Skalen versehen sind, weil das Personal bei Einstellung mit ganzen Zahlen sicherer hantiert als mit Dezimalstellen.

9. Die Sudwerke.

Hauptbestandteile eines Sudwerkes sind die Pfannen (Maische- und Würzepfanne), der Maischbottich und die Läutervorrichtung. Der Maischbottich ist bei neuen Sudwerken, mit welchen weniger wie vier Sud täglich gemacht werden, schon vielfach in Wegfall gekommen, weil man in die Pfanne, welche dann ein kräftiges Maischwerk enthält, einmaischt.

Bei der Prufung eines Sudwerkes hat man zu beachten:

1. Die Wirkung der Maischvorrichtung.
2. Den Braupfannenbetrieb, insbesondere nach der Richtung intensiven, gleichmäßigen Durchkochens unter rationeller Wärmeausnutzung.
3. Die exakte Arbeit der Lautervorrichtung, d. i. Trennung von gelóstem Malzextrakt und unlöslichen Bestandteilen. (Trebern.)

Die Bestandteile eines Sudwerkes müssen derart zusammenwirken, daß der aus dem Malz zu erhaltende Extrakt vollkommen in Lósung gebracht und so móglichst vollständig gewonnen wird. Jeder der Einzelbestandteile eines Sudwerkes hat Einfluß auf die in praxi zu erreichende Extraktausbeute aus dem Malz, und deshalb wird zur Prüfung der Sudhausarbeit mit vollem Recht die erzielte Sudhausausbeute unter Bezugnahme auf die Laboratoriumsausbeute des Malzes zugrunde gelegt.

Während die Sudhausausbeute nun wohl ein Kriterium fur die Gesamtarbeit der Sudhausmaschinen und der richtigen Arbeitsweise mit diesen ist, so kann dieselbe nicht allein zur Prufung einer der genannten Hauptteile eines Sudwerkes genügen, wenn auch schließlich wohl die mangelhafte Arbeit einer Vorrichtung ziffermäßig in der Ausbeute zum Ausdruck kommt.

Der Zweck der Maisch- und Maischkochvorrichtung ist lediglich der, die unlösliche Stärke und sonstige Bestandteile im Malz in lösliche Extraktbildner überzufuhren. Es muß hier also nur geprüft werden, ob dieser Zweck erreicht ist, was beim Abmaischen geschehen sein soll. Dazu benötigt man aber durchaus nicht das Resultat der Sudhausausbeute, sondern es genügt ev. restierende unverzuckerte Extraktmengen quantitativ nachzuweisen. Ebenso ist der Zweck der Läutervorrichtung nur der, die beim Maischprozeß in Lösung gebrachten Extraktbildner von den Trebern zu trennen. Auch hiefür ist durchaus nicht die Sudhausausbeute das Ausschlaggebende, sondern der Rückstand an auswaschbarem Extrakt.

I. Die Maischvorrichtungen.

Bei deren Prüfung ist zu beachten, daß eine kräftige Reibung der Maischeteile unter sich zustande kommt, was bei Richtungsänderung (Maischebrechen) der sich bewegenden Maischeteile am leichtesten erzielt wird. Fruher fand man äußerst komplizierte Maischwerke. Meist war die Maischmaschine ein rotierendes zweiteiliges System, dessen eine Hälfte sich um eine horizontale und dessen andere Hälfte sich um eine vertikale Achse drehte. Von dem komplizierten Bau solcher Konstruktionen ist man abgekommen, weil man mit viel einfacheren Mitteln den gleichen Zweck guter Maischung erzielt. Heute kommt wohl ausnahmslos der Propeller, Fig. 53, als Maischmaschine in Frage.

Die Maischwirkung eines Propellers genügt aber nicht immer, und zwar vor allem dann nicht:

a) wenn die Gefäßform für einen Propeller ungünstig,

b) wenn seine Tourenzahl zu niedrig ist.

Zur Vorsicht sei allgemein geraten, einen Maischebrecher (Gitter mit Flacheisen) einzubauen.

Die Maischtemperaturen werden, sei es im Bottich oder in der Pfanne, durch Registrierthermometer laufend aufgezeichnet. Die richtige Einhaltung der Maischtemperaturen ist neben guter Maischwirkung ein Hauptfaktor.

Die Registrierthermometer sind häufig mittels Normalinstrumenten nachzuprufen und richtig einzustellen.

Schlechte, unvollkommene Verzuckerung kann in verschiedenen Umständen ihren Grund haben, es ist gar nicht immer

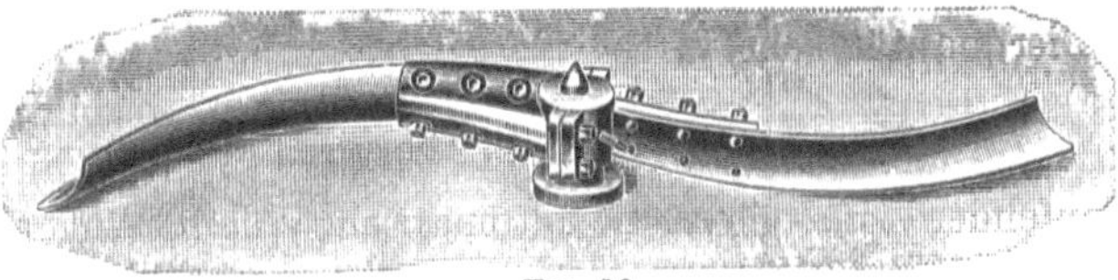

Fig 53

der ungenügenden Maischwirkung die Schuld zu geben. Zu hoch abgedarrte, auch zu glasige Malze verzuckern schlecht, trotz günstigster Maischwirkung und gunstigster Temperatureinhaltung. Die Folgen schlechter Schrotung können auch durch das Maischen und Maischekochen durchaus nicht vollkommen behoben werden.

2. Die Braupfannen.

Nach dem Zweck der Braupfannen im Sudhaus unterscheidet man Maischepfannen und Würzepfannen, nach der Art der Beheizung Feuerpfannen und Dampfpfannen.

Bei Feuerpfannen soll der Rost so tief liegen, daß die Bestrahlung auf den ganzen Pfannenboden erfolgt. Die Form soll so sein, daß möglichst an allen Stellen gleiche Flussigkeitshöhe vorhanden ist.

Bei Dampfpfannenbeheizungen unterscheidet man Beheizung mit Doppelboden und durch Heizelemente. Letztere können fest oder beweglich sein.

Im Prinzip stellt eine Braupfanne nichts anderes dar, als einen Dampfkessel, der einen Dampf von der atmospharischen Spannung erzeugt, welcher ungehindert entweichen kann. Deshalb lehnt sich die Untersuchung der Braupfannen sehr eng an die einer Dampfkesselanlage an.

a) Feststellung des Brennstoffverbrauches.

Diese macht sich notwendig, wenn man den Verbrauch an Brennstoff pro 1 hl erzeugte Wurze ermitteln will. Zur Beurteilung der Braupfannen kann der Gesamtbrennstoffverbrauch nicht dienen, da dieser nach Art des Sudprozesses und Bierqualität sehr verschieden ist.

a) Brennstoffverbrauch der Feuerpfannen. Der Kohlenverbrauch wird durch Vorwiegen ermittelt. Bei laufender Kontrolle ist die automatische Wägung angezeigt. Man drückt den Kohlenverbrauch meist pro 1 hl erzeugte Würze aus und unterscheidet zwischen dem Brennstoffverbrauch fur die Maischpfanne und jenem für die Wurzepfanne.

Beispiel: Bei einem Sudwerk von 60 Ztr. Einmaischung wurden zwei Maischen gemacht und 204 hl Würze ausgeschlagen.

Es wurde an Kohle (Steinkohle) verbraucht:

fur Anwärmen u. Kochen der ersten Maische	480 kg Kohle
« « « « « zweiten «	410 « «
« « « « « Wurze im Hopfenkessel	870 « «
	1760 kg Kohle

auf 1 hl Würze trifft hier somit $\frac{1760}{204} = 8{,}63$ kg Kohle; es trifft auf 1 hl Wurze für das Maischekochen $\frac{890}{204} = 4{,}37$ kg Kohle, für das Würzekochen $\frac{870}{204} = 4{,}26$ kg Kohle.

Der tatsachliche Wärmeverbrauch pro 1 hl Würze ergibt sich, wenn man den Heizwert der Kohle kennt.

Ist derselbe z. B. 6420 WE, so trifft auf 1 hl erzeugte Würze $8{,}63 \cdot 6240 = 55\,400$ WE.

Wenn der Brennstoffpreis bekannt ist, so kann, bei Einhaltung gleicher Arbeitsweise mit verschiedenen Kohlensorten, die ortsbilligste gefunden werden. Kosten z. B. 100 kg

Kohlen inkl. Fracht und Anfuhr 1,86 M., so ist pro 1 hl Würze 8,63 · 1,86 = 16,07 Pf. fur Brennstoff verausgabt worden. Wurden in einem anderen Falle 9,2 kg Kohlen, pro 1 hl verbraucht bei einem Preis von 1,82 M., so sind die auf 1 hl Würze treffenden Brennstoffkosten 9,2 · 1,82 = 16,72 Pf.

Die erstere Kohle ist somit vorteilhafter, und es läßt sich der letzteren gegenuber sparen:

auf 16,72 Pf. treffen 16,72 — 16,07 = 0,65 Pf.,

» 100 » » $\frac{0,65 \cdot 100}{16,72} = 3,88\,\%$.

Bezüglich der Ermittelung des ortsbilligsten Pfannenbrennstoffes ist bei Ausfuhrung solcher Versuche zu berücksichtigen, daß absolut gleiche Arbeitsweisen einzuhalten sind; vor allem ist darauf zu achten, daß

1. die gleiche Anzahl Maischen gekocht wird,
2. die gleich großen Maischmengen gleichlange angewärmt und gekocht werden,
3. die Gesamtmaischmenge dieselbe und die Maischequalität in bezug auf ihre Dickflussigkeit in allen Fällen gleich ist,
4. die Temperaturen der Bottich- und Pfannenmaischen gleich einzuhalten sind,
5. die Vorderwürze und die Nachgußmenge und deren Temperatur stets dieselbe sein muß,
6. der Inhalt des Hopfenkessels zu gleichen Zeiten angewärmt und um einen ganz bestimmten Betrag eingedampft werden muß.

Der Kohlenverbrauch pro 1 hl erzeugte Würze schwankt in verschiedenen Betrieben sehr. In ein und demselben Betrieb ist bei gleicher Arbeitsweise die sich ergebende Zahl des Brennstoffverbrauches zur Beurteilung der Arbeitsweise sehr wichtig. Fur verschiedene Betriebe und verschiedene Arbeitsmethoden hat diese Zahl nur eine untergeordnete Bedeutung.

Man findet für 1 hl erzeugte Würze:

	Mittlere Steinkohle etwa 7000 Kalorien	Gute Braunkohle etwa 5400 Kalorien
Maischpfanne . .	3,2 — 5,5 — 7,2 kg	5,5 — 8,5 — 12,0 kg
Wurzepfanne . . .	3,0 — 4,8 — 6,0 »	4,5 — 7,5 — 10,0 »
Gesamt	6,2 — 10,3 — 13,2 kg	10,0 — 16,0 — 22,0 kg

b) Brennstoffverbrauch bei Dampfpfannen. Die zum Anwärmen und Kochen der Maischen oder der Würze notwendige Dampfmenge ermittelt man durch Auffangen des Kondensates aus der Pfannenbeheizung. Man trifft dabei die in Fig. 54 gezeigten Vorbereitungen. An

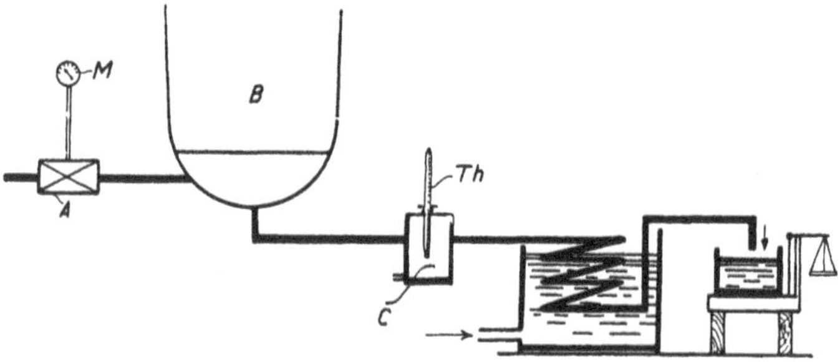

Fig. 54

dem Reduzierventil *A* befindet sich das Manometer *M*, an welchem der Dampfdruck des Kochdampfes abgelesen werden kann. Der Dampf tritt in die Pfannenbeheizung *B* ein (Doppelboden oder Heizelement), gibt seine Wärme an den Pfanneninhalt zum größten Teil ab und tritt als Kondensat durch den Kondenstopf *C* nach einer in Wasser eingelegten Kühlschlange. Im Kondenstopf kann mittels Thermometer *Th* die Temperatur des Kondensats ermittelt werden. Das aus der Kühlschlange austretende Kondensat wird in einem Sammelgefäß mittels Dezimalwage gewogen.

Hat man keine Kuhlschlange zur Hand, so wiegt man in das Wägegefäß zuvor Eis ein und laßt das heiße Kondensat direkt ins Wägegefäß einlaufen. Von dem gesamten ermittelten

Wassergewicht ist dann das Gewicht des Eises in Abrechnung zu bringen. Es ist zu beachten, daß während der Wägung im Kondenstopf stets ein bestimmter Wasserstand gehalten wird, so daß nicht etwa direkter Dampf ausstromt. Für größere Pfannen müssen zwei Wägegefäße aufgestellt werden.

Hat man durch Wägung des Kondensates die verbrauchte Dampfmenge ermittelt, so ist zu bedenken, daß die gleiche Dampfmenge in Kilo im Dampfkessel erzeugt werden muß, und es ist deshalb notwendig, auch die Verdampfungsziffer der unter dem Dampfkessel zur Verbrennung gelangenden Kohle festzustellen, und zwar unter Betriebsverhältnissen, d. h. es ist zu ermitteln, wie viel Kilo Dampf von Betriebsspannung aus einem Kilo Kohle in der Praxis erzeugt werden, wenn dabei das heiße Pfannenkondensat in den Kessel zuruckgebracht wird. Letzteres ist also dabei zu bestimmen.

Hat sich eine Verdampfungsziffer v ergeben, sodaß auf v kg Dampf 1 kg Kohle trifft, dann ist der Kohlenverbrauch der Pfannenbeheizung, wenn die gesamte Kondensatmenge = verbrauchte Dampfmenge D war,

$$K = \frac{D}{v}$$

für die betreffende Pfanne.

B e i s p i e l : Bei einem Sudwerk von 60 Ztr. Einmaischung wurden zwei Maischen gemacht und 204 hl Wurze ausgeschlagen.

Der Dampfverbrauch war:

für Anwärmen u. Kochen der ersten Maische	757 kg Dampf
« « « « « zweiten «	620 « «
« « « « « Wurze im Hopfenkessel	2840 « «
	4217 kg Dampf

1 hl Würze benötigt somit $\frac{4217}{204} = 20{,}7$ kg Dampf; davon treffen auf die Maischepfanne 6,75 und auf die Würzepfanne 13,95 kg Dampf.

Die Verdampfungsziffer unter Betriebsverhältnissen war 6,3, so daß die auf 1 hl treffende Brennstoffmenge $K = \frac{20{,}7}{6{,}3}$ = 3,28 kg betrug.

100 kg Kohlen kosteten inkl. Fracht und Anfuhr 2,12 M., so daß auf 1 hl Würze an Brennstoffkosten $3{,}28 \cdot 2{,}12$ Pf. $= 6{,}96$ Pf. entfallen.

b. Die Beurteilung von Braupfannen.

Die Angabe der auf 1 hl erzeugten Würze treffenden Brennstoffkosten kann nicht zur Beurteilung einer Braupfanne dienen; denn diese Zahl schwankt in großen Grenzen ganz abhängig von der Arbeitsweise.

Um alle diese Momente auszuschalten, führt man zur Prüfung einer Braupfanne einen einfachen Verdampfungsversuch mit Wasser aus. Man fullt dabei die geeichte Pfanne bis zu ihrem Normalinhalt (30 cm unter dem oberen Rand) mit Wasser an und erhitzt mit Kohlen oder Dampf zunächst bis zum Kochen, ermittelt dann durch Abstechen den genauen Inhalt und bringt denselben wieder ins Kochen. Man notiert die Zeit. Die Versuchsdauer betrage 1 bis 2 Stunden. Darnach bestimmt man mit dem Eichmaß das Volumen.

Bedeutet dann:

J_1 = ursprunglicher Inhalt heiß in hl,

J_2 = Inhalt am Versuchsende heiß in hl,

so wurde $J_1 - J_2$ hl heißes Wasser verdampft; abzüglich 4% fur Kontraktion und Pfannenausdehnung wurde in Wirklichkeit nur $0{,}96 \cdot (J_1 - J_2)$ hl Wasser verdampft

$$= 96 \cdot (J_1 - J_2) \text{ kg}.$$

War die Versuchsdauer t Minuten, so ist die pro eine Stunde verdampfte Wassermenge W

$$W = 96\,(J_1 - J_2) \cdot \frac{t}{60}.$$

Wurde die verfeuerte Kohlenmenge zu k kg ermittelt, so ist die Verdampfungsziffer v (der Praxis)

$$v = \frac{96 \cdot (J_1 - J_2)}{k}.$$

Auf Normalverhältnisse umgerechnet ist

$$Dn = v \cdot \frac{537}{637}.$$

Die theoretische Verdampfungs-Ziffer errechnet sich, wenn der Heizwert des Brennstoffes H WE aus

$$V_t = \frac{H}{637},$$

der Wirkungsgrad η der Feuerpfanne ist dann

$$\eta = \frac{Dn}{V_t} = \frac{537 \cdot 637 \cdot 96 \cdot (J_1 - J_2)}{637 \cdot H \cdot k}$$

$$\eta = \frac{96 \cdot (J_1 - J_2) \cdot 537}{k \cdot H}.$$

Die Wirkungsgrade bei Feuerpfannen können bis 65% und darüber steigen.

B e i s p i e l : Bei einer Feuerpfanne für 60 Ztr. Schüttung wurde nach dem Anwärmen auf Kochtemperatur der Normalinhalt zu $J_1 = 200$ hl ermittelt. Nach einer Kochdauer von $t = 110$ Minuten war der Inhalt $J_2 = 182{,}6$ hl. Verfeuert wurden $k = 402$ kg Steinkohlen mit einem Heizwert von $H =$ 6260 Kalorien.

Die pro 1 Std. verdampfte Wassermenge

$$W = 96 \cdot (200 - 182{,}6) \cdot \frac{110}{60} = \mathbf{3062} \text{ kg}.$$

Im ganzen wurden $1740 \cdot 0{,}96 = 1670{,}4$ kg Wasser verdampft.

Die Verdampfungsziffer der Praxis ist somit $v = \frac{1670{,}4}{402}$ $= 4{,}15$ kg Dampf, erzeugt aus Wasser von 100^0 C pro 1 kg Kohle.

Auf Normalverhältnisse berechnet, ist die Verdampfungsziffer $\frac{4{,}15 \cdot 537}{637} = 3{,}5$ kg Dampf von 100^0 C, erzeugt aus Wasser von 0^0 C.

Die in der Praxis nutzbar gemachte Wärme ist pro 1 kg Kohle $= 4{,}15 \cdot 537 = 2230$ Kalorien. Die im Brennstoff aufgespeicherte Wärme ist $H = 6260$ Kalorien pro 1 kg.

Die Wärmeausnutzung in der Pfanne ist somit

$$\eta = \frac{96 \cdot (200{,}0 - 182{,}6)\, 537}{402 \cdot 6260} = 0{,}357, \text{ also } = 35{,}7\,\%.$$

Die Warmeverluste betragen $100 - 35{,}7 = 64{,}3\%$.

Da sich der Nutzeffekt einer Braupfanne mit der Forcierung ändert, so durfen die bei verschiedenen Pfannen sich ergebenden Nutzeffekte nur bei gleicher Forcierung verglichen werden.

Die Forcierung F drückt aus, wie viel Prozent vom Normalinhalt in 1 Stunde verdampft wurden:

$$F = \frac{(J_1 - J_2) \cdot \frac{60}{t}}{J_1} \cdot 100.$$

Beispiel: Der Normalinhalt 200 hl heißer Flüssigkeit wurde in 110 Minuten auf 182,6 hl eingedampft.

Dann ist die Forcierung

$$F = \frac{(200 - 182{,}6) \cdot \frac{60}{110}}{200} \cdot 100 = \mathbf{4{,}74\%}.$$

Für die Berechnung des Dampfverbrauches von Dampfbraupfannen gilt, wenn in t Minut. $(J_1 - J_2) \cdot 96$ kg Wasser verdampft wurden und 1 kg 537 WE benotigt.

Theoretischer Wärmeverbrauch

$$W_t = 96 \cdot 537\,(J_1 - J_2) = 51552\,(J_1 - J_2) \text{ WE}.$$

Der theoretische Dampfverbrauch $\mathfrak{D}_t$ ist, wenn

q = die Flussigkeitswarme des abfließenden Kondensates,

λ = Gesamtwärme des Dampfes beim Kochdruck p Atm. Überdruck.

$$\mathfrak{D}_t = \frac{W_t}{\lambda - q}.$$

Ist die gewogene wirklich verbrauchte Dampfmenge D, so enthält das Pfannenkondensat

$$D \cdot (\lambda - q) \text{ WE},$$

und der Nutzeffekt E ist

$$E = \frac{W_t \cdot 100}{D \cdot (\lambda - q)}.$$

Beispiel: Eine Dampfbraupfanne fur 60 Ztr. Schüttung hatte einen Normalinhalt J_1 abgestochen von 200 hl

(= 192 hl wirklich), und es wurde in $t = 125$ Minuten bis auf $J_2 = 182{,}7$ hl eingedampft. Der mittlere Dampfdruck am Eintritt war dabei $p = 3{,}1$ Atm. Überdruck, die mittlere Temperatur des Kondensates, im Kondenstopf gemessen, $q = 96{,}4^0$ C. Die Menge des erhaltenen Kondensates betrug $D = 1782$ kg. Die verdampfte Wassermenge war

$$(20\,000 - 18\,270) \cdot 0{,}96 = 1660{,}8 \text{ kg},$$

die gesamte nutzbar gemachte Warme ist

$$W_t = 51\,552 \cdot (20\,000 - 18\,270) = 892\,000 \text{ Kalorien},$$

die Gesamtwärme des zuströmenden Dampfes bei 3,1 Atm. Überdruck ist pro 1 kg = 650,3 Kalorien,

die Flüssigkeitswärme des Kondensates = 96,4 Kalorien, sodaß pro 1 kg Dampf

$\lambda - q = 650{,}3 - 96{,}4 = 553{,}9$ Kalorien abgegeben wurden.

Das gesamte Pfannenkondensat enthielt $1782 \cdot 553{,}9 = 987\,000$ Kalorien.

Der Nutzeffekt der Braupfanne ist somit

$$\frac{892\,000 \cdot 100}{987\,000} = 90{,}3\,\%,$$

und die Wärmeverluste sind 9,7% in der Pfanne.

Die Forcierung ist dabei

$$\frac{16{,}608 \cdot 60 \cdot 100}{125 \cdot 192} = 4{,}15\,\%.$$

Diese Zahl 90,3% darf aber nicht etwa mit dem Nutzeffekt einer Feuerpfanne verglichen werden; denn sie begreift lediglich die durch Strahlung und ev. Zurucktropfen entstehenden Verluste ein.

Um vergleichbare Zahlen mit dem Nutzeffekt einer Feuerpfanne zu erhalten, ist zu bedenken, daß im Dampfkessel, sofern nicht Receiverkochung oder Abdampfkochung vorliegt, die notwendige Dampfmenge mit einer viel hoheren Spannung als notwendig erzeugt werden mußte, und zwar wird die im Dampfkessel dazu aufzuwendende Brennstoffmenge ja auch mit bestimmten Verlusten verbrannt. Allerdings geht das Kondenswasser wieder in den Kessel zuruck, wodurch eine beträchtliche Wärmemenge gewonnen wird.

Ist z. B. der Kesseldruck 7 Atm., so ist für jedes Kilo Dampf eine Erzeugungswärme von 658,3 Kalorien notwendig, die für die Pfannenbeheizung gebraucht wird; die Kondenswasserwärme wird gewonnen, so daß, wenn letztere am Kesseleintritt 88° C ist, nur 658,3 — 88 = 570,3 Kalorien erzeugt werden müssen.

Der obigen Kondensatmenge entspricht somit eine zu erzeugende Wärmemenge von 570,3 · 1782 = 1 017 000 Kalorien. Ist der Nutzeffekt des Dampfkessels z. B. 65%, so muß eine Brennstoffmenge verbrannt werden, welche $\frac{1\,017\,000}{0{,}65}$ = 1 563 000 Kalorien enthält.

Der Gesamtnutzeffekt der Dampfkochanlage ist dann in Wirklichkeit

$$\frac{892\,000 \cdot 100}{1\,563\,000} = 57\,\%.$$

c) Steigerung der Ökonomie des Braupfannenbetriebes.

In bezug auf Verringerung der Verluste durch die Abgase, Strahlung und durch den Aschenfall gilt das gleiche wie bei einer Dampfkesselanlage.[1])

Von besonderem Einfluß ist beim Brennstoffverbrauch der Maischepfannen:

a) Die Einmaischtemperatur. Je wärmer eingemaischt wird, desto geringer werden die Brennstoffkosten für den Pfannenbetrieb sein; wenn genügend heißes Wasser durch Ausnutzung des Abdampfes von Maschinen zur Verfügung steht. Muß dagegen das Zubrühwasser in der Pfanne erwärmt werden, so erhöht sich der Brennstoffverbrauch.

b) Die Anzahl der Maischen. Wenn drei Maischen gekocht werden, ist der Brennstoffverbrauch weit größer als bei nur zwei oder einer Maische.

c) Die Dauer und Intensität des Kochens. Je länger die Kochdauer, desto höher der Brenn-

---

[1]) Schifferer-Jakob »Maschinen- und feuertechnische Betriebskontrolle«. Verlag R. Oldenbourg, Munchen, S. 168 u ff.

stoffverbrauch; auch mit der Forcierung des Kochens erhöht sich derselbe.

d) Die Quantität und Qualität der Maischteile. Je größere Maischteile in die Pfanne genommen werden, desto höher ist der Brennstoffverbrauch. Die Dicke der Maische hat ebenfalls einen Einfluß; zwar hat eine dickere Maische eine niedrigere spezifische Wärme, aber sie gestattet in der Flüssigkeit den raschen Wärmeausgleich nicht in dem Maße wie eine dunnere Maische.

Der Brennstoffverbrauch der Würzepfannen hängt vor allem ab:

a) Von der Ablauftemperatur der Vorderwürze und Nachgüsse. Je mehr Gelegenheit zur Abkuhlung durch offene Bottiche oder durch Anschwänzwasser zu niedriger Temperatur gegeben ist, desto höher muß der Brennstoffverbrauch werden.

b) Vom Abläutervolumen. Je mehr Wasser zum Auslaugen der Treber angewendet wird, desto verdunnter wird die Extraktlösung und desto mehr wird eingedampft werden mussen.

c) Von der Normalkonzentration beim Ausschlagen. Je höher dieselbe festgesetzt ist, desto mehr Wasser wird eingedampft werden müssen.

d) Von der Intensität des Eindampfens. Bei sehr raschem Eindampfen wird der Brennstoffverbrauch infolge Überanstrengung erhöht.

e) Von der Konstruktion des Sudwerkes und der Betriebsart. Ein einfaches Sudwerk wird ungünstig sein, wenn für Maische- und Würzekochen die Heizfläche gleich sind: dagegen müssen keine zwei Gefäße angewärmt werden. Bei kontinuierlichem Betrieb spart man aus letzterem Grund ebenfalls an Brennstoff.

Aus dem Vorstehenden ergibt sich als unbedingte Notwendigkeit, daß im Sudhaus vor allem für genügend Warmwasservorräte zu sorgen ist. Es soll möglichst vermieden werden, durch Anwärmen in Pfannen, also auf Kosten direkten Brennstoffes, Warmwasser zu erzeugen; es muß Maschinenabdampf zur Warmwassererzeugung verwertet werden. Bei Feuerpfannen ist die Rauchgaswärme durch Einbau von Vorwärmern (Ekonomisern) nutzbar zu machen, wodurch sich der Nutzeffekt einer Feuerpfanne um mehr als 10% heben kann. Bei schlecht abziehenden Pfannen kann man durch Einbau eines Ventilators vielfach Verdampfung verbessern.

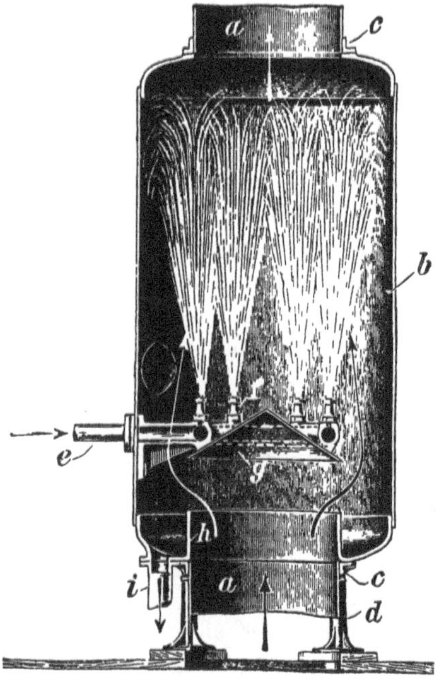

Fig 55.

Auch die durch den Dunstkamin entweichenden Dämpfe werden in neuerer Zeit gezwungen, einen Teil der enthaltenden Wärme an Wasser abzugeben.

Der in das Dunstabzugsrohr *a* einer Würzpfanne einzuschaltende Apparat, System Freund, Charlottenburg (Fig. 55), besteht aus einem weiten, eisernen, zylindrischen, stehenden Gefäß *b*, oben und unten mit Anschlußflansch *c* für das Dunstrohr, aus welchem ein Stuck von der Gesamthohe des Apparates herausgeschnitten ist. Dieses Gefäß steht auf kurzen Säulen *d*, trägt innen einen mit Versteifungsfuß am Gefäßmantel befestigten und mit dem Kaltwassereinlaufrohr verbundenen Rohrkranz *e* mit Streudusen *f* zur feinen Verteilung des einzuspritzenden und zu erhitzenden kalten Wassers, welches moglichst unter eigenem Druck von einem hochstehenden Reservoir zuläuft.

Unter dem Düsenrohrkranz *e* ist ein Schirm g aus Blech fest angebracht, welcher verhindert, daß Wasser in den unteren Teil des Dunstrohres zuruckfällt.

Das Sprühwasser nimmt während des Aufsteigens und des Niederfallens außerordentlich schnell und viel Wärme auf und sammelt sich im untersten Teile des Apparates hinter einem aufrechtstehenden Rande *h*, der eine kurze Verlängerung des unteren Dunstrohres bildet. Das erwärmte Wasser läuft mit dem kondensierten Teil des Pfannendunstes durch ein Rohr *i* nach dem Sammelreservoir ab, während der noch reichlich ubriggebliebene Dunst zur Erhaltung des nötigen Zuges durch den oberen Strang des Dunstrohres entweicht.

Die Dimensionen und Leistungen sind aus dieser folgenden Tabelle zu entnehmen:

Lichte Weite des Apparates . . . . mm	850	1000	1200	1500
Passend zur Dunstrohrweite von . . . mm	400—480	500—580	600—700	720—850
Gesamthohe des Apparates . . . . mm	2200	2450	2750	2820
Lichte Weite des Kaltwasserrohres . . mm	40	50	60	70
Lichte Weite des Heißwasserablaufrohres mm	70	80	90	100
Stundl. wahrend d. Wurzekochens mindestens ersparte Warmeeinheiten	120000 bis 153 000	210000 bis 285 000	339000 bis 462 000	508200 bis 675 000
Stundlich wahrend des Wurzekochens bis zu 70° C erwarmtes Wasser mindestens . . Liter	2000 bis 2900	3500 bis 4700	5600 bis 7700	8400 bis 11 200

Vom rein technischen Standpunkt aus ist einem Zwei- oder Einmaischverfahren, gegen dem Dreimaischverfahren der Vorzug zu geben, da beträchtliche Brennstoffersparnisse gemacht werden konnen. Fur Biere, welche keinen ausgesprochenen Charakter zeigen sollen, genugt häufig, statt eines Zwei- oder Dreimaischprozeßes schon das Kochen einer Maische.

Beispiel aus der Praxis: Sudwerk 50 Ztr. Schüttung.

a) Zweimaischeverfahren: Eingemaischt mit 52° R.

Erste Maische in 40 Minuten zum Kochen gebracht und 15 Minuten gekocht; Dampfverbrauch . . . . 657 kg

Zweite Maische in 17 Minuten zum Kochen gebracht und 5 Minuten gekocht; Dampfverbrauch . . . . 470 »

Gesamtdampfverbrauch . . . . 1127 kg.

b) Einmaischverfahren: Mit 45° R eingemaischt.

Gesamtmaische in Maischpfanne in 30 Minuten auf 60° R erwärmt; 1 Std. auf 60° R gehalten, dann einen Teil in den Maischbottich gelassen und den Maischrest 15 Minuten gekocht; Dampfverbrauch . . . . 879 kg.

Es wurden somit gespart 1127 — 879 = 248 kg Dampf, das sind

$$\frac{248 \cdot 100}{1127} = 22\,\%.$$

Die Pfannentemperaturen von Maische und Würze sollen registriert werden. Fig. 56 gibt ein Diagramm eines

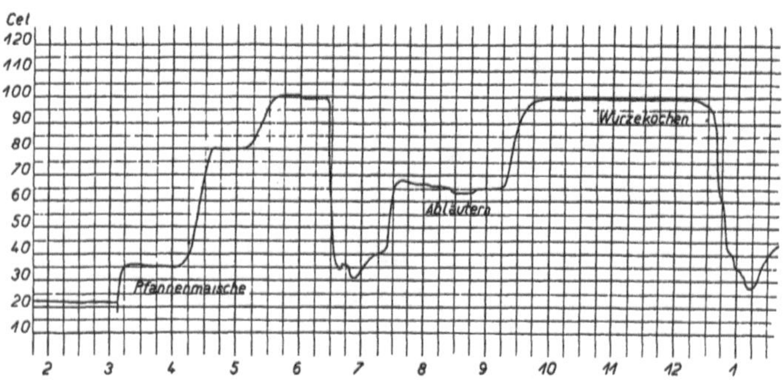

Fig. 56

Schmitzverfahrens wieder, wobei Maische und Würze in einer Pfanne gekocht wurden.

Eine allzulange Kochdauer der Maischen ist nicht empfehlenswert; meist genügt eine Kochdauer von 15 bis 20 Minuten, bei Lautermaischen eine solche von 5 bis 10 Minuten. Das Kochen soll mäßig geschehen; ein zu scharfes Kochen bedingt stets höhere Wärmeverluste. Ebenso verfehlt ist es, übermäßig große Maischteile zu kochen. Im Interesse der Brennstoffersparnis sollen die Maischteile so gering als möglich bemessen sein. Eine gute Bottichisolierung, Bodenheizung und Bedeckung durch Haube verhindert eine Abkühlung der Bottichmaische, so daß auch diese Umstände dazu beitragen, daß die Maischteile verringert werden können.

Im Läuterbottich darf keine beträchtliche Abkühlung der Würze stattfinden; deshalb ist auch dort gute Verkleidung, Bodenbeheizung und Haube vorzusehen.

Das Abläutervolumen hat den wesentlichsten Einfluß auf den Brennstoffverbrauch. Durch rasches unbedachtes Abläutern werden sehr häufig viel zu große Mengen Nachgußwassers zum Auslaugen der Treber verbraucht.

Beispiel: Sudwerk 60 Ztr. Unter Erzielung gleicher Ausbeute war das gesamte Abläutervolumen im Fall I 220 hl, im Fall II 206 hl; in beiden Fällen sollten 192 hl ausgeschlagen werden; es mußte somit eingedampft werden: Fall I 28 hl, Fall II 14 hl, d. h. im Fall I gerade die doppelte Wassermenge, so daß auch der Brennstoffaufwand zum Eindampfen um 100% großer war.

Die festgesetzte Normalkonzentration beim Ausschlagen ist insofern von Einfluß, als um so weniger eingedampft werden muß, mit je niedrigeren Ballingprozenten ausgeschlagen wird.

Beispiel: Sudwerk 60 Ztr. Schüttung. Bei gleicher Ausbeuteerzielung soll im Fall I mit 12,5% B., im Fall II mit 9,4% B. ausgeschlagen werden. Laut Tabelle Jakob[1])

[1]) Verlag: Speziallaboratorium f. d. ges. Brauerei- und Mälzerei-Betriebskontrolle Munchen, Georgenstr.

ergibt sich für eine Ausbeute von 73,3 dann im Fall I ein Ausschlagquantum von 291 l pro 1 Ztr. Malz = 174,6 hl gesamt, im Fall II ein Ausschlagquantum von 392 l pro 1 Ztr. Malz = 235,2 hl gesamt.

Um den Extrakt vollkommen auszulaugen, waren nötig: im Fall I ein Abläutervolumen von 206 hl, so daß 31,4 hl eingedampft werden mußten; im Fall II war die Pfanne mit 236 hl vollgemacht und nur 0,8 hl mußten eingedampft werden. So ergibt sich, daß zum Eindampfen im Fall II nur der 16. Teil an Brennstoff notwendig war.

Wie bei der Maischpfanne, so geht auch bei der Wurzepfanne mit einer Überanstrengung eine geringere Wärmeausnutzung Hand in Hand.

Über die Wärmeausnutzung bei verschiedener Betriebsart gibt folgendes Beispiel Aufschluß:

Betrieb	Warmeausnutzung		
	Pfanne %	Vorwarmer %	Gesamt %
Unachtsam und angestrengt . . .	33,0	8,5	41,5
Gewohnlich, mit viel Luft . . .	51,0	9,4	60,4
Mit wenig Luft	58,2	6,8	65,0
Peinlich genaues Heizen . . .	63,0	7,2	70,2

Sehr wichtig ist es, im Sudhaus die Grenze festzulegen, bis zu welchem Mindestextrakt es sich lohnt, den letzten Nachguß noch einzudampfen. Es wird dies so lange der Fall sein, als die Brennstoffkosten zum Eindampfen nicht größer sind als der Extraktgewinn. (Siehe später unter Abläutern.)

3. Die Abläutervorrichtungen.

In die Praxis hat sich der Läuterbottich und das Maischefilter eingefuhrt.

Das Läuterprinzip beim Läuterbottich ist die Trennung von Wurze und Trebern durch einfaches Ablaufenlassen der Extraktlösung unter Zuruckhaltung der Trebern durch einen Senkboden. Der Extraktlösung dienen die zuruckbleibenden

Trebern selbst wieder als Filtermaterial. Der Treberkuchen wird in seiner Gesamtheit von Auslaugewasser durchdrungen.

Beim Maischefilter teilt man in eine große Anzahl parallel geschalteter Auslaugeschichten, wobei nicht die Trebern selbst, sondern Tücher die Filterschicht fur die Extraktlösung bilden. Das Läutern findet nicht unter dem einer natürliche Flussigkeitshöhendifferenz entsprechenden Druck, wie beim Läuterbottich, sondern einem erhöhten künstlich erzeugten Preßdruck statt.

1. Allgemeine Prüfung der konstruktiven Ausführung der Läutervorrichtung.

Der Prüfung einer Läutervorrichtung soll die Aufnahme der konstruktiven Ausfuhrung vorausgehen.

a) Der Läuterbottich. Man zeichnet den Bottichboden mit dem genauen Sitz der Läuterhähne und die Entfernungen der einzelnen Mundungen der Läuterrohre im Maßstab 1 : 40. Dann ist der Senkboden, besonders seine Lochung (Zahl und Weite der Öffnungen) zu messen, sowie die Bottichhöhe, die Dimensionen der Aufhackmaschine, insbesondere der maximale Tiefgang und die Messerabstände.

Außerdem ist noch die Anzahl der Läuterhähne, das Gefälle der Läuterrohre und die Verbindung zwischen Hahn- und Rohrmundung zu beachten.

An Hand dieser Notizen zeichnet man genau im Maßstab die Ablauföffnungen in den kreisförmigen Grundriß des Läuterbottichs ein. Sodann legt man im Schema die Läuterbatterie vorne an, verbindet jeden entsprechenden Läuterhahn mit seiner Einmündung und numeriert die entsprechenden Rohreinmündungen im Bottichboden ganz entsprechend der Nummer des Läuterhahnes. Ist der Bottichboden verkleidet, so ermittelt man den zu einem bestimmten Hahn gehörigen Anstich durch Wasserdurchdrücken. Nach Aufzeichnung dieses Schemas schlägt man um jede Bodenöffnung als Zentrum einen Kreis, dessen Flächeninhalt = Gesamtfläche, dividiert durch Anzahl der Läuterhähne ist.

Beispiele (Aufnahme eines Läuterbottichs):

Fig. 57 zeigt einen für ein Sudwerk von 60 Ztr., Bottichradius 2,2 m. Verbindung der Läuterhähne mit den Einmündungen (siehe Skizze). Anzahl der Läuterhähne 14, Gefälle der Lauterrohre 20 mm, Rohrdurchmesser 40 mm. Verteilung der Rohrmündungen, wie die Skizze ergibt.

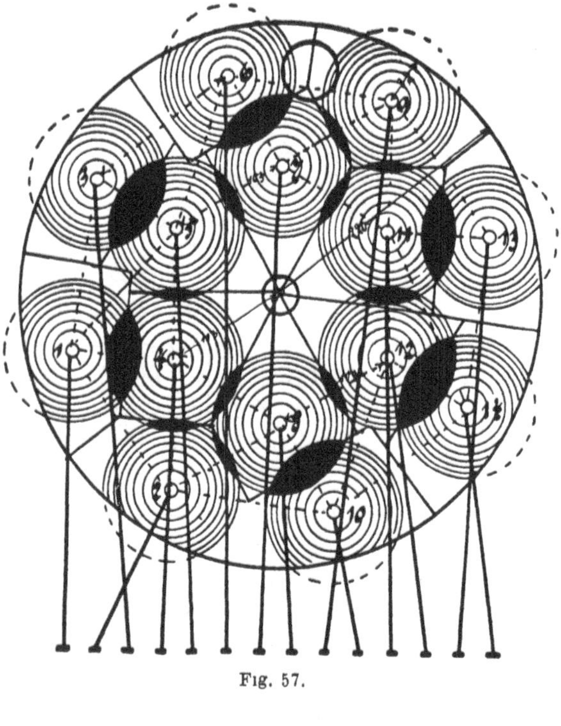

Fig. 57.

Hier ist die gesamte Grundfläche $2{,}2^2 \cdot \pi = 15{,}2$ qm, und so kommt auf einen Läuterhahn $\frac{15{,}2}{14} = 1{,}086$ qm; ein Kreis von dieser Fläche hat etwa 0,59 m Radius. Bei einem Maßstab 1 : 40 nimmt man somit rund 15 mm in den Zirkel und umkreist sämtliche Läuterhähne. Die Kreisflächen stellen dann die sog. »Quellengebiete« der einzelnen Läuterhähne dar.

Ein normaler Läuterbottich soll eine möglichst gleiche Verteilung der Quellgebiete zeigen. Im vorliegenden Fall erkennt man, daß dieser · neue Bottich immerhin nicht ohne Beanstandung bleiben kann. Schon die Anzahl der Läuterhahne, in der Zahl nur 14, somit auf 1,086 qm ein Hahn, ist zu gering. Hier hätte man ruhig 16 Hähne (oder noch mehr) anordnen dürfen. Die kreis-

Fig 58

förmig angeordneten äußeren acht Läuterrohranschlusse liegen zu weit an dem Bottichrand, wodurch in der Mitte um den Kronenrock ein großes totes Gebiet entsteht.

Ein anderer älterer Bottich zeigt das Schema Fig. 58. Hier erkennt man zunachst einen 25 mm breiten, blinden oder toten Rand.

Der Bottich hat einen Radius von 2 m, bis an den blinden Rand 1,75 m.

Die gesamte Bottichfläche war $2{,}0^2 \cdot \pi = 12{,}56$ qm.

Die tote Läuterflache am Rand betrug $2{,}0^2 \cdot \pi - 1{,}75^2 \cdot \pi$

= 2,94 qm; das sind von der Bottichfläche: da auf 13,56 qm 2,94 qm tote Fläche treffen

$$\frac{2{,}94 \cdot 100}{12{,}56} = 19{,}8\,\%.$$

Wenn man von außen einen solchen Bottich besieht, erscheint es nie so, als ob hier wirklich fast ein Funftel der gesamten Bottichfläche eine »tote« Läuterfläche bildete.

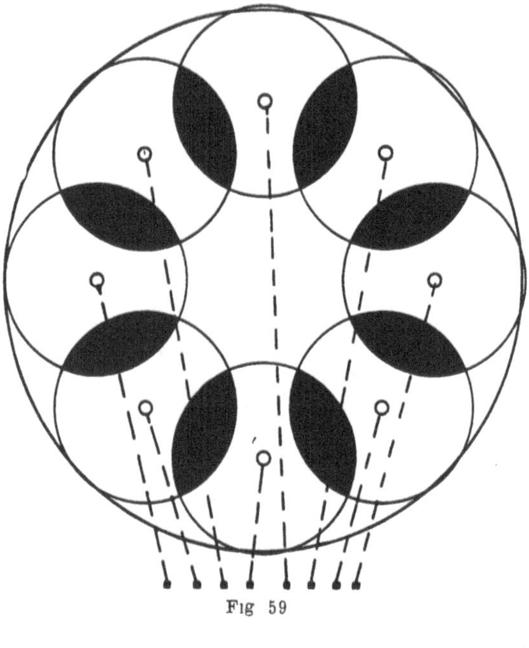

Fig 59

Was die Anordnung der Bottichoffnungen bei diesem Bottich betrifft, so ist sie eine recht ungleichmäßige. Vorne liegen z. B. vier Quellgebiete sehr nahe aufeinander. Die Anzahl der Läuterhähne war 14; dabei kommt auf

$$1 \text{ Läuterhahn } \frac{12{,}56}{14} = \sim 0{,}9 \text{ qm Bottichfläche.}$$

Das in Fig. 59 dargestellte Bottichschema charakterisiert sich dadurch, daß alle Bottichanstriche auf einem Kreisbogen liegen; dabei ist zwischen inneren zentrischen und außeren

Quellgebieten an der Peripherie nicht unterschieden. Solche Bottiche sind aus der Gleichgradigkeit der aus den einzelnen Läuterhähnen ablaufenden Extraktlösung nicht kontrollierbar, weil man nicht erkennt, von welcher Stelle der Zufluß kommt.

Der Läuterboden wird am besten mit einer genau auf 1 qdm ausgeschnittenen Schablone, die aus steifem Karton oder Blech sein kann, und welche durch feine überspannte Drähte in Quadratzentimeter geteilt ist, auf seine Lochung untersucht.

Beispiel: Ein gelochter Läuterboden ergab 0,8 mm Lochdurchmesser und pro Quadratzentimeter sechs Löcher, so sind das pro 1 qm 60 000 Löcher. Die freie Fläche ist dann $60\,000 \cdot 0{,}8^2 \frac{\pi}{4}$ $= 30\,162$ qmm $= 0{,}030162$ qm, also $3{,}0162 = \sim 3{,}02\%$.

An einem geschlitzten Senkboden waren die Schlitze 25 mm lang und 0,7 mm weit. Die Meßschablone zeigte, daß pro 1 qdm 16 Schlitze nebeneinander und drei Schlitze nach der Länge übereinander lagen, so daß die gesamte Schlitzlänge pro 1 qdm $3 \cdot 25 \cdot 16{,}0 = 1200$ mm beträgt, das ist pro 1 qm 120 000 mm = 120 m Gesamtschlitzlänge von 0,7 mm Breite. Die freie Fläche ist dann $120 \cdot 0{,}0007$ $= 0{,}084$ qm auf 1 qm Gesamtfläche, das sind 8,4% freie Läuterfläche.

Die Messung der Senkbodenöffnungen geschieht mit der in Fig. 60 dargestellten Meßvorrichtung. Man setzt

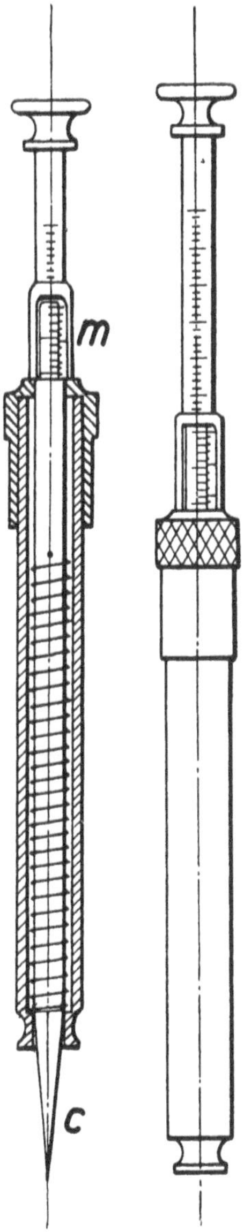

Fig 60

diese auf den Senkboden auf und führt durch schwachen Druck auf den Knopf die konische Meßnadel *c* so tief als möglich in die Senkbodenöffnung ein, gleichzeitig verschiebt sich dann der Meßschlitten *m* an der Ablesskala. Sobald man nicht mehr auf den Knopf drückt, zieht die gespannte Feder *f* den Meßkonus wieder ein und schiebt die Ablesskala mit dem Ableschlitten hoch. Die Ablesung der Lochweite kann auf $^1/_{100}$ mm genau geschehen.

Um rasch bei einer bestimmten Lochweite oder einer bestimmten Schlitzweite oder bekannten Lochzahl bzw. Gesamtschlitzlänge pro 1 qm die freie Läuterfläche zu finden, mögen folgende Tabellen dienen:

Tabelle für gelochte Senkböden

(frei Fläche in Quadratzentimeter pro Quadratmeter).

Loch-durch-messer mm	Anzahl der Locher pro Quadratmeter				
	20 000	40 000	60 000	80 000	100 000
0,3	14,14	28,28	42,42	56,56	71,70
0,4	25,14	50,28	75,42	100,56	125,70
0,5	39,28	78,56	117,84	157,12	196,40
0,6	56,54	113,08	169,62	226,16	282,70
0,7	76,96	153,92	230,88	307,84	**384,80**
0,8	100,54	201,08	301,62	**402,16**	**502,70**
0,9	127,24	254,48	**381,72**	**508,96**	**636,20**
1,0	156,83	313,66	**470,49**	**627,32**	784,14
1,1	190,09	**380,12**	**570,18**	760,24	950,30
1,2	226,20	**452,40**	678,60	904,80	1131,00
1,3	265,46	**530,92**	796,38	1061,84	1327,30
1,4	307,88	**615,76**	923,64	1231,52	1539,40
1,5	352,42	706,84	1060,26	1413,68	1767,10
1,6	**402,12**	804,24	1206,36	1608,48	—
1,7	**453,96**	907,92	1361,88	—	—
1,8	508,94	1017,88	1526,82	—	—
1,9	567,06	1134,12	—	—	—
2,0	628,32	1256,64	—	—	—

Tabelle für geschlitzte Senkböden
(freie Flache im qcm pro qm).

Breite des Schlitzes mm	Gesamte Schlitzlange in m pro qm				
	100	120	140	160	180
0,3	300	360	420	480	**540**
0,4	400	480	**560**	**640**	**720**
0,5	500	**600**	**700**	**800**	900
0,6	**600**	**720**	**840**	960	1080
0,7	**700**	**840**	980	1120	1260
0,8	**800**	960	1120	1280	1440
0,9	900	1080	1260	1440	1620
1,0	1000	1200	1400	1600	1800
1,1	1100	1320	1540	1760	1980
1,2	1200	1440	1680	1920	2160

Die fettgedruckten Zahlwerte sind Normalwerte, welche meist eingehalten sind. Die freie Lauterflache in Prozent ergibt sich durch Division der Tabellenwerte mit 100.

Die Formen der Ausfuhrungen von Senkböden stellen die Fig. 61 (gelochtes System) und Fig. 62 (geschlitztes System) dar.

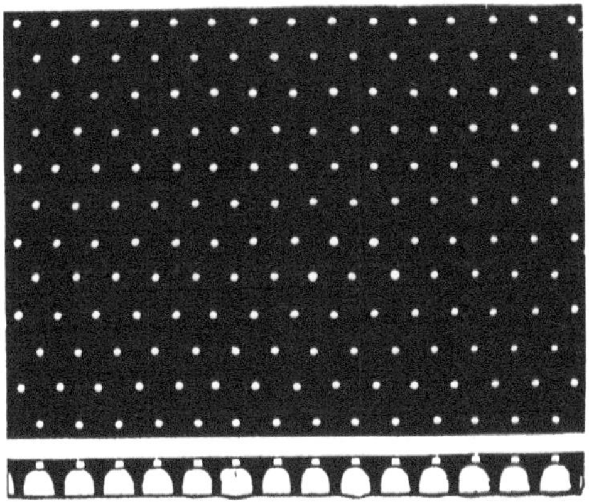

Fig 61.

Die Senkbodenöffnung soll auf der Treberseite zuerst etwa einen Millimeter zylindrisch verlaufen, also nicht von

Anfang an konisch, weil sonst jede geringe Abnützung die Loch- oder Schlitzweite vergrößert.

In zu engen Löchern oder Schlitzen treten beim Durchfluß Kapillarspannungen auf, welche die Durchflußgeschwin-

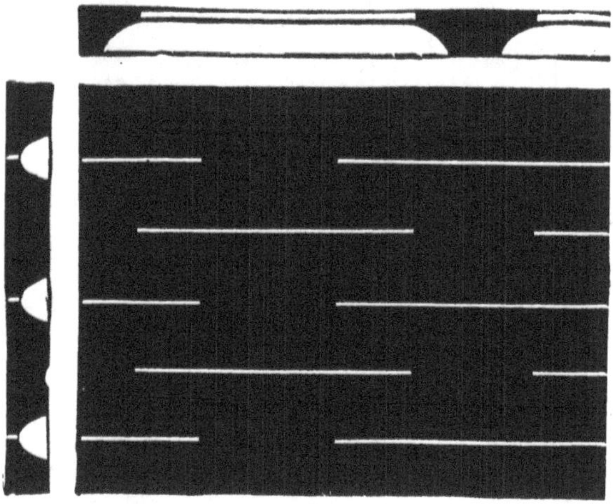

Fig 62.

digkeit, besonders der hochkonzentrierten Stammwürze, beträchtlich verringert. Neue Senkboden haben oft sehr scharfe Kanten (einen schwachen Grat), dabei kann trotz scheinbarer größerer Schlitzbreite die Läuterdauer ebenfalls durch Kapillarspannungen sehr verlängert werden. Neue scharfkantige Senkbodenschlitze müssen nachgearbeitet werden, d. h. es ist für eine Entfernung des Grates zu sorgen. In einem Falle verkurzte sich die Läuterdauer der Stammwürze um etwas mehr als $1\frac{1}{2}$ Stunden.

Die Reinigung in Gebrauch befindlicher Senkböden geschieht entweder durch Auskochen mit Sodawasser, oder man legt den Senkboden in eine Darre oder in die heiße Sonne, dann trocknen die Ansatze in den Lochungen und losen sich leicht durch Klopfen ab. Säuren sind zur Reinigung zu vermeiden. Die Locher mussen nach der Reinigung alle freie Querschnitte zeigen.

b) Das Maischefilter. Man ermittelt: Filterfläche, ferner Querschnitt der Einlaufmündung und die Plattenzahl, welche gleich der Anzahl der Ablaufstellen (Läuterhähne) ist. Man hat dabei zu unterscheiden zwischen der Filterfläche bei dem Abläutern der Stammwurze und denjenigen der Nachgüsse. Letztere beträgt nur die Hälfte; denn beim Ziehen der Stammwürze legen sich die Treber zwischen die Tücher und beide Tücher filtrieren; der Nachguß kommt durch die Treberschicht von der einen Seite herantretend und die Treberschicht durchdringend wobei nur die halbe Filterfläche wirksam wird.

Die Kuchendicke ergibt sich nicht aus der Rahmenstärke, sondern aus dem Abstand von Rillenkamm bis Rillenkamm minus doppelte Tuchstarke. Die Kuchendicke liegt zwischen 40 bis 85 mm. Die Rillentiefe ist sehr verschieden, man findet bei kleinen Anlagen und Gußplatten nur Tiefen von 5 mm. Mit der Plattengroße muß sich die Rillentiefe steigern; weil je tiefer die Rille desto gleichmaßiger die Wasserverteilung auf der Wassereintrittsseite ist. Um die Platten an Gewicht leicht zu erhalten, haben neue Maischefilter anstatt massiven Gußplatten wellblechähnliche Einlagen. Ist die Rahmenzahl z und die Schüttung S in kg, so trifft auf 1 Kammerinhalt $= \frac{S}{z}$ kg.

Die Zusammenpressung der Platten geschieht entweder mit Handrad oder viel zweckmaßiger in neurer Zeit hydraulisch, wobei Drucke bis zu 70 bis 90 Atm. in Anwendung kommen.

Ist die Läuterfläche eines Rahmens f in qm, so beträgt die gesamte Läuterfläche des Maischefilters

$$z \cdot f$$

auf 1 qm Läuterfläche trifft dann eine Füllung i von

$$i = \frac{S}{z \cdot f} \text{ kg.}$$

Beispiele: a) 28 Ztr. = 1400 kg; Rahmenzahl $z = 24$; $f = 1{,}1 \times 1{,}1 = 1{,}21$ qm.

$$1 \text{ Kammerinhalt } \frac{S}{z} = \frac{1400}{24} = 58{,}4 \text{ kg}$$

(Rahmenstärke 55 mm),

$$\text{auf 1 qm Läuterfläche } \frac{1400}{24 \cdot 1{,}21} = 48{,}2 \text{ kg.}$$

b) 22 Ztr. = 1100 kg; Rahmenzahl $z = 26$; $f = 1{,}0 \times 1{,}0 = 1{,}0$ qm.

$$1 \text{ Kammerinhalt} = \frac{1100}{26} = 42{,}4 \text{ kg}$$

(Rahmenstärke 50 mm),

$$\text{auf 1 qm Läuterfläche } \frac{1100}{26 \cdot 1} = 42{,}4 \text{ kg.}$$

c) 80 Ztr. = 4000 kg; Rahmenzahl $z = 50$; $f = 1{,}2 \times 1{,}2 = 1{,}44$ qm.

$$1 \text{ Kammerinhalt} = \frac{4000}{50} = 80 \text{ kg,}$$

$$\text{auf 1 qm Läuterfläche } \frac{4000}{50 \cdot 1{,}44} = 55{,}6 \text{ kg.}$$

Beim Abläutern der Nachgüsse wird nur jeder zweite Hahn geöffnet, da man zwischen »Wassereinlaßplatte«, an welcher der Auslaufhahn geschlossen werden muß, und sogenannter »Nachgußauslaugeplatte« unterscheidet; an letzterer bleibt der Hahn beim Ablaufen der Nachgüsse geöffnet, so daß beim Ablaufen der Nachgüsse nur die Hälfte der Hähne geöffnet werden. Das Auslaugschema der Maischefilter ergibt Fig. 63.

Die strichpunktierten Pfeile deuten den Lauf der Vorderwürze an, die ausgezogenen Pfeile denjenigen des Anschwänzwassers, wenn es durch den oberen Wasserkanal *C 1* eingefuhrt wird, die gestrichten Pfeile den Lauf der Nachgüsse. Wird das Anschwänzwasser durch den unteren Kanal *C 2* eingefuhrt, so läuft es entgegengesetzt den gestrichten und ausgezogenen Pfeilen. Beim Anschwänzen durch den oberen Wasserkanal bleiben die Läuterhähne mit kurzem Hals, beim Anschwänzen von unten diejenigen mit langem Hals geschlossen.

B e i s p i e l : Die Schuttung war 26 Ztr. = 1800 kg. Das Maischefilter bestand aus 39 Platten von 1 m Hohe und

Schnitt durch 4 Treberkammern eines Maischefilters

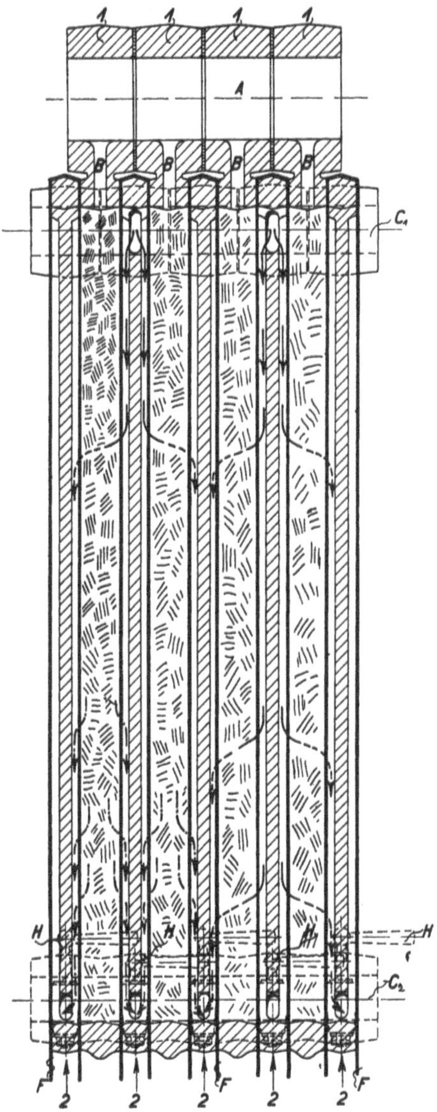

Fig 63.

1 m Breite und zwei Seitenteilen, also aus 40 Filterkammern von je $2 \cdot 1 \cdot 1 = 2$ qm $= 80$ qm Filterfläche bei dem Abläutern der Stammwürze und 40 qm Filterfläche beim Abläutern der Nachgüsse. Es waren ebenfalls 40 Hähne vorhanden, welche beim Abläutern der Stammwürze alle geöffnet waren.

Im vorliegenden Fall kommt auf 100 kg Einmaischquantum $\frac{80}{13} = 1{,}54$ qm Filterfläche für Stammwürze und 0,77 qm Filterfläche für die Nachgüsse.

2. Die Kontrolle des Abläuterprozesses.

a) Abläuterdauer und Treberwiderstand.

Die Praxis bezeichnet die Zeit vom Anlauf der Stammwürze bis zu dem Zeitpunkt, in welchem der letzte Nachgußrest eben vollständig in die Pfanne gelaufen bzw. in der Pfanne das übliche Maß vorhanden, mit »Läuterdauer«. Diese schließt auch ev. dazwischenliegende Ruhepausen mit ein.

Beispiel: Angezapft 1^{25}. (Dauer 10 Minuten.)

In die Pfanne gelaufen		1^{35}	also nach	10 Min.	
Die Stammwürze lief	bis	2^{55}	«	1 Std.	20 Min.
Die Nachgüsse liefen von	3^{04} «	5^{10}	«	2 «	8 «
Das Abläutern dauerte . .	1^{35} «	5^{12}	«	3 «	37 «

Die Abläutergeschwindigkeit ist nicht konstant, sondern z. B. bei dem Ablaufen der Stammwurze im Läuterbottich geringerer wie bei den Nachgüssen. Sie wird zahlenmäßig als die pro Minute ablaufende Hektoliterzahl ausgedrückt.

Der Treberwiderstand steht in gewissen Beziehungen zu der Abläutergeschwindigkeit, und zwar verringert sich letztere mit anwachsendem Treberwiderstand. Der Treberwiderstand findet auch einen zahlenmäßigen Ausdruck, und zwar wird er in Millimeter Flussigkeitshöhe dargestellt.

Die Messung des Treberwiderstandes geschieht mittels des Läutermanometers Fig. 64. Dieses besteht aus drei senkrechten Flussigkeitsstandrohren. Die erste gibt den wirklichen Flussigkeitsstand im Lauterbottich an. Die zweite

Röhre *2* würde den gleichen Flüssigkeitsstand anzeigen, wenn nur Wasser sich im Bottich befinden wurde; dabei könnte dennoch ein Ausfließen desselben durch Hahn *h* stattfinden, an welchem ein drittes Meßrohr *3* angebracht ist. Wenn kein Treber, sondern nur Wasser im Bottich vorhanden, wird beim Ausfließen durch den Hahn in der dritten Rohre der Flussigkeitsstand *c* um so niedriger sein, je weiter der Hahn geöffnet

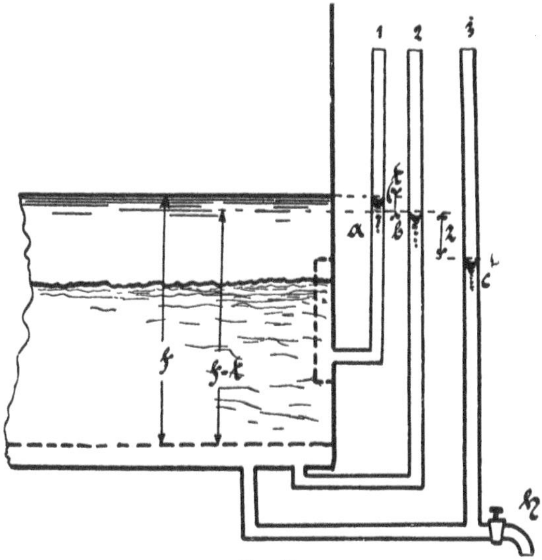

Fig. 64.

werden wird und je naher er sich an der Ausflußoffnung befindet.

Anders liegen die Verhältnisse, wenn nicht Wasser im Bottich, sondern Treber vorhanden sind, welche dem Durchfluß des Wassers einen bestimmten Widerstand, d. i. lediglich eine Durchflußquerschnittsverengerung, entgegensetzen. Das Rohr *1* wird auch hier den wirklichen Flüssigkeitsstand *f* zeigen: im Rohr *2* wird sich eine Flussigkeitshohe zeigen, welche die im Rohr *1* sich ergebende Druckhohe vermindert und einer dem Treberstand entsprechenden Flussigkeitshöhe entspricht, d. h. die Differenzen der Flussigkeitshohen geben den Treberwiderstand *t* in Millimeter Flussigkeitssaule an.

Die Mündung des Rohres *2* soll möglichst an einer Stelle des Bottichbodens sein, wo keine starke Flüssigkeitsströmung stattfindet. Das Rohr *3*, am Läuterrohr angebracht, gibt besonders uber die Ausflußmenge durch das betreffende Rohr Aufschluß; und diese steht in direktem Zusammenhang mit der Druckdifferenz z zwischen Rohr *2* und *3*. Das Rohr *3* befindet sich auf jedem Läuterrohr. Durch jenen Läuterhahn wird die größte Flüssigkeitsmenge austreten, der den tiefsten Stand in seinem Rohr *3*, also die großte Flussigkeitshöhendifferenz z zwischen Spiegel b und c anzeigt. Bei gleichen Druckdifferenzen zwischen Spiegel b und c werden die Ausflußmengen durch die einzelnen Läuterhähne gleich sein. Erhöht sich die Differenz zwischen Rohr *1* und *2*, so deutet dies darauf hin, daß sich der Treberwiderstand bedeutend erhoht hat; um aber ein weiteres Zusammenziehen der Treber zu verhindern, muß auch die Gesamtausflußmenge dem Treberwiderstand angepaßt werden. Bei Anwendung dieser Vorrichtung ist dafür zu sorgen, daß bestimmte Beziehungen zwischen Treberwiderstand und Ausflußgeschwindigkeit eingehalten werden, daß also die Höhendifferenz zwischen Rohr *2* und *3* ganz von der zwischen Rohr *1* und *2* abhängig gemacht wird. Geringer Treberwiderstand, also geringe Höhendifferenz zwischen Rohr *1* und *2* gestattet eine Erhohung der Ausflußgeschwindigkeit, also eine größere Differenz zwischen den Spiegeln der Rohre *2* und *3* und umgekehrt.

Bei dem Maischfilter spielt der Treberwiderstand, der sich dort in der Druckerhöhung des zur Auslaugung notwendigen Druckwassers ergibt, keine so wichtige Rolle wie beim Läuterbottich, wenigstens in bezug auf die Abläuterdauer.

Je geringer die Kammerfullung beim Maischefilter ist, desto mehr erniedrigt sich der Treberwiderstand. Zu geringe Kammerfüllung hat bei Maischefiltern sehr schlechte Auslaugung zur Folge, da das Auslaugewasser naturgemäß an jenen Stellen hindurchtritt, wo es den geringsten Widerstand findet. Die Kammerzahl muß sich deshalb nach der Schuttung richten, um einen richtigen Füllungsgrad zu erhalten.

b) Die Extraktgehaltsdifferenzen der ablaufenden Extraktlösung an den einzelnen Läuterhähnen.

Die Verschiedenartigkeit des Extraktgehaltes der ablaufenden Extraktlosung der einzelnen Hahne ist eine Folge ungleichen Treberwiderstandes. Die Treber stellen keine homogene Maße dar, sondern werden an der einen Stelle mehr Teig enthalten und undurchlassiger sein, an der anderen mehr lockere Hülsenteile. Je nachdem nun beim Läuterbottich die uber der Botticheoffnung befindliche Treberschicht beschaffen ist, wird die ablaufende Extraktlösung bei den Nachgüssen verschieden stark sein. Durch lockere Treberteile tritt das Anschwänzwasser rasch hindurch und wird beim raschen Durch- und Nachtritt weniger Extrakt auslaugen als wenn die Wassermenge längere Zeit in Beruhrung bliebe. Feste, teigige Trebermassen durchsickert das Wasser nur schwer; allerdings wird die geringe daraus ablaufendeExtraktmenge höherprozentig sein.

Lokale Teiganschwemmungen können schon beim Abmaischen, d. h. Einpumpen in den Läuterbottich stattfinden; diese sind noch durch kräftiges Umhacken des gesamten Bottichinhaltes kurz nach dem Einpumpen zu beseitigen. Häufig findet eine ungenugende Mischung des Bottichinhaltes nach dem Abmaischen statt, und dann treten oft sehr große Differenzen im Extrakt der Läuterhähne auf. Die folgende Tabelle zeigt die Extraktunterschiede der Hähne bei vier verschiedenen Versuchen an dem oben schematisch in Fig. 57 dargestellten Bottich am Ende des Läuterprozesses.

Diese Versuche ergeben, daß es nicht etwa immer ein und derselbe Lauterhahn ist, der entweder stets hochprozentig oder umgekehrt stets mit sehr niedrigem Extraktgehalt läuft. Es steht die von einem Läuterhahn ablaufende Extraktlösung im ganz bestimmten Zusammenhang mit der in seinem Quellgebiet liegenden Beschaffenheit der Treber. Bei sehr homogener Treberbeschaffenheit laufen z. B. bei kontinuierlichem Aufhacken während des Anschwänzens (Versuch I und II) die am Bottichrand liegenden Hähne meist stärker, weil in diesen Treberschichten die Auflockermaschine infolge größerer Umfangsgeschwindigkeit bei gleicher Winkelgeschwin-

Hahn-Nr.	Versuch I Abläuterdauer 3 Std. 21 Min. Gleichstarke Treberschicht 35,5 cm, Pfanne voll 199 hl Prozent Balling	Versuch II Ablauterdauer 3 Std. 3 Min. Gleichstarke Treberschicht 35,5 cm, Pfanne voll 203 hl Prozent Balling	Versuch III Ablauterdauer 4 Std. Treber nach innen gearbeitet, außen 30 cm, innen 55 cm, Pfanne voll 202 hl Prozent Balling	Versuch IV Ablauterdauer 3 Std. 45 Min. Treber nach innen gearbeit., außen 16 cm, innen 54,5 cm, Pfanne voll 200 hl Prozent Balling
1[1])	0,2	0,4	0,2	0.1
2	0.25	0,5	0,35	1,1
3	0.35	0,35	0,6	0,1
4	0,0	0,0	0,35	1,1
5	0,1	0,0	0,2	0,65
6	0,3	0,4	0,65	0,1
7	0,1	0,3	0,2	0,2
8	0,1	0,2	0,35	1,4
9	0,4	0,7	0,35	0,5
10	0,1	1,0	0,25	0,9
11	0,1	0,0	0,2	0,35
12	0,1	0,0	0,15	0,3
13	0,2	0,55	0,15	0,55
14	0,2	0,55	0,25	0,3

[1]) Die fettgedruckten Zahlen bedeuten die am Bottichumfang gelegenen Hahnnummern.

digkeit kürzere Zeit als in der Mitte verbleibt, läßt man, wie Versuche III und IV zeigen, die Aufhackmaschinen nach innen zu arbeiten, so verschiebt sich dieses Bild vollständig, und obige Regel trifft nicht mehr zu, im Gegenteil, es können die inneren Läuterhähne die am Rand liegenden im Extrakt weit übertreffen. Bei den Versuchen III und IV wurde ein weniger gut gelostes Malz verwendet, weshalb sich die Abläuterdauer gegenüber den Versuchen I und III, welche mit besser gelöstem Malz durchgefuhrt wurden, verlängerte. Außerdem lassen aber die Versuche I und III, welche je mit langsamerem Abläutern (längerer Abläuterdauer) durchgeführt wurden, gegenuber ihren Parallelversuchen mit gleichem Malz II bzw. IV, aber kürzerer Abläuterdauer erkennen, daß beim langsameren Abläutern die Extraktzahlen weit tiefer herabgedrückt werden als bei raschem Abläutern.

Noch größere Differenzen im Extrakt treten während des Abläuterprozesses auf. Die folgende Tabelle zeigt solche Versuchsresultate. Die Auflockermaschine arbeitet derart, daß eine vollkommen ebene Treberoberfläche stets vorhanden ist.

Versuch I. Gesamte Läuterdauer 3 Std. 21 Minuten.

Die Proben wurden gleichzeitig entnommen, als folgende Pfanneninhalte vorhanden waren:

Pfanninhalt	Nummer der Hähne													
	1	2	3	4	5	6	7	8	9	10	11	12	13	14
hl	Prozent Balling													
137	5,6	4,8	7,3	1,8	1,9	6,4	3,1	1,1	5,7	6,25	2,1	2,55	2,55	5,3
168	1,15	1,4	2,1	0,3	0,3	2,0	0,95	0,45	1,5	1,9	0,8	0,5	1,4	1,3
199	0,2	0,25	0,35	0,0	0,1	0,3	0,1	0,1	0,4	0,1	0,1	0,1	0,2	0,2

Versuch II. Gesamte Läuterdauer 3 Std. 3 Minuten.

Die Proben wurden gleichzeitig entnommen, als folgende Pfanneninhalte vorhanden waren:

Pfanninhalt	Nummer der Hähne													
	1	2	3	4	5	6	7	8	9	10	11	12	13	14
hl	Prozent Balling													
153	2,15	2,9	0,6	0,3	0,55	5,4	2,1	1,9	5,7	4,5	0,3	3,1	4,9	4,1
194	0,4	0,65	0,5	0,0	0,0	0,7	0,4	0,35	0,85	1,15	0,0	0,1	0,95	0,6
203	0,4	0,5	0,35	0,0	0,0	0,4	0,3	0,2	0,7	1,0	0,0	0,0	0,55	0,55

Aus beiden Versuchen ergibt sich, daß die äußeren Hähne am Bottichrand höherprozentiger laufen als die in der Bottichmitte, da die Umhackmaschine nicht nach innen arbeitete. Würde man dagegen nach letzterer Art arbeiten, so würden sich die Verhaltnisse ebenfalls vollstandig verschieben.

Was die Erlangung einer weitgehenden Homogenität des Treberwiderstandes betrifft, so ist beim Läuterbottich zu hoher Mehlgehalt des Schrotes zu vermeiden. Beim Abmaischen sehe man auf gutes Durcharbeiten des Umhackers, damit nicht undurchlässige Inseln mit viel Teig sich ablagern; denn diese halten große Extraktmengen zurück. Ungleichheiten in der Beschaffenheit der Treberschicht haben um so mehr nachteiligen Einfluß, je rascher abgeläutert wird; deshalb vermeide man zu rasches Abläutern auch bei sonst gutem, mürbem Malz. Die Eigenheiten der Umhackmaschine sind bei jedem Läuterbottich zu studieren, besonders die Änderungen, welche durch das »Arbeiten nach innen« oder »nach außen« entstehen. Im angefuhrten Beispiel oben ist ein langsameres Abläutern mit dem Arbeiten etwas »nach innen« (durch entsprechende Stellung der Aufhackmesser zu erreichen) die vorteilhafteste Arbeitsweise.

Die Gleichgradigkeit oder Niedriggradigkeit ablaufender Extraktlösungen kann auch sehr täuschen. Nie darf eine Beurteilung aus solchen Extraktzahlen erfolgen, wenn man nicht die Verteilung der Quellgebiete kennt. Das ist z. B. bei allen Läuterbottichen der Fall, welche nicht äußere und innere Quellgebiete unterscheiden und die Anstiche alle auf einen Kreisumfang liegen. Man kann dann niemals wissen, ob die ablaufende Extraktlösung mehr aus den zentrischen oder den am Umfang liegenden Trebern abgelaufen ist, oder ob sie tatsächlich einen gleichartigen, mittleren Extraktgehalt aus allen Stellen liefern. Solche Bottiche, nach Fig. 59 geben naturgemäß die gleichmäßigsten Extraktzahlen; diese Gleichmäßigkeit darf also nicht überschätzt werden. Dagegen besagt es schon weit mehr, wenn Bottiche mit getrennten, inneren und äußeren Quellgebieten sehr gleichgradige Extraktlösungen ablaufen lassen.

Wie beim Läuterbottich so ist der ablaufende Extraktgehalt auch beim Maischefilter an den einzelnen Hähnen, oft mehr, oft weniger verschieden.

Insbesondere hat beim Maischefilter die gleichmäßige Kammerfullung und Kammerabsackung großen Einfluß auf gleichgradiges Ablaufen der Nachgusse.

Forciertes Abläutern bringt ungleichgradiges Ablaufen. Der folgende Versuch zeigt z. B. eine gute Gleich- und Niedriggradigkeit.

Wechsel-nummer	Als 25 Min. angeschwanzt wurde, liefen die Wechsel mit Proz. Balling	Als 1 Std. angeschwanzt war, liefen die Wechsel mit Proz. Balling	Am Ende des Ablauterns nach 2 Std. 9 Min. langem Anschwanzen liefen die Wechsel mit Prozent Balling
1	12,6	6,1	0,2
2	13,0	6,0	0,2
3	13,6	6,0	0,25
4	13,8	6,8	0,25
5	14,1	7,2	0,3
6	13,6	7,1	0,3
7	13,1	7,4	0,3
8	13,5	6,6	0,3
9	13,9	5,9	0,3
10	13,6	6,1	0,2
11	13,2	6,3	0,2
12	13,4	6,2	0,3
13	13,8	6,1	0,4
14	13,7	6,3	0,2
15	13,6	6,5	0,1
16	13,7	6,2	0,1
17	13,9	5,7	0,2
18	13,9	5,8	0,15
19	14,0	5,9	0,2
20	14,1	6,0	0,2

Hier ergibt sich bei der ersten Probenahme eine Maximaldifferenz von 2,3% Balling, bei der zweiten von 1,4%, bei der dritten von 0,3%. Diese Resultate erscheinen in diesem Fall günstiger. Es ware aber fehlerhaft, wollte man hieraus einen Vorsprung des Maischfilters ableiten. Spätere Versuche zeigen ganz entgegengesetzte Resultate. Beim Maischefilter schafft die Verarbeitung eines in der Gesamtheit feineren Schrotes eine großere Homogenitat der Trebern.

Daß beim Läuterbottich durch Verstopfung von Senkbodenoffnungen und bei dem Maischefilter bei ungenugender

Reinigung der Filtertücher und Maischesackungen in den Kammern Ungleichheiten der ablaufenden Extraktlosung an den Läuterhähnen entstehen können, ist ohne weiteres einzusehen, da hier dem Durchfluß des Anschwänzwassers ebenfalls unnormale Widerstände entgegengesetzt werden, welche rückwirken.

Bei der Probenahme der Einzelproben, welche möglichst gleichzeitig erfolgen soll, verfährt man am besten so, daß man Medizinfläschchen mit Korkverschluß vorbereitet in einer Anzahl, welche der der Läuterhähne entspricht und mit der Nummer des Läuterhahnes durch Aufschrift mit einem Fettstift versieht. Die Entnahme geschieht mittels Glühtigelzangen, womit man das Medizinfläschchen leicht unterhalten kann. Die entnommenen Proben stellt man dann in eine flache Wanne, in welche nur so viel kaltes Brunnenwasser eingegeben wurde, daß die Flaschen noch gut stehen. Man kann zur rascheren Abkuhlung auch etwas Eis miteingeben.

Die Proben werden mittels Saccharometern, welche eigens fur diesen Zweck in besonderen Etuis käuflich sind, und eine Skala von 21 bis 14%, 14 bis 7%, 7 bis 0% Ball. aufweisen, gespindelt. Die Spindelzylinder haben dabei kaum mehr als 100 ccm Inhalt, weshalb die Größe der Probefläschchen bzw. der zu entnehmenden Einzelproben dieses Volumen nicht übersteigen soll.

c) Die Unterschiede im Extraktgehalt der Treberpreßsäfte an verschiedenen Stellen.

Die Differenzen im Extrakt zwischen den ablaufenden Extraktlösungen an den einzelnen Hähnen am Ende des Läuterprozesses deuten schon darauf hin, daß an verschiedenen Stellen der Treber im Bottich verschieden starke Extraktlosungen festgehalten sein müssen, und zwar als naturliche Folge der heterogenen Treberbeschaffenheit. Da sich der Auslaugungsprozeß beim Läuterbottich von den oberen Treberschichten gegen die unteren hin vollzieht, wird in den oberen Schichten stets weniger Extrakt am Ende vorzufinden sein als in den unteren. Deshalb wird man bei der Prüfung der Treber auf zurückgehaltene, nicht ausgelaugte Extraktmengen vor allem möglichst nur am Senkboden Proben ziehen.

Während der Probenahme halte man sich an das Bottichschema; bei genauen Untersuchungen soll die Anzahl der Proben doppelt so groß sein als die Anzahl der Läuterhahne. Eine Probe ist stets über einer Ablauföffnung, die zweite im zugehörigen »toten Quellgebiet« zu entnehmen. Dabei kann man zwei Wege einschlagen, entweder man gräbt mit einer Eisenschaufel an den entsprechenden Stellen Locher, und hebt sorgfältig die Probe aus, oder man läßt die Austrebervorrichtung so lange vorsichtig arbeiten, bis noch eine Schicht von etwa 5 cm im Bottich verbleibt. Die erstere Art der Probenahme macht mehr Arbeit, dagegen ist sie sehr zuverlässig. Im zweiten Fall kann sich bisweilen, besonders wenn die Treber noch recht viel Wasser enthalten und schmierig sind, die gesamte Trebermasse verschieben, und die ganzen Untersuchungsresultate sind dann wertlos.

Bisweilen findet man zur Prufung der Treber auf den zuruckgehaltenen Extraktgehalt Probenehmer in Anwendung, welche es gestatten, eine prismatische Probe aus der gesamten Treberschicht auszuschneiden. Diese Art Probenahme läßt nie ein Urteil über die zurückgehaltenen Maximalextrakte zu, da sich beim Auspressen einer Probe das Extraktmittel aller an der betreffenden Stelle senkrecht übereinanderliegenden Treberteile ergibt. Überhaupt soll bei der Probenahme »im Bottich« nur nach den schlechtesten Stellen gefahndet werden, also nach jenen, an welchen die höchsten Extrakte zurückgehalten werden.

Um eine gute Durchschnittsprobe zum Zwecke einer Gesamttreberanalyse zu gewinnen, verfährt man am besten so, daß man die Austrebermaschine in bestimmten Zeitabschnitten immer eine bestimmte Tiefe (2 bis 4 cm) einsenkt und an der Austreberschnecke dann mindestens 10 Einzelproben, aus den verschiedenen Schichten stammend, entnimmt, welche gut zu mischen sind.

Die im Bottich entnommenen Proben preßt man am besten gleich im Sudhaus mit einer Handpresse (Fig. 65) aus. Man hat hierzu eine gleiche Anzahl Medizinflaschchen, welche die gleichen Nummern wie die Büchsen erhalten, vorzubereiten.

Beim Auspressen setzt man den Fläschchen einen Trichter auf. Die die Preßsäfte enthaltenden Probefläschchen stellt man in ein kaltes Wasserbad, um sie nach der Abkühlung zu filtrieren und zu spindeln.

B e i s p i e l : Die folgende Tabelle zeigt Versuchsresultate, gewonnen an dem in Fig. 57 im Schema dargestellten Bottich. Die Proben 1, 2, 3 usw. sind gerade uber den Läuter-

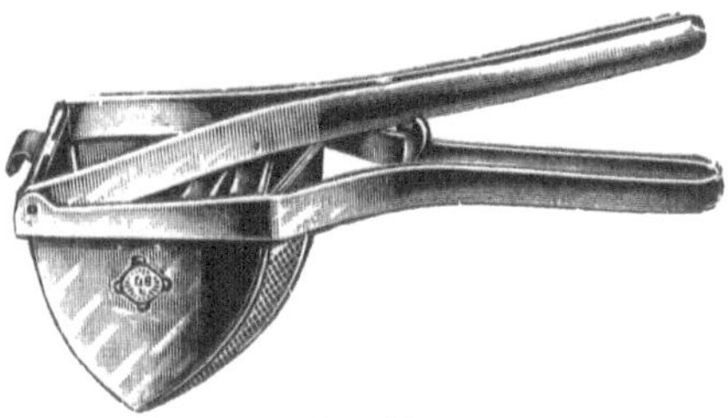

Fig. 65.

rohröffnungen entnommen: 1*, 2*, 3* usw. im gleichen zugehörigen toten Quellgebiet, und zwar sind beim Versuch nicht nur die Maximalextrakte am Senkboden, sondern auch die Minimalextrakte, welche sich in den obersten Treberschichten befinden, bestimmt.

Gesamte Läuterdauer 3 Std. 8 Min.

(Siehe Tabelle nachste Seite.)

Die Versuchsresultate zeigen, daß sich direkt über den Läuterrohroffnungen im Durchschnitt hohere Maximalextraktzahlen vorfinden, wie im zugehörigen toten Quellgebiet. Unter Berücksichtigung des raschen Abläuterns und des Umstandes, daß ein verhaltnismäßig schlecht gelöstes Malz vorlag, erklärt sich die hier vorliegende Situation. Durch das rasche Abläutern zogen sich die Treberschichten direkt über den Bottichoffnungen am meisten zusammen, so daß die toten Quellgebiete am leichtesten dem Wasser den Durchfluß gestatteten, wodurch an diesen Stellen die Treber mehr ausgelaugt wurden. Es kann auch der umgekehrte Fall ein-

	Stelle der Probenahme im Bottich			Stelle der Probenahme im Bottich	
	An der Oberflache (Minimal-extrakt)	Am Senkboden (Maximal-extrakt)		An der Oberflache (Minimal-extrakt)	Am Senkboden (Maximal-extrakt)
	Prozent Balling	Prozent Balling		Prozent Balling	Prozent Balling
1	0,20	1,50	8	0,15	0,70
1*	0,15	1,10	8*	0,10	0,40
2	0,15	1,30	9	0,25	1,60
2*	0,10	1,00	9*	0,20	1,20
3	0,15	1,20	10	0,20	0,80
3*	0,15	1,10	10*	0,20	0,60
4	0,10	1,70	11	0,10	0,70
4*	0,15	0,40	11*	0,15	0,40
5	0,10	0,90	12	0,10	1,10
5*	0,10	0,60	12*	0,05	0,70
6	0,20	1,10	13	0,20	2,10
6*	0,25	0,80	13*	0,25	1,30
7	0,05	1,00	14	0,25	0,90
7*	0,10	0,60	14*	0,20	0,70

treten, daß sich gerade uber den Lauterbodenoffnungen die niedrigsten Extraktzahlen zeigen, besonders wenn sehr grob geschrotet ist, ein sehr gut gelöstes Malz vorliegt und dabei verhältnismäßig langsam abgelautert wird.

Hier ist es die Aufgabe des Betriebskontrolleurs, durch Versuche festzustellen, in welchen Zusammenhang im gegebenen Fall die Schrotfeinheit und Ablautergeschwindigkeit gebracht werden mussen, um nicht allzuhohe Extraktreste in den unteren Treberpartien zuruckzulassen. Diese Aufgabe kann durch Regulierung der Schrotmühle unter steter Beobachtung der sich in den Treberwiderständen bemerkbar machenden Änderungen gelost werden.

Bei dem Maischefilter können natürlich abhängig von Konstruktion und Arbeitsweise ebenfalls geringe oder erheblichere Differenzen im restierenden Extrakt der Treber auftreten, wie es folgende Versuche zeigen. Wird das Abläutern mit dem Maischefilter forciert, so steigt der Extraktgehalt der Treberpreßsäfte sehr beträchtlich. Endlich kann unnormale Arbeitsweise, schlechte Tücherreinigung usw. auch ungünstige Resultate zur Folge haben.

Beispiel:

Maischefilter für **22 Ztr.** Läuterdauer 1 Std. 20 Min. (ungenügende Kammerfüllung, für die Schüttung zu groß).

Hahn Nr.	Pfanneninhalt				
	37 hl	59 hl	74 hl	Kuchen Nr.	Preßsaft % Ball
1	13,1	3,25	0,9	1 2	1,2 0,55
2	12,5	3,0	1,2	3 4	2,8 2,0
3	11,6	2,5	1,05	5 6	1,45 3,55
4	11,2	2,5	1,05	7 8	1,4 2,3
5	10,4	2,6	1,05	9 10	2,2 3,9
6	10,0	2,4	0,95	11 12	2,35 2,45
7	8,2	1,5	0,45	13 14	1,95 2,0
8	8,1	1,6	0,45	15 16	1,7 2,15
9	8,3	1,6	0,55	17 18	2,85 0,7
10	7,1	1,5	0,35	19 20	3,3 1,6
11	9,3	1,8	0,5	21 22	0,5 1,0
12	10,4	2,4	0,85	23 24	3,1 1,7
13	10,1	2,7	1,1	25 26	1,3 2,9

Maischefilter für **28 Ztr.** Läuterdauer 55 Min. (langsame, gute Kammerfüllung).

Hahn Nr.	Pfanneninhalt				
	47 hl	75 hl	92 hl	lauft aus Kuchen Nr.	Preßsaft % Balling
1	7,35	1,2	0,2	— 1	1,0
2	6,0	0,9	0,1	2 3	0,5 0,9
3	6,5	1,1	0,45	4 5	1,5 0,8
4	5,8	0,8	0,3	6 7	0,8 0,2
5	4,8	0,5	0,1	8 9	0,85 1,7
6	5,4	0,6	0,2	10 11	0,3 1,85
7	6,2	0,7	0,25	12 13	1,5 0,15
8	5,6	0,7	0,15	14 15	0,85 1,1
9	4,9	0,5	0,15	16 17	0,15 0,5
10	5,8	0,7	0,1	18 19	0,35 0,2
11	6,4	0,9	0,1	20 21	0,25 0,1
12	8,5	0,7	0,25	22 23	0,45 1,45
13	9,2	1,0	0,15	—24	1,65

d) Die Höhe der Extraktgehalte der letzten in die Pfanne laufenden Nachgüsse.

Es muß ein Zeitpunkt kommen, bei dem der Extraktgewinn aus dem Nachguß geringer wird, als den Kosten des Eindampfens der gewonnenen Extraktlosung entspricht. Diese kritische Konzentration des ablaufenden Nachgusses ist für bestimmte Verhältnisse (siehe unten) konstant, und nun hat man nur das Augenmerk darauf zu richten, daß kein Hahn bis zum Ende des Läuterprozesses unter diese Extraktgrenze herabfällt, sonst erscheint es einfacher, da er die aus den übrigen Hähnen ablaufende Extraktlösung nur verdünnt, diesen zu schließen oder zu drosseln, um zu beobachten, ob bei geringerer Ausflußgeschwindigkeit sich der Extraktgehalt wieder hebt. Tritt dies ein, so wurde zu rasch abgeläutert, und das Nachgußwasser hatte zu geringe Zeit, sich vollkommen mit dem vorhandenen Extrakt zu sättigen.

In der Praxis findet man in der Hauptsache zwei verschiedene Methoden der Kontrolle der letzten Nachgüsse, und zwar

a) die kalorimetrische,
b) die saccharometrische.

Die kalorimetrische Kontrolle der Nachgüsse stützt sich, wie der Name sagt, auf die Prüfung der Farbe der ablaufenden Extraktlösung. Je heller dieselbe wird, desto geringere Extraktmengen sind im allgemeinen vorhanden. An dem Läuterhahn ist zu diesem Zweck ein parallelwandiges Prüfglas angebracht, womit die Farben der Extraktlösungen sich vergleichen lassen. Die mehr gelb laufenden Hähne können dann nachgerieben werden, die fast wasserhell ausfließenden Hähne werden gedrückt.

Eine zahlenmäßige Angabe des Extraktes findet dabei nicht statt. Bemerkt sei, daß es bei niedrigprozentigen Extraktlösungen aus denselben Trebern bisweilen vorkommt, daß eine sehr hell laufende Extraktlösung noch einen höheren Extraktgehalt zeigt als eine andere, weit tiefer gelbgrau gefärbte. Deshalb wird bei exakten Versuchen das kalorimetrische Verfahren nicht absolut einwandfreie Resultate liefern.

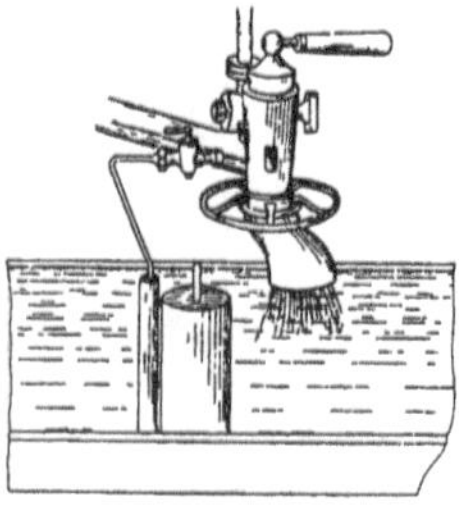

Fig 66

Die saccharometrische Prüfung ist genauer, auch wird der absolute Extraktgehalt stets angegeben. An jeden Läuterhahn ist ein Spindelzylinder (Fig. 66) angeschlossen, durch welchen stets ein Teil der ablaufenden Extraktlösung tritt. Ein darin befindlicher Saccharometer zeigt den Extraktgehalt der ablaufenden Lösung an. Vergleicht man nebeneinander die einzelnen Saccharometeranzeigen der Läuterhähne, so wird die Höhe des ablaufenden Extraktes darauf hinweisen, welcher Hahn mehr zu schließen ist.

B e i s p i e l : Beim Abläutern der letzten Nachgüsse wurden folgende Aufzeichnungen gemacht:

In der Pfanne wurden abgestochen:

hl	Hahn-Nummer													
	1	2	3	4	5	6	7	8	9	10	11	12	13	14
	Prozent Balling													
150	2,4	2,9	0,6	**0,3**[1])	0,5	5,6	2,2	1,9	5,8	4,7	**0,3**	3,4	5,1	4,2
160	1,9	2,1	0,6	**0,2**	0,4	3,2	1,8	1,2	3,1	3,2	**0,2**	1,9	4,0	3,1
170	1,3	1,5	0,5	**0,1**	**0,2**	2,0	1,2	0,7	2,4	2,3	**0,1**	0,7	2,9	2,0
180	0,8	1,0	0,5	**0,1**	**0,1**	1,4	0,8	0,4	1,5	1,7	**0,0**	**0,25**	1,7	1,2
190	0,4	0,6	0,4	**0,0**	**0,0**	0,7	0,4	0,35	0,85	1,15	**0,0**	**0,1**	0,9	0,6
200	0,4	0,5	0,35	**0,0**	0,0	0,4	**0,3**	**0,2**	0,7	1,0	**0,0**	**0,0**	0,55	0,5

[1]) Die fettgedruckten Zahlen sagen, daß die Konzentration unter die zulassige Mindestkonzentration gesunken ist.

Die Verschiedenheit des Extraktgehaltes rührt daher, daß an den Hähnen nicht gestellt und so abgeläutert wurde, als ob kein Kontrollapparat zur Prüfung des Extraktgehaltes vorhanden gewesen wäre. Als Grenze des Mindestextraktes, bis zu welchem es rentabel erscheint, den ablaufenden Nachguß einzudampfen, möge sich 0,3% B. (siehe spater) ergeben haben.

Dann kann aus den obigen Aufzeichnungen gefolgert werden, daß es keinen Nutzen brachte, wenn in der Pfanne waren

150 hl und die zwei Hahne (4 und 11) liefen
160 « « « « « (4 « 11) «
170 « « « drei « (4, 5, 11) «
180 « « « vier « (4, 5, 11, 12) «
190 « « « « « (4, 5, 11, 12) «
200 « « « sechs « (4, 5, 7, 8, 11, 12) liefen.

Tritt nun durch alle Hähne etwa die gleiche Flüssigkeitsmenge,[1]) so bedeutet die aus einem Hahn ablaufende Lösung von 14 Hähnen $\frac{1}{14} \cdot 100 = 7{,}15\%$ der momentan abgelaufenen Gesamtmenge.

Für je 10 hl ergibt sich eine ungünstige Hahnzahl, zwischen a) 150 und 160 hl im Mittel 2,0, b) 160 und 170 im Mittel 2,5, dann c) 3,5, d) 4,0, e) 5,0, somit wurden nutzlos in die Pfanne gelassen der Reihe nach von je 10 hl, a) $2{,}0 \cdot 7{,}15 = 14{,}3\%$, b) $2{,}5 \cdot 7{,}15 = 17{,}9\%$, ferner c) 25,0%, d) 28,6%, e) 35,8%, in Hektoliter sind das a) $\frac{10 \cdot 14{,}3}{100} = 1{,}43$ hl, b) 1,79 hl, c) 2,50 hl, d) 2,86 hl, e) 3,58 hl; zusammen sind das 12,16 hl Extraktlösung unter 0,3% B., welche, ohne einen Nutzen zu bringen, eingedampft würden.

Diese Versuche lassen die Wichtigkeit der Prüfung der Mindestextrakte genügend erkennen.

e) Die Festlegung der günstigsten Mindestextraktgrenze für den Nachguß.

Will man ermitteln, bis zu welchem Mindestextrakt für den Nachguß unter gegebenen Verhältnissen der letzte Nachguß in die Pfanne laufen soll, so ist zu beachten, daß so lange rentabel gearbeitet wird, als das aufgewendete Brennmaterial zum Eindampfen der verdünnten Extraktlösung auf Normalkonzentration beim Ausschlagen nicht teurer zu stehen kommt als der daraus gewonnene Extrakt.

Wird dieser kritische Punkt nicht erreicht, so liegt ein Extraktverlust vor, also eine Ausbeuteschädigung; wird er überschritten, so wird Brennmaterial verschwendet.

Bezeichnet man mit K_k die Kosten des Brennmaterials, um 100 kg verdünnte Extraktlösung auf Siedetemperatur zu bringen und auf Normalkonzentration einzudampfen; ferner mit K_e den Wert des gewonnenen Extraktes aus 100 kg

---

[1]) Diese Annahme ist nicht ganz richtig, sondern es tritt gerade durch die mit niedriger Konzentration laufenden die größte Flüssigkeitsmenge.

dieser verdünnten Extraktlösung, so wird ökonomisch gearbeitet, wenn $K_e = K_k$.

Es macht sich also notwendig, einerseits der Extraktgewinn, anderseits der Kostenaufwand für Brennmaterial zu ermitteln.

Je 100 kg von den Läuterhähnen ablaufenden Nachguß müssen zunächst von ihrer Ablauftemperatur 70 bis 80° C auf Siedetemperatur gebracht und dann von dem Zeitpunkt an, in welchem das Gemisch der Stammwürze mit dem ablaufenden Nachguß die Normalkonzentration erreicht hat, auf diese eingedampft werden.

Es setzt sich also die aufzuwendende Kohlenmenge zusammen:

1. aus derjenigen um 100 kg ablaufende Extraktlösung auf Siedetemperatur zu bringen,
2. aus derjenigen um 100 kg ablaufende Extraktlösung auf Normalkonzentration einzudampfen.

Um bei Feuerpfannen den Brennstoffaufwand aufzufinden, läßt man die Pfanne mit Wasser von der ublichen Ablauftemperatur des Nachgusses voll.

Berucksichtigt man Kontraktion der Flüssigkeit[1]) und Pfannenausdehnung[2]), so kann der Gewichtsinhalt der Pfanne berechnet werden.

Diese genau bestimmte Wassermenge bringt man nun unter Notierung der dazu nötigen Kohlenmenge bis zur Siedetemperatur, 100° C.

Ist nun M_1 die gesamte verbrauchte Kohlenmenge und G der Pfanneninhalt in Kilo, dann ist die Kohlenmenge k um 100 Wasser oder ohne einen wesentlichen Fehler zu begehen, 100 kg des Nachgusses auf Siedetemperatur zu bringen

$$k_1 = \frac{M_1}{G}.$$

Diejenige Kohlenmenge, welche nötig ist, um 100 kg ablaufende Extraktlösung auf Normalkonzentration einzudampfen, findet man auf folgende Weise:

[1]) u. [2]) Für beides ist bei kupfernen Pfannen ∾ 2,15 %, bei eisernen Pfannen ∾ 2,25 % abzurechnen — als Mittelwerte zwischen 70 und 80° C.

Man bestimmt, wenn alle Nachgüsse in der Pfanne sind, den Inhalt bei 100° C in Hektolitern durch Abstechen bei ruhigem Spiegel und kocht dann mit genau abzuwägendem Kohlenquantum ein. Vor dem Ausschlagen wird nun abermals der Inhalt durch Abstechen bestimmt, woraus sich die verdampfte Hektoliterzahl Wasser von 100° C ergibt.

Bezeichnet man mit M_2 den Gesamtkohlenverbrauch zum Eindampfen und mit H_e die eingedampfte Hektoliterzahl, so ergibt sich die nötige Kohlenmenge k um 1 hl von 100° C zu verdampfen, aus $k = \frac{M_2}{He}$.

Ist nun die Konzentration des ablaufenden Nachgusses $= p$ %, d. h. p kg Extrakt in 100 kg ablaufendem Nachguß, so soll daraus eine Wurzemenge mit der Normalkonzentration e % beim Ausschlagen gewonnen werden.

Es sollen also e kg Extrakt in 100 kg Wurze sein. 1 kg Extrakt gibt dann $\frac{100}{e}$ kg Wurze, und aus p kg Extrakt gewinnt man $\frac{p \cdot 100}{e}$ kg ausschlagbare Wurze.

Bezeichnet man nunmehr die aus 100 kg p-prozentigem Nachguß erhaltenen Kilo Wurze von e % mit E, so ist $E = \frac{100 \cdot p}{e}$.

Da nun aus 100 kg Nachguß E kg Wurze erhalten werden, so sind $(100 - E)$ kg Wasser pro 100 kg Nachguß einzudampfen.

1 hl Wasser wiegt bei 100° $= \sim 96$ kg, es sind also, um 96 kg Wasser zu verdampfen, k kg Kohle nötig, da aber pro 100 kg Nachguß $(100 - E)$ kg Wasser verdampft werden sollen, so benotigt man pro 100 kg Nachguß $\frac{k \cdot (100 - E)}{96}$ kg Kohle.

Ist nun k_2 die Kohlenmenge, um $(100 - E)$ kg Wasser zu verdampfen, also auch diejenige, um 100 kg Nachguß auf Normalkonzentration einzudampfen, so ist $k_2 = \frac{k \cdot (100 - E)}{96}$ für E zu wählen bei 12 proz. Wurzekontraktion $E = 4{,}1$, bei 11 proz. Würzekonzentration $E = 4{,}5$.

Diese Werte resultieren aus der Annahme, daß das letzte Glattwasser nicht uber 1% wiegt, und in Minimum 0% sein kann.

Der Gesamtkohlenverbrauch K, um 100 kg ablaufende Extraktlösung zunächst auf Siedetemperatur zu bringen und dann einzudampfen, ergibt sich aus

$$K = k_1 + k_2.$$

Kostet nun 1 kg Kohle m Pf., so ist der Kostenaufwand fur Brennstoff pro 100 kg Nachguß

$$\underline{K_k = m \cdot K = m \cdot (k_1 + k_2).}$$

Bei der Ermittelung des Brennstoffaufwandes bei Dampfpfannen geht man analog vor, nur ist statt der Kohlenmenge die jedesmalige Dampfmenge in Kilo sowohl zum Anwärmen auf Kochtemperatur als auch zum Eindampfen auf Normalkonzentration zu bestimmen. Es geschieht das durch Wagung des die Pfanne verlassenden Kondensates.

Ist M_1 die Gesamtmenge in Kilo zum Anwarmen auf Kochtemperatur und G der Pfanneninhalt in Kilo, so ist

$$d_1 = \frac{M_1}{G}.$$

Die Dampfmenge d um 1 hl von 100° C zu verdampfen, ergibt sich, wenn M_2 kg im gesamten Dampf zum Einkochen verbraucht und H hl verdampft wurden, zu $d = \frac{M_2}{H_e}$.

Die Dampfmenge d_2 um $(100 - E)$ kg Wasser zu verdampfen, findet man dann aus:

$$d_2 = \frac{d\,(100 - E)}{96}.$$

Für E sind hier wieder die oben angegebenen Werte zu wählen.

Der gesamte Dampfverbrauch D pro 100 kg p prozentigen Nachguß berechnet sich dann aus

$$D = d_1 + d_2.$$

Diese durch Wägung des Kondensates bestimmte Dampfmenge D in Kilo ist auch im Dampfkessel unter Betriebsverhältnissen aus demselben Gewichtsquantum Wasser zu erzeugen.

Wird die Verdampfungsziffer unter den Verhältnissen des Betriebes am Dampfkessel bestimmt zu v, d. h. aus 1 kg Kohle erhält man v kg Dampf unter Betriebsverhältnissen, so resultiert diese Dampfmenge aus einem Kohlenquantum

$$K = \frac{D}{v}.$$

Während der Dampfabnahme im Sudhaus wird sich, da das heiße Kondensat gleich in den Kessel zuruckgeleitet wird, die Verdampfungsziffer der Praxis in dieser Hinsicht erhöhen. Es schließt die Verdampfungsziffer unter Betriebsverhältnissen schon den praktischen Gewinn an Brennstoff durch die Speisung des heißen Kondensates ein.

Es ist also unter Verdampfungsziffer der Praxis diejenige verstanden, welche gefunden wird, wenn:

1. der Kessel durch Dampfabgabe an das Sudhaus belastet ist, und
2. dieses heiße Kondensat zum Kessel zuruckgeleitet wird.

Das in der Dampfzuleitung zur Pfanne kondensierte Wasser muß mit in diese Berechnung als Dampfverbrauch d_1 bzw. d_2 eingeschlossen werden.

Kostet nun 1 kg Kohle m Pf., so ist der Kostenaufwand fur Dampf pro 100 kg Nachguß K_k

$$K_k = m \cdot K = \frac{m}{v} \cdot (d_1 + d_2).$$

B e i s p i e l : a) Feuerpfanne. Um die Kohlenmenge k_1 zu bestimmen, wurde die Pfanne mit Wasser gefullt. Die Temperatur betrug 75° C. Durch Abstechen ermittelt zu 179,25 hl. Die Pfanne war aus Kupfer, also für Pfannenausdehnung und Kontraktion 2,15% abzuziehen:

$$179{,}25 - \frac{179{,}25 \cdot 2{,}15}{100} = 175{,}75 \text{ hl bei } 4^0\,\text{C} = 17\,575 \text{ kg}.$$

Die zum Anwärmen auf 100° C notige Kohlenmenge betrug 307 kg, somit ist die notwendige Kohlenmenge, um 100 kg Wasser zu erwärmen

$$k_1 = \frac{307}{175{,}75} = 1{,}75 \text{ kg}.$$

Zur Ermittelung der Kohlenmenge k_2 wurde, nachdem abgeläutert war und sich die gesamten Nachgüsse im Hopfenkessel befanden, bei der Temperatur 100° C der Inhalt durch Abstechen zu 173,5 hl ermittelt. Diese dampften durch einstündiges Kochen auf 161 hl ein, also 12,5 hl.

Die dazu nötige Kohlenmenge betrug 281 kg, also pro 1 hl

$$k = \frac{281}{12,5} = 22,5 \text{ kg.}$$

Die Normalkonzentration beim Ausschlagen betrug 12,05%, so daß für $E = 4,1$ zu wählen ist.

Dann benötigt man zum Einkochen

$$k_2 = \frac{22,5 \cdot (100 - 4,1)}{96} = 22,5 \text{ kg Kohlen.}$$

Der Gesamtkohlenverbrauch pro 100 kg Nachguß ist dann

$$K = 1,75 + 22,5 = 24,25 \text{ kg.}$$

Der Kohlenpreis betrug 1,66 Pf. pro 1 kg, somit ist

$$K_k = 24,25 \cdot 1,6 = 38,8 \text{ Pf.}$$

Die Kosten betragen also in diesem Fall, pro 100 kg Nachguß 38,8 Pf.

b) Dampfpfanne. Analog ergaben Versuche an einer Dampfpfanne folgende Zahlenwerte: Um 100 kg Nachguß von 75° C zur Siedetemperatur zu bringen, waren nötig 8,2 kg Dampf; um 1 hl zu verdampfen 105,5 kg Dampf; es ist also $d_1 = 8,2$; $d = 105,5$; Normalkonzentration 12,05%; E gewählt 4,1; dann ergibt sich:

$$d_2 = \frac{105,5 \cdot (100 - 4,1)}{96} = 105,4 \text{ kg;}$$

die gesamte Dampfmenge:

$$D = d_1 + d_2 = 8,2 + 105,4 = 113,6 \text{ kg.}$$

Die Verdampfungsziffer unter Betriebsverhaltnissen war $v = 7,3$, so daß das Kohlenquantum

$$K = \frac{113,6}{7,3} = 15,56 \text{ kg.}$$

Der Kohlenpreis betrug 1,7 Pf.; dann wird

$$K_k = 1{,}7 \cdot 15{,}56 = 26{,}5 \text{ Pf.}$$

Pro 100 kg Nachguß kommen also 26,5 Pf. Brennmaterialaufwand in Betracht.

Ein klares Bild über das Anwachsen der Brennstoffkosten mit abnehmendem Extraktgehalt erhält man aus nachstehender Fig. 67 fur die Feuerpfanne, Fig. 68 für die Dampfpfanne.

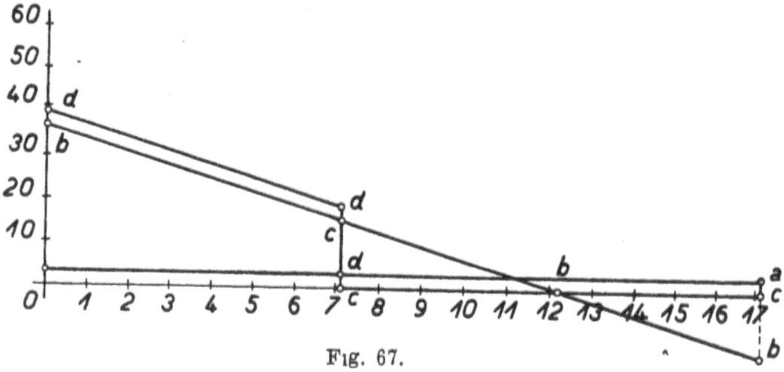

Fig. 67.

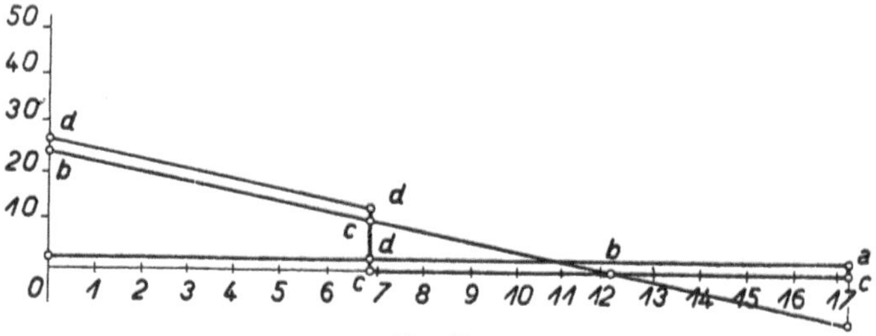

Fig. 68.

Die Kohlenkosten zum Anwärmen von 100 kg Extraktlosung auf 100° C können, ohne einen wesentlichen Fehler in bezug auf das Endresultat zu begehen, fur jede Konzentration der Würze als konstant angenommen werden und erscheinen dann im Diagramm als Parallele zur Abszissenachse in der Entfernung $k_1 \cdot m$ bzw. $\frac{d_1}{v} \cdot m$ und sind dargestellt durch Linie $a - a$.

Anders verhalt sich die Kurve für $k_2 \cdot m$ bzw. $\frac{d_2}{v} \cdot m$, da $k_2 = \frac{k \cdot (100 - E)}{96}$ und $E = \frac{100 \cdot p}{e}$, daß k_2 ein Maximum wird für $E = 0$; also für $p = 0$; also

$$k_2 = \frac{k \cdot 100}{96} = \frac{22{,}5 \cdot 100}{96} = 23{,}45;$$

dann ist $\quad m \cdot k_2 = 1{,}6 \cdot 23{,}45 = 37{,}4$ Pf.

und für $\quad p = e,\ E = 100$ ist $k_2 = \frac{k \cdot 0}{96} = 0$,

d. h. die Kurve schneidet bei der Normalkonzentration die X-Achse; es wird fur alle Werte von $p < e$ der Verlauf uber der Abszissenachse sein, fur $p > e$ unter derselben.

Die Kurve ist dargestellt durch Linie $b - b - b$. In Wirklichkeit wird in der Praxis der Verlauf dieser Kurve ein anderer sein, da eine negative Kohlenmenge ja nicht auftreten kann, und zwar wird die Kurve zunächst mit der Abszissenachse zusammenfallen, so lange Stammwurze läuft. Sie wird sich von derselben erst entfernen, sobald das Gemisch von Nachguß und Stammwurze die Durchschnittskonzentration e % unterschritten hat.

Von jetzt ab müssen von je 100 kg ablaufender Extraktlösung $(100 - E)$ kg Wasser verdampft werden.

Die Kurve wird also plötzlich senkrecht steigen, bis sie $b - b$ erreicht, und dann den weiteren Verlauf von $b - b$ beibehalten. Der Verlauf ist also $c - c - c - b$.

Will man nun die Brennstoffkosten von $(k_1 + k_2)$ bzw. $\frac{d_1 + d_2}{v}$ graphisch ersehen, so sind nur die senkrechten Ordinaten der Kurven $a - a$ und $c - c - c - b$ zu addieren, und man erhält Kurve $a - d - d - d$.

Dieses Diagramm stellt also die Brennstoffkosten dar als Funktion des Extraktgehaltes in Prozent Balling der durch die Läuterhähne ablaufenden Extraktlösung.

Durch den aus den Nachgussen resultierenden Extraktgewinn erhöht sich die Ausbeute. Solle eine bestimmte Konzentration beim Ausschlagen nicht uberschritten werden, so macht sich eine solche Ausbeuteerhöhung in einer Ersparnis von Malz und der dazu gehörenden Steuern geltend.

Der Extraktgewinn durch Ersparnis von Malz und der dazu gehörigen Steuern errechnet sich, wie folgt:

Der Preis fur 100 kg Malz in Pf. sei mit Km bezeichnet.

Die Ausbeute dieses Malzes in der Praxis sei A, d. h. man erzielt aus 100 kg Malz A kg Extrakt.

Ferner erhält man aus diesen 100 kg Malz noch die verkaufsfähigen Treber.

Bezeichnet man den Preis der aus 100 kg Malz entstehenden Treber mit T, so kosten A kg unversteuerter Extrakt $(k_m - T)$ Pf.

Beträgt die Steuer pro 100 kg Malz S, so kosten:

A kg versteuerter Extrakt $(k_m - T + S)$ Pf., ferner folgt:

$$\underline{K_e = \left(\frac{k_m - T + S}{A}\right) \cdot p \text{ Pf.},}$$

d. i. der Preis des aus 100 kg p proz. Nachguß gewonnenen Extraktes.

Im Anschluß an obigen Versuch seien auch die diesbezüglichen Resultate niedergelegt.

a) Der Preis für 100 kg Malz betrug 26 M.

Die Ausbeute sei 71,0.

Der Treberpreis fur die aus 100 kg Malz entstandenen Treber war 3 M.

Die Steuern pro 100 kg Malz betrugen 16 M.

Das Letzte von dem in die Pfanne fließenden Nachguß wog 0,3%. Dann ist:

$$K_e = \frac{(2600 - 300 - 1600) \cdot 0{,}3}{71} = 16{,}49 \text{ Pf.}$$

Es beträgt der Wert des in 100 kg letzten Nachgusses noch enthaltenen Extraktes noch 16,49 Pf.

Der Extraktgewinn K_e kann ebenfalls als Funktion der Ballingprozente des Nachgusses graphisch dargestellt werden. Fig. 69 zeigt diesen Zusammenhang anschließend an vorige Beispiele.

Man erkennt aus der Gleichung, daß die Kurve wieder eine Gerade ist. Der Verlauf ist nur zwischen 0 und 1% B. gezeichnet.

Oben ist gesagt, daß rentabel gearbeitet wird, wenn sich Brennstoffaufwand und Extraktgewinn decken. Der Wert von K_k ist, wie bemerkt, für jeden Betrieb unter dessen Betriebsverhältnissen festzulegen und bedeutet, solange die gleiche Arbeitsmethode und die Kohlenqualität beibehalten wird, eine ganz konstante Größe; es werden also auch die

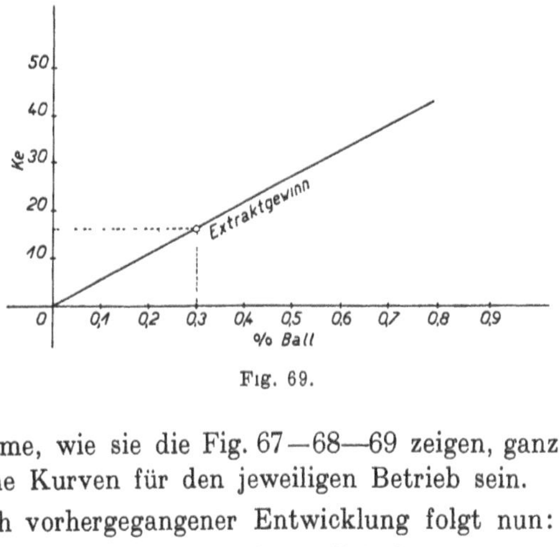

Fig. 69.

Diagramme, wie sie die Fig. 67—68—69 zeigen, ganz charakteristische Kurven für den jeweiligen Betrieb sein.

Nach vorhergegangener Entwicklung folgt nun:

$$K_k = K_e = \frac{(k_m - T + S)}{A} \cdot p$$

Hieraus erhält man:

$$p = \frac{K_k \cdot A}{k_m - T + S}$$

Hierin gibt p den Extraktgehalt an, bei welchem die Kosten des Brennmaterials eben gedeckt werden, also am rentabelsten gearbeitet wird. Der Wert K_k ist, wie oben erwähnt, nur ein Näherungswert, doch von genugender Genauigkeit.

Bei Verarbeitung gleichmäßiger Rohprodukte ergeben sich sowohl fur K_k als auch K_e ganz charakteristische Kurven für einen Betrieb.

Ein deutliches Bild über Betriebsrentabilität erlangt man deshalb aus den graphischen Darstellungen über Zusammenhang zwischen Brennmaterialaufwand und Extraktgewinn, wenn man unter Einhaltung des gleichen Maßstabes beide Kurven übereinander als Abhängige von p zeichnet nach Fig. 70.

Fällt man dann vom Schnittpunkt beider Kurven ein

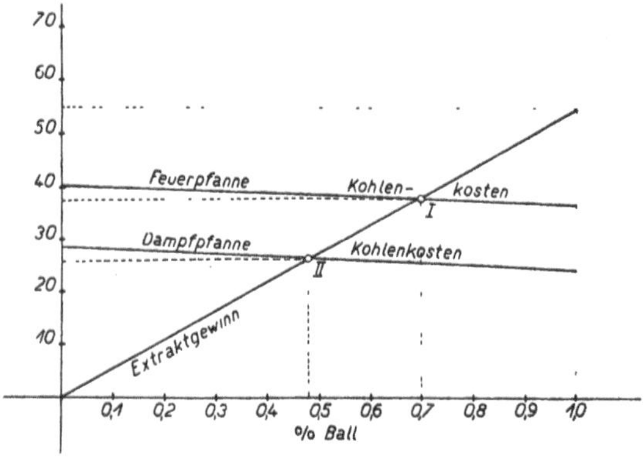

Fig. 70.

Lot auf die Abszissenachse, so gibt dieses direkt den günstigsten Extraktgehalt an.

In diesem Schnittpunkte (bezeichnet I, II sind Kosten von Brennmaterialaufwand und Extraktgewinn gleich; denn beide Kurvenpunkte haben hier dieselbe Ordinate.

Wird nun fur einen bestimmten Fall dieses günstigste Diagramm aufgezeichnet, so findet man z. B. den günstigsten Extraktgehalt bei $\sim$ 0,48 resp, 0,7.

Ist der bisherige Extrakt höher gelegen, so kann auch direkt aus dem Diagramm der bisherige Verlust an Extrakt pro 100 kg Nachguß abgelesen werden, wenn man ein Lot auf den betr. bisherigen Extrakt fallt und vom Schnittpunkt mit der Extraktgewinnkurve aus horizontal nach links bis zur Ordinatenachse weiter geht.

Es ist unzulässig, für jeden Betrieb die allgemeine Regel aufzustellen, den letzten Nachguß z. B. bis zur Ablaufkonzentration 0,5% B. zu verwerten. Es kann die günstige Grenze in dem einen Betrieb höher, in dem anderen Betrieb niedriger liegen, jedenfalls ist aber bei gleicher Arbeitsmethode und gleicher Verarbeitung von Rohstoffen diese Mindestkonzentration eine konstante Größe fur den jeweiligen Betrieb. Diese Zahl kann in verschiedenen Betrieben zwischen 0,2 und 1,0% B. schwanken, und es wird deshalb noch lange nicht unrationell nach dieser Hinsicht gearbeitet.

Durch die hohere Besteuerung ist der Extrakt wertvoller geworden; aus diesem Grunde liegt gegen fruher die Mindestextraktgrenze um 0,1 — 0,2% B. niedriger.

Fur die Betriebsrentabilität ist die Lösung dieser Frage fur die gegebenen Verhältnisse von großer Wichtigkeit.

4. Die Berechnung der Sudhausausbeute und des durch eine Ausbeuteerhöhung entstehenden Gewinnes und die Ursachen mangelhafter Ausbeuten.

a) Die Berechnung der Sudhausausbeute.

Bedeutet Hl = Ausschlagmenge heißer Wurze in Hektoliter,
p = Extraktgehalt der Ausschlagwurze in % B.,
d = Dichte der Ausschlagwurze, dem Extraktgehalt entsprechend,
Sch = Schüttung in Doppelzentner,

so ist die Sudhausausbeute A unter Berucksichtigung eines 4 proz. Abzuges vom heißen Pfannenvolumen fur zu berucksichtigende Korrekturen, bedingt durch die Flüssigkeitskontraktion, die Pfannenausdehnung, die Beeinflussung durch den Hopfen und das Kuhlgelager.

$$A = \frac{\mathrm{Hl} \cdot p \cdot d \cdot 0{,}96}{Sch}.$$

Das Produkt $p \cdot d \cdot 0{,}96$ ist abhängig von der Würzekonzentration allein und kann als ein Faktor F dargestellt werden, abhängig von dem jeweiligen Ballingwert, also

$$F = p \cdot d \cdot 0{,}96$$

und die Sudhausausbeute ist dann

$$A = \frac{\mathrm{Hl} \cdot F}{Sch}.$$

Die Faktoren F können aus der folgenden Tabelle entnommen werden:

Prozent Balling	Korrektur	Prozent Balling	Korrektur	Prozent Balling	Korrektur
4,0 bis 6,7	— 0,1	13,6	+ 0,18	16,6	+ 0,42
6,8 » 7,4	— 0,09	13,7	+ 0,19	16,7	+ 0,43
7,5 » 7,8	— 0,08	13,8 u. 13,9	0,20	16,8	0,44
7,9 » 8,3	— 0,07	14,0	0,21	16,9	0,45
8,4 » 8,6	— 0,06	14,1 u. 14,2	0,22	17,0	0,46
8,7 » 9,0	— 0,05	14,3	0,23	17,1	0,47
9,1 » 9,3	— 0,04	14,4	0,24	17,2	0,48
9,4 » 9,6	— 0,03	14,5 u. 14,6	0,25	17,3	0,49
9,7 » 9,9	0,02	14,7	0,26	17,4	0,50
10,0 » 10,1	— 0,01	14,8	0,27	17,5	0,51
10,2 » 10,4	0	14,9	0,28	17,6	0,52
10,5 u. daruber	+ 0,01	15,0	0,28	17,7	0,53
10,7 »	+ 0,02	15,1	0,29	17,8	0,54
10,9 »	0,03	15,2	0,30	17,9	0,56
11,1 »	0,04	15,3	0,31	18,0	0,57
11,3 »	0,05	15,4	0,32	18,1	0,58
11,5 »	0,06	15,5	0,33	18,2	0,59
11,7 »	0,07	15,6	0,33	18,3	0,60
11,9 »	0,08	15,7	0,34	18,4	0,61
12,1 »	0,09	15,8	0,35	18,5	0,62
12,3	0,10	15,9	0,36	18,6	0,63
12,4 u. daruber	0,11	16,0	0,37	18,7	0,64
12,6 »	0,12	16,1	0,38	18,8	0,65
12,8	0,13	16,2	0,39	18,9	0,67
12,9 u. daruber	0,14	16,3	0,40	19,0	0,68
13,1 »	0,15	16,4	0,41		
13,3	0,16	16,5	0,42		
13,4 u. daruber	0,17				

Unter gewöhnlichen Verhältnissen liegt die Ausschlagkonzentration der Würze allermeist zwischen 10 und 13% B. Für diese Verhältnisse genügt folgende Hilfstabelle zur Auffindung des Faktors F:

Werden p % am Saccharometer abgelesen, so ist zu addieren:

Von p % an							
10,0	10,2	10,5	10,7	10,9	11,1	11,3	11,5
— 0,01	0	+ 0,01	0,02	0,03	0,04	0,05	0,06
11,7	11,9	12,1	12,3	12,4	12,6	12,8	12,9
0,07	0,08	0,09	0,10	0,11	0,12	0,13	0,14

Den Gebrauch beider Hilfstabellen möge folgendes Beispiel zeigen: Schüttung 23 Ztr. = 11,5 dz; Ausschlag 73 hl mit 11,0% B. Man findet die Korrekturen zu 0,03; somit ist $F = 11,03$ und die Ausbeute

$$A = \frac{73 \cdot 11,03}{115} = 70,02.$$

b) Die durch eine Ausbeuteerhöhung entstehenden pekuniären Vorteile.

War die Sudhausausbeute bisher 73% und wurde diese durch eine Neuerung oder verbesserte Arbeitsweise auf 74% erhöht, so erzielte man fruher aus 100 kg lufttrockenem Malz 73 kg Extrakt, und jetzt aus 100 kg lufttrockenem Malz 74 kg Extrakt.

74 kg Extrakt liefern dem 1 kg Mehrextrakt entsprechend mehr Würze, oder um die gleiche ursprüngliche Würzemenge von der bisherigen Konzentration zu erhalten, kann der Malzverbrauch entsprechend reduziert werden; denn wenn bei 73% Extraktgehalt, 100 kg Malz notwendig sind, so ist bei 74% Extraktgehalt nur

$$\frac{100 \cdot 73}{74} = 98,65 \text{ kg Malz notwendig,}$$

es kann also 100 — 98,65 = 1,35% gespart werden.

Rechnet man die Verhaltnisse fur die Ausbeuteerhohung von 69 auf 70% und ferner von 79 auf 80%, so ergibt sich, daß in äußersten Grenzen 1% Ausbeuteerhöhung eine Malzersparnis von 1,43% bis 1,25% geben.

Die den Ausbeuteerhohungen entsprechenden Malzersparnisse sind aus folgender Tabelle zu entnehmen.

% Erhöhg.	70	71	72	73	74	75	76	77	78
0,2	0,29	0,29	0,28	0,28	0,27	0,27	0,26	0,26	0,25
0,4	0,57	0,56	0,56	0,55	0,54	0,53	0,52	0,52	0,51
0,6	0,85	0,84	0,82	0,81	0,80	0,79	0,78	0,77	0,76
0,8	1,13	1,11	1,10	1,08	1,07	1,06	1,04	1,03	1,01
1,0	1,41	1,39	1,37	1,35	1,34	1,32	1,30	1,28	1,27

Zu dieser Malzersparnis tritt noch die Ersparnis der auf diesen Malzanteil treffenden Steuer hinzu.

Bedeutet:

a = Ausbeuteerhohung.
m = die diese Ausbeuteerhöhung entsprechende Malzersparnis in %,
S = Steuersatz von der Große des Betriebes abhängig pro 100 kg Malz in Mark,
s = Steuerersparnis infolge der Ausbeuteerhöhung,
P = Malzpreis pro 100 kg.

So der durch eine Ausbeuteerhöhung erzielte Gewinn G pro 100 kg Malz:

$$G = s + \frac{P \cdot m}{100},$$

hierin ist s

$$s = \frac{S \cdot m \cdot}{100},$$

und

$$G = \frac{m}{100}(S + P).$$

Beispiel: Durch eine Neuanschaffung hat sich die Ausbeute von 73,0 auf 74,0 gehoben, somit $a = 1,0$.

Der Steuersatz war M. 20,0; der Malzpreis M. 34,5.

Aus der Tabelle findet man für $a = 1$ in Rubrik 73,0, $m = 1{,}35$

$$G = \frac{1{,}35}{100}(20{,}0 + 34{,}5) = \text{M. } \mathbf{0{,}736.}$$

Ist die Jahresschuttung früher 20 000 dz. gewesen, so wird gespart pro Jahr 20 000 · 0,736 = **14 720** M. Selbstredend kommen von dieser Summe ev. höhere Unterhaltungskosten und der betr. Amortisations- und Verzinsungsbetrag einer ev. die Ausbeuteerhöhung bewirkten Neuanschaffung in Abzug.

c) Die Ursachen schlechter Sudhausausbeute.

Niedrige Sudhausausbeute kann zunächst durch das Malz selbst bedingt sein. Magere Gersten werden extraktarme Malze geben. Aber auch aus schweren Gersten können bei der praktischen Verarbeitung Malze entstehen, welche wenig extraktergiebig sind, sobald Fehler in der Mälzerei gemacht werden. Schwer losliche, glasige Malze haben bisweilen hohe Laboratoriums-Feinmehlausbeute, dagegen bringen sie sehr niedrige Praxisausbeuten. Abhilfe, wenn auch nur teilweise, kann hier im Maischprozeß geschaffen werden. Langes mehrstündiges Vormaischen und kräftiges Kochen der Maischeteile macht den Fehler zum Teil wieder gut. Vor dem Maische-Kochen pumpt man bei solchen Malzen zweckmäßig die ganze Maische in die Maischpfanne und läßt dort 5 bis 10 Minuten absitzen. Die dünne Maische fließt beim Öffnen des Pfannenventils durch ein eingestecktes Rohr oben ab, und die spezifisch schweren, glasigen Malzteile bleiben in der Pfanne und werden kraftig mindestens 20 Minuten gekocht und langsam zugebrüht. Durch Zuschieben allein gewinnt man aus dem Maischbottich nie die hier notwendigen dicken Maischen in die Pfanne.

Hoher Wassergehalt des Malzes druckt die Sudhausausbeute sehr herab; deshalb sind die Malze gut abzudarren und gut zu lagern.

Mit mangelhafter Sudhauseinrichtung wird man nur schwer gute Ausbeute erzielen. Die Arbeit der Schrotmuhle ist mit genugender Aufmerksamkeit durch Kontrolle des Schrotes zu uberwachen (siehe vorne). Mangelhafte Ruhrwerke im Maischbottich und in der Maischpfanne werden stets nachteilig sein.

Pfannen mit eingelegten Heizelementen können ein schlechtes Kochen der unter den Heizkörpern befindlichen Maischen zur Folge haben, wenn nicht die Pfannenrührwerke die am Boden liegenden Teile emporarbeiten. Verfasser stellte einmal nach 15 Minuten langem Kochen eines sehr schlecht gelösten schweren Malzes am Boden einer Pfanne mit zu hoch liegenden Heizschlangen die Temperatur von 92° C fest.

Auch konstruktive Fehler im Läuterbottich können die Ausbeute beeinflussen. Bei zu großem Senkbodenabstand bildet sich viel Unterteig. Unrichtige Verteilung der Quellgebiete kann ungleiche Auslaugung zur Folge haben. Der Umhacker darf weder derart arbeiten, daß die Homogenität der Treberschicht nachteilig beeinflußt wird, also nicht unmäßig nach außen oder innen arbeiten, noch darf er tiefer liegende, extraktreichere Schichten heben. Der Messerabstand soll bei Schneidemaschinen nicht gleichweit sein, sondern soll sich, wie Fig. 71 zeigt, nach außen zu verringern. Vielfach herrscht die Meinung, daß sich Schneidemaschinen für Kleinbetriebe nicht rentieren würden. Die angegebene Konstruktion wurde in einer kleinen Brauerei von der Maschinenfabrik Germania Chemnitz eingebaut und hat sich vorzüglich bewährt. Die äußersten drei Schnitte der Vordermesser werden durch Hintermesser in weitere sechs Schnitte unterteilt.

Die Homogenität der Treberbeschaffenheit kann schon beim Einpumpen der Lautermaische beeinträchtigt werden, wenn der Strahl der eingepumpten Maische nicht mehrfach gebrochen wird. Es schwemmen sich in einem ungünstigen Fall an der einen Seite nur Teigteile und an der anderen nur Hulsenteile an. Die Wasserverteilung durch den Anschwänzeapparat muß, wenn auf die trockene Treberoberfläche angeschwänzt wird, eine gleichmäßige sein; es darf nicht das Wasser infolge zu großer Geschwindigkeit an den Bottichrand geworfen werden. Ein großer blinder Rand sollte bei Läuterbottichen in modernen Betrieben kaum mehr anzutreffen sein.

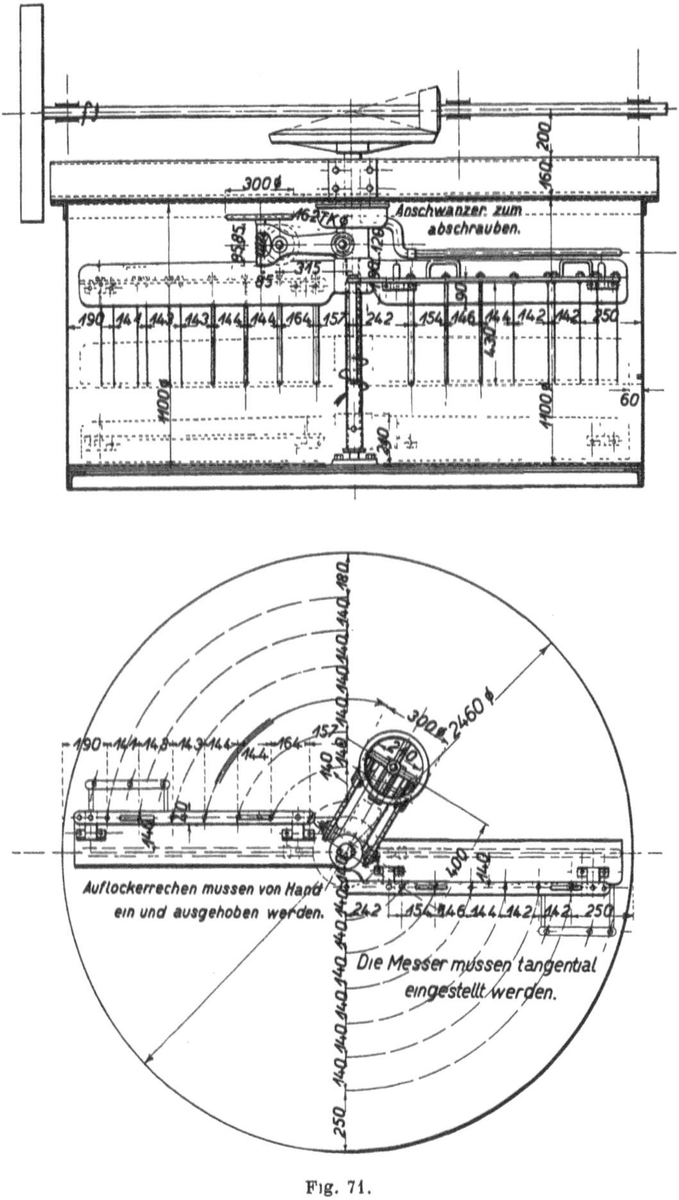
Anschwanzer zum abschrauben.
Auflockerrechen mussen von Hand ein und ausgehoben werden.
Die Messer mussen tangential eingestellt werden.
2460 ϕ
300 ϕ
1100 ϕ

Fig. 71.

Von fehlerhaften Arbeitsweisen, welche eine Ausbeuteerniedrigung bringen, sind zu nennen: Schlechtes Schrot und falsche Schrotmühlenstellung, ebenso wie fehlerhafte Maischarbeit. Insbesondere zu kurzes Kochen schlecht gelöster Malze, beeinflußt die Ausbeute in ungünstigem Sinn. Zu rasches Abläutern schädigt die Ausbeute jederzeit, ebenso unsachgemäße Einwirkungen und Teilung des Auslaugewassers. Die Abläuterdauer muß von dem Treberwiderstand abhängig gemacht werden, letzterer soll aus den Flüssigkeitsdruckdifferenzen beobachtet werden. Eine Abkühlung der Treber verlängert ebenfalls die Abläuterdauer und erschwert den Auslaugungsprozeß.

Schlechte Malzausbeute geht immer Hand in Hand mit unvollkommener Treberausnutzung. Entweder wurde der Extrakt unvollkommen in Lösung gebracht (Fehler beim Maischprozeß) oder die Auslaugung der Treber ist eine unvollständige (Fehler im Ablauterprozeß). Die Treberanalyse muß darüber Aufschluß geben.

Von speziellen Verfahren, welche eine nennenswerte Ausbeuteerhohung erwarten lassen, seien die Drucksudverfahren (Lazerus & Jung) und das Schmitzsche Verfahren hervorgehoben. Bei den Drucksudverfahren werden entweder die Treber unter Druck aufgeschlossen und die durch Nachverzuckerung erhaltene Extraktlosung zum Einmaischen für den nächsten Sud verwendet oder nach Ablauf der Stammwurze wird der Läuterbottichinhalt in die Druckpfanne gebracht und nach dem Aufschließen durch Diastasezusatz verzuckert, dann im Läuterbottich in gewöhnlicher Art weiter geläutert. Das Schmitzsche Verfahren begnügt sich mit Kochtemperatur unter atmosphärischem Druck.

Bei einer erzielten Ausbeuteerhohung müssen naturgemäß die entstehenden Neukosten durch ev. größeren Dampfverbrauch oder beim Maischefilter durch großere Bedienungskosten, Tucherverschleiß, hoheren Kraftverbrauch durch feineres Schrot usw. dem Ausbeutegewinn in Gegenrechnung gesetzt werden. Die entstehenden ev. Mehrausgaben sind fur jedes Verfahren je nach örtlichen Verhältnissen verschieden, weshalb hier davon abgesehen ist, ein Beispiel einer solchen Rentabilitätsberechnung anzuführen.

5. Der Vertrag für Lieferung und Bestellung eines Sudwerkes.

Der Entwurf eines Vertrages, der sich in der Praxis gut bewährt hat, ist im folgenden angegeben:

Zur Lieferung, Aufstellung und Inbetriebsetzung eines einfachen Dampfsudwerkes für 40 Ztr. Schüttung ist heute zwischen der Brauerei . . . . . und der Maschinenfabrik . . . . folgender Vertrag abgeschlossen worden:

§ 1.

Die Brauerei uberträgt der Firma: Maschinenfabrik . . . . die Lieferung, Aufstellung und Inbetriebsetzung eines neuen, einfachen Dampfsudwerkes fur 40 Ztr. Schüttung zum vereinbarten Preise von M. . . . . mit Worten Mark . . . . nach dem Kostenanschlag vom . . . .

Das Sudwerk ist von der Lieferantin zum genannten Preise fertig, betriebsfähig herzustellen, also einschließlich Fracht und Montage, und der Anbringung der Antriebstransmission und aller Rohrleitungen innerhalb des Sudhauses fur Maische und Wurze und inkl. der Ausschlagleitung bis zum Kühlschiff, sowie des Einmaischrohres vom Schrotrumpf bis zur Einmaischvorrichtung und aller Zu- und Ableitungen fur Dampf, Kalt- und Warmwasser; ausgeschlossen ist die Fußbodenentwässerung. Die Kondenswasserleitungen sind nur bis zu den Ruckleitern zu fuhren (und falls diese von der Fabrik mitgeliefert werden, ist auch der Anschluß bis zum Dampfkessel fertigzustellen).

§ 2.

Die Lieferung geschieht auf Grund des Angebotschreibens vom . . . . . . und des Nachtragschreibens der Lieferantin vom . . . . . . und zwar in erster Linie hinsichtlich der im Angebote aufgefuhrten Blechstärken und sonstigen Maße, Gewichte und Inhalte. Von letzteren sei derjenige der Bottiche zu . . . . . hl und derjenige der Pfannen zu . . . . . . nochmals besonders hervorgehoben.

Sind in dem Angebotschreiben der liefernden Firma irgendwelche unentbehrliche Teile des Sudwerkes vergessen worden, so sind diese naturgemäß mitzuliefern und in dem vereinbarten Preis mit eingeschlossen. Ebenso gehen Fehler im Angebot zu Lasten der Lieferanten, wie überhaupt alles zu dem vereinbarten Preis zu liefern ist, was zur maschinellen Einrichtung eines vollständigen betriebsfertigen Sudhauses gehört.

Ausgeschlossen ist:

1. Schrotereianlage und Becherwerke,
2. Kühlschiffanlage und deren Ableitung und Ventile,
3. Kalt- und Warmwasserreservoire ohne Zu- und Ableitungen,
4. Elektromotor für Antrieb und elektrische Leitungen,
5. Hopfenseiher und Hopfenentlaugungsapparat.

(NB. wenn 5. im Sudhaus untergebracht wird, ist er im Kostenanschlag mit vorzusehen.)

Wünsche seitens der Brauerei bezüglich Ausfuhrung, insbesondere betreffs Ausgestattung in bezug auf Schönheit müssen von der liefernden Firma berücksichtigt werden.

§ 3.

Reise, Unterhalt und Besoldung der Monteure und Ingenieure hat die Fabrik zu zahlen, jedoch gewährt die Brauerei derselben hierauf Vorschüsse bis zur Höhe von M. (50) pro Woche.

Während der Aufstellung stellt die Brauerei jedem Monteur einen Hilfsmann; nur für schwere Gegenstände, welche von zwei Mann nicht bewältigt werden können, stellt die Brauerei vorübergehend die hierzu erforderlichen Hilfsmannschaften.

Alle Werkzeuge, Flaschenzüge, Winden, Ketten usw. hat die Lieferantin ohne jede Vergutung zu stellen. Die Lieferantin ubernimmt auch die Verantwortung und Haftpflicht für die Güte und Brauchbarkeit der Werkzeuge und deren richtige Handhabung.

Die Transportkosten für Werkzeuge trägt zur Aufstellungsstätte die Lieferantin, zurück zur Fabrik, die Brauerei. Für Verbrauch oder Verlust wird der Fabrik keine Entschädigung gewährt, dagegen muß die Brauerei zur guten Aufbewahrung und Unterbringung verschließbare trockene Räume stellen und fur sicheren Verschluß derjenigen Räume sorgen, in welchen montiert wird.

Untergeordnete Gebrauchsartikel und Materialien, welche bei der Aufstellung benötigt werden, wie Putzwolle, Schmieröl, Bindfaden, Kreide, Kerzen usw. stellt die Brauerei, ferner auch die erforderliche Menge an Holzkohlen und Schmiedekohlen; endlich steht der Lieferantin die freie Benutzung der elektrischen Raumbeleuchtung kostenlos zur Verfugung.

Zum Transport aller Maschinenteile, Werkzeuge und Gegenstände von der Bahn bis zur Baustelle stellt die Brauerei Pferd und Wagen und die erforderlichen Hilfsmannschaften; sollten aber Wagen von einer Tragkraft über 100 Ztr. benutzt werden, so sind diese auf Kosten der Fabrik zu beschaffen, die Brauerei stellt aber die Pferde.

Die Verantwortung für den Transport zur Baustelle hat die Fabrik, so lange den Anordnungen des leitenden Monteurs Folge geleistet wird.

Das zum Auf- und Abladen erforderliche Hebezeug stellt die Fabrik, dagegen Holz- und Rustbalken die Brauerei.

§ 4.

Die Fertigstellung und Inbetriebsetzung des Sudwerkes muß bis zum . . . . geschehen sein. Die Anlieferung der Hauptgegenstände, soweit diese zum Beginn der Montage erforderlich sind, hat bis zum . . . . . . zu erfolgen. Die Nachlieferung aller Teile muß derart bewirkt werden, daß bei der Montage keinerlei Unterbrechung stattfindet.

Die Brauerei sorgt dafur, daß der Bau des Sudhauses soweit fortgeschritten ist, daß die Hauptgegenstände zu dieser Zeit untergebracht werden können und macht der Lieferantin Mitteilung. Die Anlieferung hat dann spätestens 14 Tage nach dieser Mitteilung zu erfolgen und es ist die Montage nach Eintreffen, wie oben vereinbart, aufzunehmen.

Die Lieferantin hat während des Baues die Verpflichtung zu bestimmen, daß die für das Einbringen der größeren Teile notwendigen Öffnungen freigehalten werden, ebenso Öffnungen, wo Rohre oder andere Maschinenteile durch Mauern oder Eisenbetondecken gefuhrt werden sollen, soweit es möglich ist, anzugeben. Unterläßt sie dieses, so fallen ihr die Kosten durch Brechen der Öffnungen und Wiederverschließen zu.

Die Maschinenfundamente und Fundamente für Unterstützungssäulen mussen fertig sein und abgebunden haben, wenn mit der Montage begonnen wird, andernfalls wird der Fertigstellungstermin um eine von der Lieferantin nötig erachteten, durch diese Verzögerung direkt gegebenen Zeit verschoben. Sonstiger Aufschub für die Maschinenfabrik ist nur gestattet durch nachgewiesene Hinderungsgrunde, auf deren Beseitigung die Fabrik keinen Einfluß hat. Streik gilt als kein solcher Hinderungsgrund.

Der Anlieferungstermin muß auch bei einer Bauverzögerung eingehalten werden.

Sollten Monteure der Fabrik durch eine Bauverzögerung, die der Fabrik nicht rechtzeitig angezeigt wurde, nicht arbeiten konnen, so wird der Lieferantin pro Mann Mark . . . . von der Brauerei täglich vergutet, ev. auch die notwendig werdende Hin- und Ruckfahrt zur Fabrik.

Die Räume, in denen montiert wird, sollen zu Beginn der Aufstellung mit verglasten Fenstern und mit Turen und Treppen versehen sein.

Verzögert sich die betriebsfertige Fertigstellung, so ist für jede volle Woche späterer Fertigstellung eine Konventionalstrafe vereinbart, welche vom Kaufspreis in Abzug gebracht wird, und zwar fur die ersten zwei Wochen je ½% also Mark . . . . ., für die folgenden Wochen je 1,0%, also . . . . Mark, ohne daß die Brauerei zum Nachweis eines Schadens verpflichtet ist; vorausgesetzt ist dabei, daß der Montage keine Hindernisse entgegenstanden.

§ 5.

Die Fabrik verpflichtet sich, daß sie zu allen Teilen des Sudwerkes nur bestes und dem jeweiligen Zweck entsprechendes Material verwendet. Die Armaturen dürfen nicht in Messing, sondern sollen in Bronze ausgefuhrt sein. Alle Maschinenteile müssen nach den Regeln eines modernen Maschinenbaues angefertigt sein und dürfen in bezug auf Festigkeit nichts zu wunschen übrig lassen.

Die sämtlichen Ventile und Hähne, hauptsächlich die der Maische und Würzeleitungen sind in schwerer Bauart zu liefern. Die Lieferantin hat vor der Montage der Brauerei jeweilige Musterstucke vorzulegen. Die Wahl der ubrigen Modelle für die einzelnen Maschinen ist der Fabrik anheimgegeben.

Sämtliche Rohrleitungen fur Maische und Wurze sind so einzurichten, daß sie mit Dampf ausgeblasen werden konnen.

Die Maischvorrichtung muß aushebbar sein und die Vorrichtung fur Schnellabläuterung den neuesten technischen Erfahrungen entsprechen. Der Senkboden soll normale Perforierung und geringen Abstand vom Bottichboden haben.

Die Lieferantin hat alle Gewähr zu leisten, daß der Brauerei von keiner Seite irgendwelche Schwierigkeiten bei Benutzung aller Vorrichtungen insofern gemacht werden, als patentamtliche Schutzrechte vom Dritten namhaft gemacht werden. Die Lieferantin ist fur jeden Schaden, der der Brauerei aus solchen Einwendungen entstehen sollte, voll und in jeder Hohe haftbar.

Außer den allgemeinen Bauplanen sind der Brauerei auch einzelne Zeichnungen uber Konstruktionseinzelheiten der Maschine auf Wunsch vorzulegen. Durch die Genehmigung der Brauerei oder durch Vorschläge der gewunschten Abänderung wird die Lieferantin keineswegs entlastet, falls die Maschinen ihren Zweck nicht erfüllen sollten.

Fur die Gute des Materials übernimmt die Lieferantin Garantie fur zwei Jahre, vom Tage der Inbetriebsetzung an gerechnet, in der Weise, daß sie sich verpflichtet, alle sich in diesem Zeitraume ergebenden Mängel, sofern solche auf schlechtes Material, ungeeignete Bauart, mangelhafte Ausführung zurückzuführen sind, sofort und kostenlos zu beseitigen und fehlerhafte Teile durch tadellose zu ersetzen.

Ein Anspruch der Brauerei auf anderweitigen Schadenersatz, sowie auf Entschädigung für entgangenen Gewinn ist ausgeschlossen, dagegen behält sich die Brauerei das Recht vor, falls die Beseitigung oder der Austausch Betriebsstörungen verursacht, die Zeit der Betriebsunterbrechung zu bestimmen.

Kommt die Lieferantin dieser Garantieverpflichtung nicht in angemessener Frist nach, so ist die Brauerei berechtigt, die notwendig erachteten Verbesserungen oder Neuherstellungen durch eine andere Firma auf Kosten der Fabrik vornehmen zu lassen.

Reisen von Monteuren und Ingenieuren, welche durch Unkenntnis der Brauerei bei Handhabung der gelieferten Einrichtung entstehen, bezahlt die Brauerei.

§ 6.

Bezüglich der Garantie des Wärmeverbrauches und der Verdampfungsfähigkeit der Dampfpfanne ist folgendes zu beachten:

Bei Verwendung trockenen Dampfes darf zum Kochen nicht mehr als 15% ev. 10% über die theoretisch notwendige Wärmemenge verbraucht werden.

Die Ausnutzung des Dampfes wird unter Zugrundelegung der Temperatur des siedenden Pfanneninhaltes berechnet, welcher die Grundlage des Temperaturgefälles für die Wärmeübertragung zwischen Pfanneninhalt und Heizdampf bildet.

Die weitere Auswertung des den Pfannenmantel verlassenden siedenden Heißdampfwassers für Brau- und Kesselspeisezweck ist ohne Einfluß auf obige Nutzeffektbestimmung.

Die Maßgefäße und Kühlgefaße zu diesen Versuchen hat die Maschinenfabrik zu stellen.

Die Prufung geschieht mit Wasser, und zwar soll bei Beginn des Versuches die Pfanne $^3/_4$ ihres Inhaltes mit kochendem Wasser gefullt sein. In der Pfanne muß, wenn diese aus Kupfer innerhalb 1 Stunde 9% des Wasserinhaltes verkocht werden (bei Eisenpfanne 6%) bei einem Dampfuberdruck von 2,5 Atm.; ist der höchste zulässige Dampfdruck nur 2 Atm., so ist um 1% weniger zu verdampfen.

Bei einer Füllung der Pfanne mit 50% des Maischequantums muß sich die Temperatur von 56° R auf Siedetemperatur in 20 Minuten sicher erwirken lassen bei 2,5 Atm Dampfdruck.

Wird beim Verdampfungsversuch die Garantie nicht eingehalten, so wird von der Schlußsumme ein Abzug gemacht, welcher dem rechnungsmäßigen Mehrverbrauch an Kohlen entspricht, wobei 2000 Sude (ev. bis 3000) der Berechnung zugrunde gelegt werden und 100 kg Dampf zu 25 Pf. gerechnet werden.

Wird mehr Zeit als garantiert zur Verdampfung benötigt, so werden für den, nach Ablauf der Probestunde in der Pfanne verbleibenden nicht verdampften Rest die Kosten des zur Verdampfung notwendigen Heizdampfes fur 2000 Sude (ev. 3000), 100 kg Dampf zu 25 Pf. gerechnet, von der Schlußsumme der Rechnung in Abzug gebracht.

§ 7.

Bezüglich rationeller Extraktgewinnung mit der Läutervorrichtung wird vereinbart:

Bei Verarbeitung von hellem Malz darf die Sudhausausbeute nicht mehr als 1% hinter der Feinschrotlaboratoriumsausbeute zurückbleiben, die Grobschrotlaboratoriumsausbeute muß erreicht werden.

Die Laboratoriumsausbeute des Malzes wird nach den allgemeinen Vereinbarungen in Munchen 1907 bestimmt. Es hat bei den Probesuden vor dem Einlauf zur Schrotmühle eine sorgfaltige Probenahme zu geschehen; von der entnommenen Probe sind gleichzeitig vier Buchsen zu füllen; zwei davon gehen an zwei verschiedene Stationen zur Untersuchung; je eine behält fur sich die Brauerei und die Lieferantin. Das Malz fur die Probesude muß gut sortiert und genugend gelagert sein, einen Wassergehalt von 3 bis 4% besitzen und von allgemeiner guter Beschaffenheit sein.

Das Schroten des Malzes hat an den Versuchstagen nach Angaben der Lieferantin zu erfolgen. Eine gut regulierbare Viermalzenmuhle muß vorhanden sein.

Der Maischprozeß kann nicht nach Willkür von der Lieferantin durchgeführt werden, sondern es muß dem üblichen Verfahren der Brauerei Rechnung getragen sein; eine mäßige Verlängerung der Maischkochdauer soll gestattet sein. Ein (Zweimaischverfahren) ist einzuhalten. Der Maischprozeß muß normal verlaufen, die Maischrührwerke mussen kräftig arbeiten. Der ganze Gang des Maischprozesses wird vor den Versuchen vereinbart.

Während der Probesude muß fur Anschwänzezwecke eine genügende Menge heißen Wassers zur Verfugung stehen.

Der Extraktgehalt der Ausschlagwurze soll normal an den Versuchstagen zwischen 11 und 12% B. liegen.

Das Treberlockern, Anschwänzen, Ablautern, nicht aber das Würzekochen hat nach Angaben der Maschinenfabrik zu erfolgen.

Die Hopfenmenge ist von der Brauerei anzugeben, ebenso ist die Behandlung des Hopfens, falls der Hopfenseiher im Sudhaus aufgestellt wird, nach Angaben der Brauerei zu handhaben.

Der Lieferantin ist fur die Versuchstage ein geubter und zuverlässiger Biersieder zur Verfugung zu stellen.

Die zur Treberauslaugung notwendige Gesamtwassermenge darf unter keinen Umständen großer bemessen werden als das um 15% vergrößerte Ausschlagvolumen, so daß also insgesamt ca. 15% des Pfanneninhaltes verdampft werden. Mıt dieser Gesamtwassermenge muß unter allen Umständen die garantierte Ausbeute erreicht werden.

Das Abläutern von Beginn des Auslaufens der Vorderwürze bis Einlauf des letzten Nachgußrestes darf 3½ Stunden nicht ubersteigen. Wird diese Zeit nicht eingehalten, so erniedrigt sich die Schlußsumme um je 1% fur jede weitere Viertelsttunde.

Die Sudhausausbeute wird unter Zugrundelegung der Wurzemenge im Sudhaus bestimmt. Der Inhalt der Pfanne wird durch das Auswiegen mittels genauer Dezimalwage ermittelt. Der Extraktgehalt der Ausschlagwurze wird pyknometrisch in zwei verschiedenen Laboratorien festgestellt.

Es darf aber auch in den Trebern kein nennenswerter Extraktrückstand, und zwar an keiner Stelle ein höherer Preßsaft wie 0,5% B., im Mittel nicht über 0,3%, verbleiben; ergibt sich der aus höheren Extraktrückständen berechnete Ausbeuteverlust höher als der durch Nichteinhaltung der Ausbeutegarantie berechnete, so wird dieser der Berechnung des Abzuges zugrunde gelegt.

Die Fehlergrenze bei der Malzanalyse wird als + — 0,25% angenommen. Die Malzanalysen sind mit Betriebswasser auszuführen. Sowohl über Malz wie Wasserbeschaffenheit ist der Maschinenfabrik vor Ausführung der Versuche Gelegenheit zur Prüfung zu geben.

Die Sudhausausbeute wird nach der Formel

$$A = \frac{\text{hl} \cdot \% \cdot d \cdot 0{,}96}{Sch}$$

berechnet und keine weitere Korrektur angebracht.

Wird die garantierte Ausbeute nicht erreicht, so findet von der Schlußsumme der Rechnung ein Abzug statt, der dem rechnungsmäßigen Extraktverlust für 2000 Sude (3000) entspricht, wobei der Zentner Malz zu den ortsüblichen Preisen und die Steuer nach den ortsüblichen Sätzen in Anrechnung gebracht wird.

Zum Nachweis der Ausbeute sollen binnen 1 Monat oder später nach der Inbetriebsetzung der Anlage von einem Spezialfachmann resp. unter dessen Aufsicht, drei Versuchssude gemacht werden. Das Ergebnis soll aus dem Durchschnitt der drei Sude gezogen werden, welche in einer Woche an aufeinanderfolgenden Tagen stattfinden. Nachsude sind ausgeschlossen.

Die Kosten, welche durch die Überwachung der Sude entstehen, trägt die Brauerei, wenn die Gewährleistungen erfüllt werden, dagegen die Lieferantin, wenn solche nicht erfüllt werden. Im übrigen tragen beide Vertragschließende ihre Kosten selbst.

Sollten die Garantien nicht erfüllt werden, so wird der Lieferantin das Recht eingeräumt, Verbesserungen oder Änderungen an dem Sudwerke auf ihre Kosten vorzunehmen, wodurch der Betrieb jedoch so wenig wie möglich gestört werden darf.

Die Versuche nach der Veränderung sind als maßgebend fur die oben erwähnten Abzüge bzw. Erfüllung der Gewährleistungen zu bezeichnen. Die Kosten für die Überwachung der zweiten Versuche werden von der Lieferantin getragen.

Bleibt die Ausbeute um mehr als ev. 3% (ev. drei Prozent) unter der Laboratoriumfeinschrotausbeute zurück, so steht der Brauerei das Recht zu, der Fabrik die Anlage zur Verfügung zu stellen.

§ 8.

Falls über den Nachweis der Garantien Meinungsverschiedenheiten entstehen, wird die Wissenschaftliche Station München (oder eine andere) als Schiedsrichter angerufen. Beide Vertragsschließende unterwerfen sich deren Urteil.

Entstehen Unstimmigkeiten anderer Art, die nicht mit den Garantieforderungen zusammenhängen, aus diesem Vertrag, so verzichten die Vertragsschließenden ausdrucklich darauf, den Rechtsweg zu betreten, usw. Zum Zwecke einfacherer und billigerer Erzielung eines Schiedsspruches fest, daß streitige Sachen durch das Schiedsgericht entschieden werden sollen. Hierzu wählt je ein Vertragsschließender einen Sachverständigen und beide einigen sich über einen zu wählenden Obmann. Sollten sich beide Sachverständige von Fall zu Fall nicht einigen können, so ist der Obmann anzurufen, dessen Urteil ebenso wie im anderen Falle das Urteil der beiden Sachverständigen endgültig und bindend ist.

Der unterliegende Teil trägt Verantwortung und Folgen, er zahlt auch die Kosten.

§ 9.

Die Brauerei versichert die Lieferungsgegenstände unmittelbar nach Ankunft nach dem Kostenanschlag entsprechend gegen Feuerschaden. Für alle bei Montage vorkommende Unglücksfälle haftet die Lieferantin; sie hat auch die Beiträge fur die Berufsgenossenschaft, die Invaliditäts- und Altersversicherung, sowie fur die Krankenkasse für ihre Monteure zu zahlen, für die Hilfsmannschaft treffen diese die

Brauerei. Die Lieferantin haftet auch für alle Schäden, die durch ihre Leute an den Bauten oder an Maschinen der Brauerei entstehen sollten.

§ 10.

Die Zahlung leistet die Brauerei an die Lieferantin wie folgt: Ein Drittel der Schlußsumme des Anschlages wird bei Erteilung der Aufträge in einem Dreimonatsakzept gegeben.

Ein Drittel der Schlußsumme des Anschlages wird bei Inbetriebsetzung des Sudhauses, das letzte Drittel frühestens drei Monate nach Inbetriebsetzung der Anlage, aber erst nachdem die Erfullung des Vertrages in allen Stücken nachgewiesen ist, in bar bezahlt.

Wurde bis zu diesem Zeitpunkte durch Verschulden der Lieferantin eine Prüfung der Anlage außergewohnlich hinausgeschoben, oder sind erforderliche Verbesserungen bis dorthin noch nicht ausgefuhrt, so ist die Brauerei berechtigt, 15% der Schlußsumme bis zur vollständigen Fertigstellung einzubehalten.

Wenn ein Austausch einzelner Teile der Lieferung notwendig ist, wird die entsprechende Summe, welche im Kostenanschlag angegeben ist, zuruckbehalten.

Den Vertragstempel bezahlen Lieferantin und Bestellerin in gleichen Teilen.

Dieser Vertrag ist doppelt ausgefertigt. Jeder Vertragschließende erhält nach Unterzeichnung eine Ausfertigung.

Ort Datum

Die Bestellerin Die Lieferantin

---

10. Würzekühlanlagen.

Zur Würzekühlung dienen zunächst die Kühlschiffe, auf welchen sich neben der Abkuhlung noch eine Verdunstung vollzieht. An Stelle der offenen Kuhlschiffe sind bisweilen geschlossene Kühlgefäße (Sterilisierapparat, Kühlschiffersatz) getreten. Vom Kuhlschiff oder Kühlschiffersatz läuft die Würze zum Kühlapparat, der dieselbe auf die Anstelltemperatur im Gärkeller herabdruckt. Diese Kühlapparate sind entweder, und zwar meistens, Flächenberieselungskuhlapparate oder seltener geschlossene Röhrenkühler oder Rohrkastenkuhler. Während der Hauptgärung geschieht die Kühlung entweder mittels offenen Eisschwimmern (kleine Betriebe) oder mit Süßwasserkühlern (Trompeten- oder Taschenform).

a) Die Kühlschiffe.

Die Bedingungen, die man an ein gutes Kühlschiff stellt, sind:

1. Es muß genügendes Gefälle nach dem Ablauf hin besitzen.
2. Es muß gut gespannt sein, daß sich nicht Würze und Wasserteiche darauf bilden konnen, und es muß auch nachspannbar sein.
3. Es muß in einem durch natürlichen Luftwechsel leicht ventilierbaren Raum liegen, damit die Verdunstung auf dem Schiff eine möglichst hohe wird.

Ungenügender Ablauf und ungenugende Spannung eines Kuhlschiffes erhöht die Menge der ablagernden Trubwurze und damit ist neben größeren Würzeverlusten immer ein Mehrarbeitsaufwand beim Reinigen oder Filtrieren des Trubes verknüpft. Moderne Kuhlschiffe sind auf Schraubeböcken gelagert und diese gestatten es, dem Kühlschiff jederzeit richtiges Gefälle und richtige Spannung zu geben (siehe Fig. 72). Ausführung der Firma Gebr. Wagner, Kirchentellinsfurt (Wttbg.).

Der Verdunstungsgrad auf einem Schiff hängt neben dem natürlichen Luftwechsel noch von der Höhe der Würzeschicht ab. Die Volumenverringerung oder wie man fälschlich auch sagt, »der Verdunstungsverlust« liegt etwa zwischen 0 bis 10%. Ein Würzegewinn entsteht

Fig. 72.

durch Herabdrücken des Verdunstungsverlustes nicht, im Gegenteil, es findet eine Brennstoffverschwendung statt.

Ist die Anstellwürzekonzentration im Gärkeller p_g% und die entsprechende Dichte $= d_g$, die Gärkellerausbeute A_g, wenn V_g hl angestellt wurden und die Schüttung Sch in D_z, so ist:

$$A_g = \frac{V_g \cdot p_g \cdot d_g}{Sch}.$$

Ist die Verdunstung f %, so ist im Sudhaus auf $(100 - f)$ Gärkellervolumen 100 hl kalte Sudhauswürze auszuschlagen.

Auf das gesamte Gärkellervolumen V_g trifft dann eine kalte Sudhauswürzemenge

$$V_s = \frac{V_g \cdot 100}{100 - f},$$

hieraus ist $$f = 100 - \frac{V_g \cdot 100}{V_s}.$$

Findet ein Würzeverlust nicht statt, so ist die Sudhausausbeute = der Gärkellerausbeute

$$A_s = A_g = \frac{V_s \cdot p_s \cdot d_s}{Sch} = \frac{V_g \cdot p_g \cdot d_g}{Sch},$$

hieraus:

$$\underline{V_s : V_g = p_g d_g : p_s \cdot d_s.}$$

Beispiel: Die Anstellwürze spindelt 12% Ball. = 12,59 Vol.-%.

Das Gärkellervolumen war 165,93 hl.

Die Gärkellerausbeute ist dann

$$\frac{165{,}93 \cdot 12{,}59}{30} = 69{,}9\,\%.$$

Die Sudhauswürze hatte 11,2% Ball. = 11,71 Vol.-%. Dann ist

$$V_s = \frac{165{,}93 \cdot 12{,}59}{11{,}71} = 178{,}2 \text{ hl}.$$

$$\text{Die Verdunstung } f = 100 - \frac{165{,}93 \cdot 100}{178{,}2} = 100 - 93{,}2 = \mathbf{6{,}8}\,\%.$$

Auf 178,2 hl verdunsteten (178,2 — 165,93) = **12,27** hl, welche man ohne Kuhlschiff in der Bierpfanne hätte verdampfen müssen, um im Gärkeller ein Bier von gleicher Anstellwürzekonzentration zu erhalten.

b) Kühlschiffersatze.

Es kann Fälle geben, bei welchen man auf die Vorteile des Kühlschiffes verzichten muß; insbesondere dann, wenn es der biologische Reinheitszustand der Außenluft infolge örtlicher und klimatischer Verhältnisse nicht gestattet, diese mit der Würze an so großer Oberfläche, wie es das Kühlschiff bietet, in Beruhrung treten zu lassen. Anstatt der Vorkühlung mit dem Kuhlschiff benutzt man dann zweckmäßig Sterilisierapparate (Kuhlschiffersatze). Fig. 73 stellt im Schema eine solche Anlage der Maschinenfabrik Germania Chemnitz dar.

Die fertig gekochte Wurze wird mit dem Hopfen in den Sterilisierapparat — ein luftdicht verschlossenes Gefäß —

geleitet; es wird gereinigte Luft eingeblasen und die Ausdünstung durch einen Dunstschlot reguliert. Durch die auf den Seihböden abgesetzte Hopfenschicht wird die Würze heiß filtriert und durch eine geeignete Abläuterungsvorrichtung aus dem Apparat gezogen und sofort über den in einer dicht

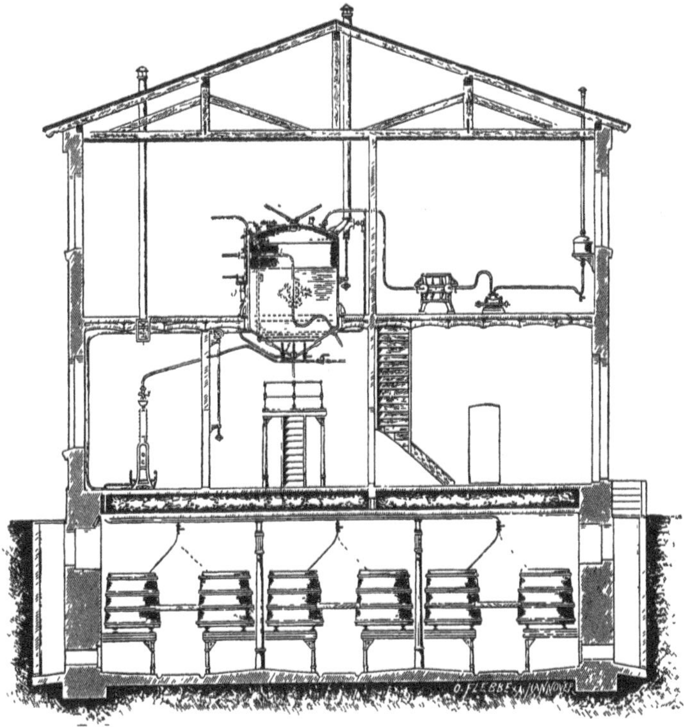

Fig. 73.

ummauerten Kammer untergebrachten Kuhlapparat geleitet. Die Wurze kommt nur mit keimfreier Luft in Beruhrung, verläßt den Apparat trubfrei, möglichst heiß und sonach auch keimfrei; läuft, mit genau regulierbarer Menge sterilisierter Luft in Beruhrung gebracht, über den Kuhlapparat und bleibt auch während des ganzen Kühlprozesses keimfrei, ohne an der zur Gärung erforderlichen Luft Mangel zu leiden.

Hilfsapparate und ein Filter dienen zur Erzeugung und Zufuhr keimfreier Luft.

Die Vorteile dieser Arbeitsweise bestehen in der Beseitigung verschiedenartiger Infektionsquellen; neben der Luftinfektion wird auch die Infektion, welche sonst durch Trubsäcke oder Trubfilter entsteht, beseitigt.

Gegenüber dem Arbeiten mit Kühlschiff tritt eine Vereinfachung insofern ein, als die Vorrichtungen zum Filtrieren des Trubes und Zurückhalten des Hopfens (Hopfenseiher) in Wegfall kommen; Kuhlgefäß, Trubfilter und Hopfenseiher sind hier in einer Vorrichtung vereinigt. Das zur Kühlung resp. zur Vorkühlung notwendige Kühlwasser kann anderweitig verwertet werden, der Kuhlapparat wird hierdurch auch entlastet.

c) Kühlapparate.

Die Abkühlung durch den meist als Flächenberieselungsapparat ausgefuhrten Kuhlapparat erfolgt je nach der Zeitdauer, wielange die Würze auf dem Schiff verbleibt, von 50 bis 85° C bis herab zu + 4 bis + 6° C. Die Kühlung eines Sudes soll in 1 bis 2 Stunden beendigt sein, darnach ist die Kühlfläche zu wählen. Die offenen Berieselungskühler haben gegenüber den geschlossenen Kuhlern den Vorteil, daß sie zur Reinigung leichter zugänglich sind und eine sogar bis zu 15% höhere Kuhlwirkung ergeben, da im oberen Teil eine Verdunstung möglich ist.

An einem Kuhlapparat stellen wir neben einer guten Kühlleistung vor allem die Anforderung guter Zugänglichkeit zur Reinhaltung. Diesbezügliche sehr entsprechende Bauarten zeigen die Fig. 74 nach Ausfuhrung der Apparatefabrik W. Schmidt, Bretten und Fig. 75 nach Ausführung der Maschinenfabrik J. Blank, Heidelberg.

Ein Kühlapparat besteht aus zwei Abteilungen, und zwar der oberen Vorkuhlabteilung für Brunnenwasser und der unteren für Kühlwasser, wobei gekühltes Süßwasser von + 0,5 bis + 1° oder Salzwasser von — 5° C angewendet wird.

Will man die Wärmemengen berechnen, welche aus der Würze beim Kühlen durch das Wasser abzuführen sind, so ist zu berücksichtigen, daß die spezifische Wärme für Würze von 12% Ball. nach Mohr 0,91 — 0,92 und das spezifische Gewicht rund 1,05 beträgt. Für 1 l Würze wären also im Mittel

$$c = 0{,}915 \cdot 1{,}05 = 0{,}96075 \text{ WE} \sim 0{,}96 \text{ WE}.$$

abzuleiten.

Sind L Liter Würze um t^0 C abzukühlen, dann ist die abzuführende Wärmemenge

$$Q = t \cdot L \cdot c.$$

Fig. 74.

Fig. 75.

Beispiel: a) 100 hl Würze sollen von 25 auf 5° C abgekühlt werden.

b) 100 hl Würze sollen von 15 auf 5° C abgekühlt werden.

Dann sind die abzuführenden Wärmemengen:

a) $Q = 20 \cdot 10\,000 \cdot 0{,}96 = 192\,000$ WE.

b) $Q = 10 \cdot 10\,000 \cdot 0{,}96 = 96\,000$ WE.

Mit der Wasservorkühlung soll man bei Kühlapparaten die Würze in der Temperatur so weit als nur möglich erniedrigen. Gelingt dies wie im obigen Beispiel nur bis 25° C, so ist durch die Kaltwasserkühlung gerade die doppelte Kühlwirkung aufzuwenden, wie wenn eine Vorkühlung auf 15° C stattgefunden hat.

Für die Wärmeübertragung an den Kühlapparaten gilt die allgemeine Beziehung

$$Q = F \cdot k \cdot \delta.$$

Hierin ist:

Q = übertragene Wärmemenge in WE pro 1 Stunde.
F = Kühlfläche in qm,
k = Wärmedurchgangskoeffizient in WE pro 1 qm Kühlfläche und pro 1 Std. bei der Temperaturdifferenz 1° C,
δ = mittlere Temperaturdifferenz in ° C.

Die mittlere Temperaturdifferenz δ errechnet sich aus

$$\delta = \frac{(t_0 - t_a) - (t_u - t_z)}{\ln \frac{t_0 - t_a}{t_u - t_z}}.$$

Hierin ist:

t_0 = Würzezuflußtemperatur,
t_u = Würzeabflußtemperatur,
t_a = Kühlwassertemperatur am Abfluß oben,
t_z = Kühlwassertemperatur am Zufluß unten.

Beispiel:

Die Würze fließt mit 82° C zu und mit 18° C ab.
Das Wasser fließt mit 42° C ab und mit 10° C zu.

Dann ist

$$\delta = \frac{(82 - 42) - (18 - 10)}{\ln \frac{82 - 42}{18 - 10}} = \frac{32}{1{,}609} = \mathbf{19{,}9}\,{}^{0}\,\mathrm{C}.$$

Der Wärmedurchgangskoeffizient k liegt meist zwischen 800 bis 1200 WE, im Mittel nimmt man 1000 WE an.

Die Kühlfläche F kann aus den Abmessungen errechnet werden, wenn man mittels Bindfaden oder sehr feinen Drahtes der Form entlang die wirkliche Apparathöhe bestimmt.

Beispiel: Die Kühlfläche ist zu 15,2 qm ermittelt; dann ist

$$Q = 15{,}2 \cdot 1000 \cdot 19{,}9 = 302\,200 \text{ WE}.$$

Die Vorkühlwassermenge muß in bestimmten Beziehungen zur kühlenden Wurzemenge stehen. Am günstigsten ist ein Verhältnis von 1 : 1,5 bis 2,5 von Würzemenge zu Kühlwassermenge. Diesem Kühlwasserverbrauch entspricht eine bestimmte Durchflußgeschwindigkeit durch den Kuhler. Diese soll nicht unter 0,6 m/sek. fallen und nicht über 1,5 m/sek. steigen.

Die folgenden Versuche durch Messungen an Kühlapparaten geben Aufschluß über den Wasserverbrauch und die Temperaturgefälle. Der Versuch I ist an einem ungeteilten Kühlapparat ausgeführt, d. h. der obere Teil des Apparates wird nicht mit Brunnenwasser gekühlt. Merkwürdigerweise findet man es noch häufig, daß in die Süßwasserkühler zuruck zu warme ablaufende Wasser aus den Kühlapparaten geleitet werden. Im Versuchsfalle war die Ablauftemperatur des Wassers oben etwa 25°. In der Mitte des Apparates wurde die Wassertemperatur bis 7,1° C gemessen und die Würzetemperatur zu 15,5° C. Würde man das ablaufende angewärmte Kuhlwasser vom Apparat nicht direkt in den Sußwasserkühler zurückleiten, sondern den Apparat teilen, und nur das aus der unteren Apparathälfte abfließende Wasser von etwa 7 bis 8° C zurückleiten, und die obere Apparathälfte mit direktem Leitungswasser speisen, so würde gewonnen

$$19\,000 \cdot (25 - 8) = 323\,000 \text{ WE pro 1 Sud Bier}.$$

Anderseits erhielte man kostenlos Warmwasser von ca. 35° C, welches man zur Kesselspeisung benützen könnte.

Bei diesem Versuch ist am Kuhlapparat ein Kältebedarf notwendig, der der Temperaturerhöhung von 0,5 auf 25° C entspricht. Durch Apparatteilung wäre dieser nur einer Anwärmung von 0,5 auf 8° C äquivalent, der Kälteverbrauch ist also hier durch unrichtige Anordnung etwa dreimal so groß als erforderlich.

Bei dem Versuche II, welcher an einem geteilten Apparat ausgefuhrt ist, entsteht ein großer Verlust durch unausgenützte Kühlwirkung. Das aus der unteren Apparathälfte ausfließende Kühlwasser hatte im Mittel eine Temperatur von 12 bis 13° C, das zur Verfügung stehende Leitungswasser hatte 9 bis 10° C, auch hier wäre es also günstiger, anstatt des Abwassers aus der unteren Apparathälfte direktes Leitungswasser in den Süßwasserkühler zu leiten; der auf einen Temperaturunterschied von 12,5 — 9,5 = 3° C entfallende Kältebetrag wäre zu sparen, das sind von der gesamten auf die untere Apparathälfte gebrauchte Kälte mehr wie 20%. In diesem Versuchsfalle wurde ferner die obere Apparathälfte anstatt mit direktem Leitungswasser von 9 bis 10° C mit Wasser aus einer Reserve, welches auf 14° C angewärmt war, gespeist.

Versuch I an einem ungeteilten Kühlapparat.

Würzetemperaturen			Zeit	Wassertemperaturen		hl Würze gekühlt	kg Kühlwasser verbraucht
Zulauf zum App. ° C.	Ablauf zum App. Mitte App. ° C.	Ablauf zum App. unten App. ° C.		unterer Zulauf ° C.	oberer Ablauf ° C.		
51,3	16,5	9,0	3 30	1,1	25,2	9	1 030
50,5	16,2	8,5	35	1,1	27,0	14	1 970
49,9	16,2	8,5	40	1,1	27,0	19	2 660
48,9	16,1	9,0	45	1,1	27,0	24,5	3 430
47,5	15,5	8,4	50	1,1	26,2	29	4 110
46,2	15,5	8,4	55	1,1	26,0	34	4 790
45,5	15,2	8,5	4 00	1,1	25,5	37,5	5 570
44,5	15,2	8,5	05	1,2	25,0	41,5	6 250
44,0	15,1	8,5	10	1,2	25,0	45,5	7 020
43,0	14,9	8,3	15	1,2	24,0	51,5	7 780
42,1	14,7	8,3	20	1,2	23,0	56	8 560
41,0	16,1	10,0	25	1,2	25,0	63	9 130
39,5	15,1	9,0	30	1,2	24,0	69	10 070
38,8	15,0	9,1	35	1,2	23,0	75	10 700
38,5	15,0	9,4	40	1,2	23,0	82	11 300
37,8	15,8	9,4	45	1,2	23,3	88,5	12 010
36,8	15,5	9,2	50	1,2	23,0	92,5	13 600
35,8	15,0	9,4	55	1,2	22,5	97	14 400

Versuch I (Fortsetzung).

Würzetemperaturen			Zeit	Wassertemperaturen		hl Würze gekühlt	kg Kühlwasser verbraucht
Zulauf zum App. App. °C	Ablauf zum App. Mitte App °C	Ablauf zum App. unten App. °C.		unterer Zulauf °C.	oberer Ablauf °C		
34,9	15,0	9,3	5 00	1,2	22,5	103	15 000
34,2	14,9	9,0	05	1,2	22,0	110	15 700
33,2	14,1	9,9	10	1,2	21,8	115	16 250
31,1	14,0	8,0	15	1,2	21,2	120	17 130
29,5	13,8	8,8	20	1,2	21,0	126	18 080
28,5	13,0	8,0	25	2,8	20,5	129	19 000

Versuch II an einem geteilten Apparat.

Messung am Kühlapparat			Zeit	Mit Wasser aus Reserve					
Würzetemperatur				Wassertemperatur				Differenz zwisch. Würze	
				ob. Apparathälfte		unt. Apparathälfte		Würzezulauf	Würzeablauf
oben	mitten	unten		zu	ab	zu	ab	oben	unten
55,0	22,2	8,1	3 00	14,0	45,0	0,5	13,1	10,0	7,6
53,9	21,5	8,1	05	»	44,0	0,6	13,1	9,9	7,5
52,5	21,5	8,1	10	»	43,1	0,6	13,1	9,4	7,5
51,5	21,5	8,1	15	»	42,9	0,5	12,8	8,6	7,6
50	21,5	8,0	20	»	42,0	0,5	13,0	8,0	7,5
49	21,1	8,3	25	14,0	41,8	0,7	12,9	7,2	7,6
47	21,0	8,2	30	13,9	40,4	0,8	12,5	6,6	7,4
45,5	21,0	8,3	35	14,0	39,4	0,8	12,2	6,1	7,5
45,5	21,0	8,3	40	»	39,2	0,8	12,1	6,3	7,5
44	20,2	8,3	45	»	38,2	0,8	12,0	5,8	7,5
42	19,5	8,1	50	»	36,9	0,9	11,7	5,1	7,2
41	20,0	8,1	55	»	36,2	0,7	11,9	4,8	7,4
40,5	21,5	8,2	4 00	»	35,8	0,6	12,0	4,7	7,6
38	21,2	8,8	05	»	35,0	0,9	12,1	3,0	7,9
37,3	20,3	8,8	10	»	33,7	0,6	11,2	3,6	8,2
36,5	20,0	7,2	15	»	31,8	0,6	8,0	4,7	6,6
35,7	19,8	7,2	20	»	30,9	0,7	9,5	4,8	6,5
34,1	19,2	7,5	25	»	30,1	0,7	9,0	4,0	6,8
34,2	18,5	7,2	30	14,0	29,4	0,8	8,5	2,6	6,4

Die allgemeinen Dimensionen von Flächenberieselungsapparaten gehen aus der folgenden Tabelle hervor.

Gesamt- Länge (Raumbedarf) des Apparates	Gesamt- Breite	Gesamt- Höhe	Anzahl der Rohre	Länge der Rohre	Breite der unteren Rinne	Weite der Zu- u. Ablaufrohren	Kühlfähigkeit p. Std. für Brunnenwasser	Kühlfähigkeit p. Std. für Eis- u Brunnenwasser	Kühlfähigkeit p. Std. für Kältelösung
m	m	m	Stück	m	mm	mm	hl	hl	hl
1,70	0,85	1,70	14	1,00	580	32	12	10	11
1,70	0,85	2,10	18	1,00	580	32	15	12	14
1,70	0,85	2,50	22	1,00	580	32	19	15	18
2,20	0,85	1,70	14	1,50	580	32	17	14	16
2,20	0,85	2,10	18	1,50	580	40	21	19	21
2,20	0,85	2,50	22	1,50	580	40	29	24	27
2,20	0,85	2,90	26	1,50	580	40	35	29	33
2,70	0,85	1,70	14	2,00	580	40	23	19	22
2,70	0,85	2,10	18	2,00	580	40	31	26	29
2,70	0,85	2,50	22	2,00	580	40	38	32	36
2,70	0,85	2,90	26	2,00	580	40	44	37	41
3,20	0,85	1,70	14	2,50	580	40	29	24	27
3,20	0,85	2,10	18	2,50	580	40	38	32	36
3,20	0,85	2,50	22	2,50	580	40	44	38	43
3,20	0,85	2,90	26	2,50	580	40	54	45	50
3,70	0,85	1,70	14	3,00	580	40	35	29	33
3,70	0,85	2,10	18	3,00	580	40	46	40	44
3,70	0,85	2,50	22	3,00	580	50	57	48	54
3,70	0,85	2,90	26	3,00	580	50	69	57	64
4,70	0,85	1,70	14	4,00	580	40	46	40	44
4,70	0,85	2,10	18	4,00	580	50	61	50	56
4,70	0,85	2,50	22	4,00	580	50	76	50	69
4,70	0,85	2,90	26	4,00	580	50	92	76	85
4,70	0,85	3,30	30	4,00	580	50	106	88	100

d) Bottichkühler.

Die Bottichkühlung erfolgt meist mit gekühltem Süßwasser aus einem höherstehenden Süßwasserkühler. Die Kühlung der Würze ist notwendig, weil sich bei der Gärung eine bestimmte Wärmemenge entwickelt, welche durch das Kühlwasser abzuführen ist.

Man rechnet rund, daß pro 1 g vergorenem Extrakt 0,15 WE entstehen. 1 l Würze enthält etwa 125 g Extrakt, hiervon vergären etwa 50 bis 60% bei der Hauptgärung, so daß pro 1 l Würze rund 70 g Extrakt vergären, und die erzeugte Wärmemenge hiedurch ist

$$70 \cdot 0{,}15 = 10{,}5 \text{ WE}.$$

Diese Wärmeentwicklung verteilt sich etwa auf fünf Tage.

Außerdem ist zu bedenken, daß die gesamte Würzemenge von der Anstelltemperatur bis zum Fassen noch eine Temperaturerniedrigung erfährt. Diese Temperaturdifferenz, Anstelltemperatur minus Temperatur beim Fassen muß außerdem von der Bottichkühlung geleistet werden. Man nimmt den Betrag hierfür pro 1 l Würze ungefähr zu 1,5 WE an, so daß die pro 1 l Würze erzeugte Gesamtwärme $10{,}5 + 1{,}5 = 12$ WE ist.

Auf 1 hl Bier kann man also 12 000 WE rechnen.

Bei einer Gärdauer von 8 Tagen ergibt sich dann der Kältebedarf pro 1 hl Würze zu rund 150 WE.

Erfolgt die Kuhlung durch Sußwasser von $+ 5^0$ C Anfangstemperatur und erfahrt das Wasser beim Durchfließen eine Erwärmung von $1{,}5^0$ C, ist ferner stundlich $\frac{150}{24} = 6{,}25$ WE pro 1 hl Würze abzufuhren, so sind in 1 Std. pro 1 hl Würze etwa 4 l Kühlwasser zuzufuhren. Nach diesem errechneten Wert richtet sich die Größe des Sußwasserkuhlbehälters. Sind z. B. 600 hl Würze im Gärkeller, während einer achtstündigen Nachtpause kühl zu halten, so ist der Kuhlwasservorrat

$$K = 600 \cdot 8 \cdot 4 = 19\,200 \text{ l} = 192 \text{ hl}.$$

Bei Bottichkühlung mit Eisschwimmern rechnet man als Eisbedarf für 1 hl Würze ungefähr 2 kg, die Schmelzwärme pro 1 kg Eis ist rund 80 WE. Mit der Zeit verunreinigen sich die inneren Kühlflächen von solchen Bottichschwimmern, wodurch die Kälteübertragung beeinträchtigt wird; deshalb müssen diese zeitweise innerlich gereinigt werden, was am besten durch Ausdämpfen erfolgt.

11. Hopfenentlaugungs-, Hopfenentbitterungs- und Zerblätterungs-Apparate und Hopfenmühlen.

Die Hopfenentlaugungsapparate haben lediglich den Zweck, den von dem Hopfen eingesaugten Wurzeextrakt durch Pressen oder Auslaugen oder durch gleichzeitiges Pressen und Auslaugen zu gewinnen.

Die Hopfenentbitterungsapparate (Hopfensparapparate) sollen nebenher auch die durch Imbibition der Wurze entstehenden Verluste zu verringern; der Hauptzweck ist aber der, die Hopfenbitterstoffe vollkommener als beim gewöhnlichen Hopfenkochprozeß der Fall war, in Losung zu bringen.

Die Zerblätterungsmaschinen und Hopfenmahlmühlen zerreissen oder mahlen den Hopfen, um die wertvollen Hopfenbestandteile mechanisch freizulegen; die ersteren sortieren noch gleichzeitig in Lupulin, Blätter und Stempel. Der Zweck dieser Vorrichtungen lauft auf die Moglichkeit hinaus, den Hopfen besser ausbeuten zu konnen.

a) Hopfenentlaugungsapparate.

Die Prufung der Hopfenentlaugungsapparate geschieht unter Zugrundelegung der notwendigen Auslaugewassermengen und des in den Hopfentrebern zuruckgebliebenen Extraktgehaltes. Je großer die Auslaugewassermenge und je hoher der Extraktgehalt ist, desto unrationeller arbeitet die betreffende Vorrichtung oder desto ungeeigneter ist das Verfahren.

Mit einem geringen Würzeverlust wird man immer rechnen müssen; denn selbst der ausgepreßte Hopfen enthält noch eine größere Menge eingesaugter Würze.

Normal rechnet man, daß 1 kg Hopfen 6,6 l Wurze oder Flüssigkeit einsaugt. Vor dem Pressen ist diese Menge darin, werden nach dem Pressen z. B. noch 4,3 l gefunden, so wurde ausgepreßt (6,6 — 4,3) = 2,3 l = 34,8%.

Je nachdem das Pressen mit dem Anschwänzen kombiniert wird, erhalt man verschieden gute Auslaugungsresultate. Die Versuche I sind mit Pressen und Auslaugen ausgeführt:

Hopfenauslaugungsversuche I in einem viereckigen Hopfenseiher mit Preßvorrichtung.

Gesamte auszulaugende Hopfenmenge von 2 Sud 54 + 64 = 118 Pfd. Hopfen.

1. Der Hopfen wurde in die Hopfenpresse gebracht und mit 2 hl heißem Wasser ubergeschwänzt. Temperatur: 70° C. Die im Hopfen vorhandene Wurze wog ursprunglich 10,6%. Nach dem Überschwänzen wurde mit Auspressen begonnen, und zwar wurde die Presse 1 Std. aufgesetzt und nachgezogen. Das Hopfentrebergewicht der Naßtreber war beim Austrebern 458 kg. Das Ausgepreßte wog 6,2% Ball. 458 kg enthalten dann noch 229 kg imbibierte Wurze von 6,2%. Pro 1 Pfd. Hopfen wurde 1,69 l Wasser zum Anschwänzen verwendet.
2. Es wurden 2 hl von 74° C angeschwänzt. Die Würze im Hopfen wog 11,8%. Man ließ ½ Std. abtropfen und dann wurde erst gepreßt. Die Presse wirkte 2 Std. Das Gewicht der Hopfentreber war beim Austrebern 328 kg mit 9,4% und es waren noch enthalten 154 kg eingesaugte Wurze. Pro 1 Pfd. Hopfen wurde 1,69 l Wasser verwendet.
3. 346 l heißes Wasser von 79° C Verfahren mit Pressen wie bei 1. Die Wurze im Hopfen wog 10,4%. Nach dem

Auspressen und Anschwänzen 6,1%. Hopfentrebergewicht 450 kg mit 225 kg eingesaugter Würze. Pro 1 Pfd. Hopfen wurden hier 3 l Wasser verwendet.

4. 346 l heißes Wasser, 79° C, Verfahren wie 2. Die Würze spindelte vor Anschwänzen 11,9% nach Anschwänzung und Auspressen 8,6%. Die Hopfentrebern wogen 397 kg mit 172 kg imbibierter Würze. Pro 1 Pfd. Hopfen 3 l Wasser.
5. Pro 1 Pfd. Hopfen 5 l Wasser, gesamt 590 l Heißwasser, Verfahren wie bei 1 und 2.

Die Maximaleinsaugung des Hopfens ist zu 6,6 l pro 1 kg Hopfen angenommen entsprechend 390 l Würze.

Zusammenstellung der Versuchsresultate in nebenstehender Tabelle.

Die Würzeverluste sind demnach noch recht bedeutend; selbst bei 5 l pro 1 Pfd. Hopfen blieben noch ca. 30% des eingesaugten Gesamtextraktes in den Hopfentrebern.

Daß es rentabel ist, selbst bis 1,0% Ball. das Hopfenglattwasser auszunutzen, geht schon allein daraus hervor, daß bei Abläutern der Wurze im Sudhaus die Nachgüsse ja auch bis unter 1% verwertet werden.

Früher wurden aus dem Hopfen 172 l 10,6-proz. Wurze erhalten, resp. in Wirklichkeit 265 l schwachprozentige Würze, welche direkt in den Gärkeller abgelassen wurde.

Nach Versuch II wurden 725 l schwachprozentige Würze erhalten und diese zum nächsten Sud in die Pfanne geleitet. Mehr auszuschlagen sind 345 l; somit wären einzudampfen 725 — 345 = 380 l.

Da jedoch früher mit einer Hopfenpresse nur 172 l 10,6-prozentige Wurze in Gestalt von 265 l verdünnter Würze in den Gärkeller abgelassen wurden, so gelangten 265 — 172 = 93 l Wasser in den Gärkeller. Dieses ist auch heute nicht einzudampfen, so daß zur Eindampfung verbleiben 380 — 93 = 287 l Wasser. Laßt man vom letzten Nachguß diese Literzahl weniger einlaufen, so entstehen naturgemäß keine Eindampfungskosten.

Versuch Nr.	Behandlung des Hopfens	Wassermenge in hl	Liter pro 1 Pfd. Hopfen	°C Temperatur	Wurze im Hopfen Prozent Balling	Wurze nach Anschw. und Auspr.	Naßhopfentrebergewicht	Im Laboratorium ließ sich auspreßen %	Entspricht kg Wurze im Laboratorium	kg Extrakt
1	1 Std. lang sofort gepreßt	2,0	1,69	70	10,6	7,2	458	50,0	229	16,5
2	1 Std. ablaufen, 1 Std. gepreßt	2,0	1,69	74	18,8	9,4	328	47,0	154	14,5
3	Gleich nach Überschw. gepreßt 1 Std.	3,46	3,0	79	10,4	6,1	450	50,0	225	13,7
4	wie 2	3,46	3,0	78	11,9	7,6	397	43,2	171	13,0
5	wie 1	5,9	5,0	81	10,3	4,7	437	47,2	206	9,7
6	wie 2	5,9	5,0	75	11,1	5,5	393	41,9	164	9,0
7	Wurze zuerst ausgepreßt, dann umgehackt und 1 Std. gepreßt	2,0	1,69	76	10,0	6,6	379	41,6	157	10,4
8	do.	3,46	3,0	78	11,4	6,2	361	45,6	165	10,2
9	do.	5,9	5,0	75	10,7	4,9	374	43,8	164	8,05

Wassergehalt der Hopfentreber 67,2% nach dem Auspressen im Laboratorium

Versuch Nr.	Ausgepr. Naßhopfentreber % im Laborat.	kg Hopfentreber	kg Wasser in den Trebern	Wasser in der Wurze	Darauf trifft kg Wurze	= kg Extrakt	Extrakt Σ	Gesamtextrakt max. bei %Balling	Gesamtextrakt max. bei 390 Liter	Differenz, gewonnen vom Gesamtextrakt kg	Das sind % vom Gesamtextrakt	Entspr. Liter 11% Wurze
1	50	229	153	92,8	119	8,6	25,1	10,6	43,1	18,0	41,7	164
2	53	174	116	90,6	120	11,3	25,8	11,8	47,9	22,1	46,2	201
3	50	225	151	93,9	98,2	6,0	19,7	10,4	42,2	22,5	53,5	205
4	56,8	226	152	92,4	125	9,5	22,5	11,9	48,3	25,8	53,4	234
5	52,8	231	155	95,3	76,5	3,6	13,3	10,3	41,8	28,5	68,0	259
6	58,1	229	153	94,5	89,1	4,9	13,9	11,1	45,1	31,2	69,2	283
7	58,4	222	149	93,4	105	6,9	17,3	10,0	40,6	23,3	57,4	212
8	54,4	196	131	93,8	86,6	5,4	15,6	11,7	46,3	30,7	66,4	278
9	56,2	210	140	95,1	72,0	3,5	11,5	10,7	43,0	32,0	74,5	290

Nur Hopfenanschwänzen

ohne Pressen in einem, einem Lauterbottich ahnlichen Hopfenseiher.

	Versuch I. 2 mal 10 Min. angeschwanzt.		Versuch II. 4 mal 5 Min. angeschwänzt.		
Gefaß-inhalt Nr.	Prozent Ball.	Extrakt in kg	Prozent Ball.	Extrakt in kg	
1	9,80	2,45	10,65	2,665	5 Min. uber-geschwanzt
2	9,75	2,438	8,95	2,238	
3	8,15	2,038	8,25	2,061	
4	7,05	1,762	8,15	2,038	
5	6,85	1,712	8,0	2,00	
6	6,85	1,712	8,05	2,012	} 5 Min. uber-geschwanzt
7	6,3	1,575	6,75	1,686	
8	6,25	1,562	6,1	1,525	
9	6,4	1,600	6,0	1,500	
10	6,6	1,650	6,05	1,512	
11	5,9	1,475	6,9	1,725	
12	4,1	1,025	7,6	1,900	
13	4,1	1,025	4,4	1,100	5 Min. uber-geschwanzt
14	3,8	0,950	3,9	0,975	
15	3,45	0,862	3,6	0,900	
16	3,15	0,788	3,6	0,900	
17	3,2	0,800	3,5	0,875	
18	3,2	0,800	3,6	0,900	
19	3,1	0,778	3,7	0,952	} 5 Min. uber-geschwanzt
20	3,3	0,825	2,7	0,725	
21	3,35	0,838	2,5	0,625	
22	3,55	0,888	2,7	0,675	
23	3,75	0,988	2,7	0,675	
24	3,95	0,938	2,6	0,650	
25	4,95	1,238	2,55	0,637	
26	5,35	1,338	2,45	0,612	
27	(6 hl 50 l)	34,055	2,50	0,625	
28	uberge-	Gesamtextr.	3,50	0,875	mit Brettern ausgetreten!
29	schwanzt	= 321 l von	4,20	1,050	
		10,6 % Ball.	(7 hl 25 l)	36,586	
			uberge-	Gesamtextr.	
			schwanzt	= 345 l von	
				10,6 % Ball.	

Versuche. Hopfenanschwänzen.

Langsam andauernd 25 Minuten angeschwänzt.

Nr.	% Ball.	kg Extrakt	Nr.	% Ball.	kg Extrakt
1	8,05	2,013	18	3,65	0,913
2	6,45	1,612	19	3,65	0,912
3	6,25	1,563	20	3,65	0,913
4	5,95	1,988	21	3,65	0,912
5	5,15	1,287	22	3,75	0,937
6	4,75	1,188			nochmal kurz angeschwänzt
7	4,55	1,137	23	2,15	0,538
8	4,45	1,115	24	2,05	0,512
9	4,45	1,115	25	1,85	0,463
10	4,55	1,138	26	1,95	0,487
11	4,45	1,115	27	2,20	0,550
12	4,25	1,062	28	2,5	0,625
13	4,15	1,038	29	3,10	0,775
14	4,05	1,012	30	3,50	0,875
15	3,95	0,988	31	4,50	1,150
16	3,75	0,938			31,812 kg
17	3,75	0,937			= ∼ 300 l 10,6 proz. Würze.

Der Versuch zeigt, daß man mit dauerndem sehr langsamen Anschwänzen den Extrakt nicht so gut gewinnt, wie wenn man kürzere Zeitabschnitte anschwänzt und dazwischen den Hopfen wieder gut abtropfen läßt.

b) Die Hopfenentbitterungsapparate.

Das Prinzip der meisten hieher gehörigen Vorrichtungen ist, daß der Hopfen außerhalb des Kessels unter mechanischer Rührbewegung von der vom Läutergrant ablaufenden Würze oder den Nachgüssen entbittert wird. Der Apparat hat seinen Zweck erfüllt wenn er:

1. von der zur Auslaugung der Bitterstoffe des Hopfens benötigten Vorder- oder Nachgußwürze keinen nennenswerten Extraktanteil nach Beendigung des Auslaugeprozesses zurückhält,

2. die Bitterstoffe des Hopfens möglichst vollkommen in Lösung gebracht hat,
3. eine kurze Betriebszeit dazu benötigt.
4. Eine Hopfeneingabe und die Entnahme von Teilauszügen jederzeit gestattet.

Die Prüfung dieser Apparate wird sich also auf die imbibierte Extraktmenge der Hopfentreber, ev. den Extraktgehalt der im letzten Auslaugegefäß befindlichen Flussigkeit und auf den Bitterstoffgehalt der Hopfentreber erstrecken.

Beispiel: Bei einem Halutapparat spindelte der Nachguß in den letzten $1\frac{1}{2}$ Stunden des Abläuterns:

% Balling	
im Lautergrant	am Halutablauf
4,3	5,1
2,0	3,0
0,7	1,3
0,4	0,8
0,2	0,3

Diese Auslaugung ist eine sehr gute.

Ungenügende Flüssigkeitswechsel beim Abläutern der Nachgusse haben ungenugende Extraktauslaugung zur Folge. Deshalb soll man sich bei Anschaffung zu solchen Apparaten entschließen, welche größtmöglichste Flüssigkeitswechsel gestatten.

Die Entbitterungsgrenze des Hopfens kann man berechnen, wenn B = Bitterstoffgehalt der Hopfentrockensubstanz, ferner b = Bitterstoffgehalt der Hopfentreber, $(100 - w)$ = Trockensubstanz der Hopfentreber, w = Wassergehalt der Hopfentreber.

Ist das Hopfentrebernaßgewicht T kg, so ist die erhaltene Hopfentrockensubstanz

$$T \cdot (100 - w).$$

War das angewandte Hopfengewicht in Trockensubstanz H kg, so wurden aus H kg Hopfen $T \cdot (100 - w)$ kg Hopfentrebertrockensubstanz gewonnen. 100 kg Hopfentrockensubstanz geben dann

$$\frac{T \cdot (100 - w) \cdot 100}{H} \text{ kg Trebertrockensubstanz.}$$

Enthalten 100 kg Hopfentrockensubstanz B kg Bittersäure, und 100 kg Hopfentrebertrockensubstanz b kg Bittersäure, so enthalten die aus 100 kg Hopfentrockensubstanz resultierenden Hopfentrockentrebern

$$\frac{b \cdot T \cdot (100 - w) \cdot 100}{H \cdot 100} = \frac{b \cdot T\,(100 - w)}{H} \text{ kg Bittersäure,}$$

der Bittersäureverlust b_v in % des ursprunglichen Hopfentrockengewichtes

$$\underline{b_v = \frac{b \cdot T\,(100 - w)}{H}}$$

und bezogen auf die ursprunglich vorhandene Gesamtbittersäure:

$$\underline{B_v = \frac{b_v \cdot 100}{B},}$$

und der Entbitterungsgrad A ist

$$\underline{A = 100 - B_v.}$$

Beispiel: Der Bittersäuregehalt der Hopfentrockensubstanz sei $B = 15{,}2\%$.

Die Hopfengabe in Trockensubstanz $H = 17{,}2$ kg.

Der Wassergehalt der Naßhopfentreber war 82,0%. Das Gewicht der Hopfennaßtreber war 65,8 kg.

Die Hopfentrebertrockensubstanz T ist

$$65{,}8\ (100 - 82) = 11{,}82.\ \text{kg}$$

100 kg Trockenhopfen geben dann

$$\frac{11{,}82 \cdot 100}{17{,}2} = 68{,}8\,\%\ \text{Hopfentrockentreber.}$$

Die in den Hopfentrebern zuruckgebliebene Bittersäure ermittelte sich zu 0,85% in Trockensubstanz (Halutapparat). Umgerechnet auf 100 kg Trockenhopfen ist das

$$0{,}85 \cdot \frac{68{,}8}{100} = \mathbf{0{,}585}$$

bezogen auf das ursprüngliche Hopfengewicht. Von der Gesamtbittersäure ist das

$$B_v = \frac{0{,}585 \cdot 100}{15{,}2} = \mathbf{3{,}88}\,\%.$$

Der Entbitterungsgrad ist dann

$$A = 100 - 3{,}88 = \mathbf{96{,}12}\,\%,$$

was als sehr gut zu bezeichnen ist.

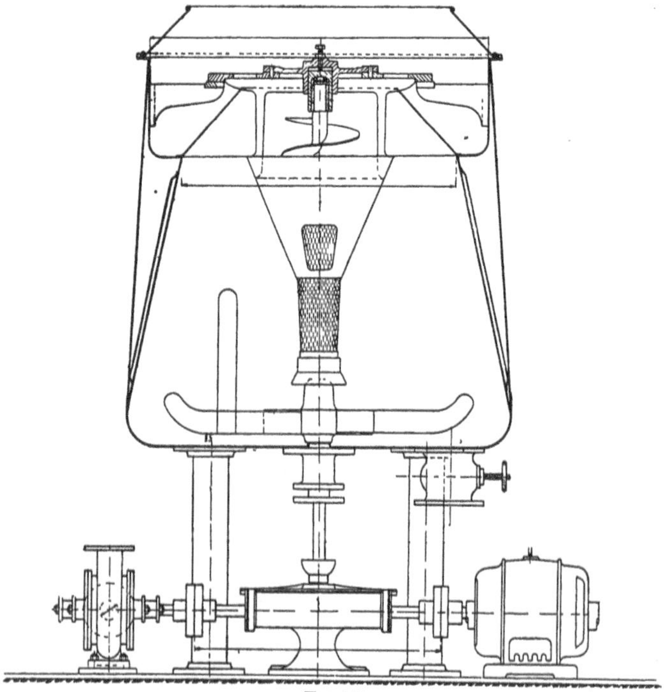

Fig. 76.

Die Wirkungsweise dieser Apparate ist sehr verschieden. Der Halutapparat, Fig. 76, besteht aus einem schmiedeisernen Mantel, auf welchen eine mit Rolltur verschließbare Haube aufgesetzt ist. Eine Traverse ruhend auf Konsolen trägt ein Lager mit Rotgußbuchse. An der Traverse ist durch Arme ein Trichter gehalten, in welchem eine ebenfalls konische

Schnecke rotiert, welche durch eine Welle von dem Motor durch einen Schneckenantrieb bewegt wird. An dieser Welle ist auch ein Rührwerk befestigt.

Der Hopfen gelangt mit Flüssigkeit in diesem Gefäß unter Rührbewegung zur Auslaugung. Die Schnecke schafft die Hopfenmaische durch den Preßtrichter kontinuierlich nach unten. Gleichzeitig tritt in die Schnecke andauernd Auslaugeflüssigkeit (Nachguß) zu. Die angebitterte Lösung tritt durch oben angebrachte schräge Siebe hindurch und läuft ab. Der Hopfen fällt immer wieder in den Schneckentrichter über. Die Tourenzahl liegt etwa bei 80 pro Minute. Je höher diese gewählt wird, und je mehr Flüssigkeitswechsel stattfinden, und bei um so höherer Temperatur die Bearbeitung geschieht, in desto kurzerer Zeit ist der Hopfen entbittert. Zum Anwärmen besitzt der Apparat einen Heizmantel.

Der Hopfenentlauger und Montejus von Weigel, Fig. 77, ist verschließbar und besitzt einen Doppelmantel fur indirekte Dampfheizung, so daß man den Hopfen mit Würze oder Nachguß unter beliebigem Überdruck kochen und aufschließen kann. Ein Propellerruhrwerk unterstutzt die Aufschließung und Zerkleinerung des Hopfens.

In nebenstehender Schnittzeichnung stellt *P* den Propeller mit senkrechter Welle, *D* den Doppelboden fur Dampfheizung, *R* das ringförmige Rohr, durch welches dem Doppelboden der Dampf zugefuhrt wird, und *M* einen Mannlochverschluß dar, der zum Besteigen und Reinigen oder zum Beschicken des Apparates mit Hopfen dient. Die Welle des Propellers wird durch ein in dem Gehäuse *G* untergebrachtes Schneckengetriebe von einem Elektromotor *E* angetrieben. Der Antrieb kann natürlich auch durch Zahnräder und Riemenscheiben von einer Transmission aus erfolgen.

Der Apparat kann auch als gewöhnlicher Hopfenseiher verwendet werden. Die Siebwände *S* halten den Hopfen zuruck; die Brause *B* dient zum Aussüßen.

Außerdem ist noch der Schneidersche Apparat zu nennen, welcher einem kleinen Läuterbottich gleicht und mit Ruhrwerken versehen ist. Es gibt aber auch Vorrichtungen, welche die mechanische Zerkleinerung durch Pumpvorrichtungen und Schlägerwerke bewerkstelligen.

Es ist fehlerhaft aus dem Entbitterungsgrad eines Hopfens auf die Hopfenersparnis schließen zu wollen, oder diesen gar jener gleichzusetzen. Der Entbitterungsvorgang ist

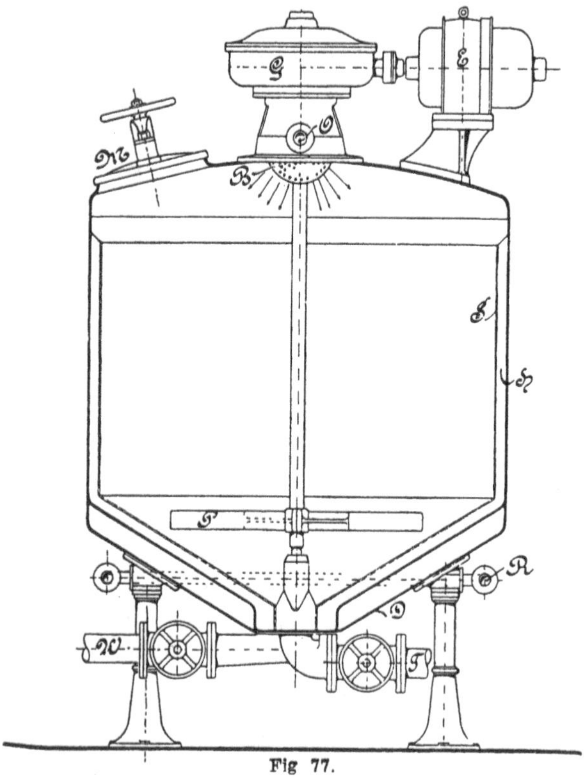

Fig 77.

ein rein mechanischer, der mit dem Hopfenkochprozeß und dem Übergang dieser Bitterstoffe in die Würze nichts zu tun hat.

c) Die Zerreiß- und Zerblätterungsmaschinen und die Hopfenmühlen.

Die Zerreißmaschinen vermeiden es, die Stengel und Stiele zu zerkleinern und sie sortieren ev. im Anschluß in die drei Sortimente Grob-Lupulin, Blätter und Stengel. Die Mühlen dagegen zerkleinern auch die Blätter und die Stengel mit.

Bei sachgemäßem Zusatz der getrennten Sortimente zum Hopfenkessel und bei nicht zu intensivem Auskochen der Stengel kann man auf eine Veredelung des Biergeschmackes hinwirken.

Die Arbeitsweise der Hopfenzerblätterungsvorrichtung muß kontrolliert werden, ob sie den gewollten Zweck erreicht. Die pro Sud notwendige Hopfengabe wiegt man dabei ein und stellt das Gewicht der erhaltenen Einzelsortimente ebenfalls fest.

Die Tourenzahl der Maschine hat einen wesentlichen Einfluß auf die gleichmäßige Zerblätterungsarbeit. Zu geringe Tourenzahl schüttelt das Lupulin zu wenig aus und läßt viele ganze Dolden zurück, welche unter die Stengel wandern. Zu hohe Tourenzahl bringt durch die größere Wirkung des Ventilators mehr schwerere Stengelteile usw. in das Blättersortiment.

Beispiel: Es wurden erhalten:

	Blatter	Stiele	Grobluqulin
Bei normalem Gang der Maschine	85,3	4,5	10,2%
Bei zu langsamem Gang der Maschine	86,6	8,4	5,0%

Den Blättern hängt noch viel wirkliches Lupulin an. Das Groblupulin enthält bedeutende Mengen feiner Blätterteilchen.

Im Laboratorium sind die in der Praxis erhaltenen Sortimente durch Aussieben nachzuprüfen. Ein Siebsatz mit zwei Sieben von 36 und 144 Maschen pro 1 qcm ist hierfür geeignet.

Beispiel: Sortierung der Praxis 86,6% Blätter, 8,4% Stengel, 5% Groblupulin.

Durch Aussieben des Blättersortiments der Praxis ergab sich im Laboratorium in 100 g Blättersortiment:

Blätter	79,0%
Feine zerrissene Blätterteilchen.	10,4%
Wirkliches Lupulin	10,6%;

in 86,6 g Praxis-Blättersortiment sind dann:

$$\frac{79{,}0 \cdot 86{,}6}{100} = 68{,}4 \text{ g Blätter,}$$

$$\frac{10{,}4 \cdot 86{,}6}{100} = 9{,}03 \text{ g zerrissene Blättchen,}$$

$$\frac{10{,}6 \cdot 86{,}6}{100} = 9{,}17 \text{ g wirkliches Lupulin.}$$

Durch Aussieben des Stielsortiments der Praxis ergaben sich im Laboratorium aus 100 g:

Stiele und ganzgebliebene Dolden	93,7%
Nackte Stengel	5,3%
Wirkliches Lupulin	1,0%;

in 8,4 g Stengelsortiment sind dann:

$$\frac{93{,}7 \cdot 8{,}4}{100} = 7{,}87 \text{ g Stengel und ganzgebliebene Dolden,}$$

$$\frac{5{,}3 \cdot 8{,}4}{100} = 0{,}446 \text{ g nackte Stiele,}$$

$$\frac{1{,}0 \cdot 8{,}4}{100} = 0{,}084 \text{ g wirkliches Lupulin.}$$

Durch Aussieben des Groblupulins der Praxis ergab sich im Laboratorium aus 100 g:

Stengel und ganze Blätter	0,6%
Feine Blätterteilchen	63,2%
Wirkliches Lupulin	36,8%;

in 5 g Groblupulin sind dann:

0 g Stengel und Blätter,

$$\frac{63{,}2 \cdot 5}{100} = 3{,}16 \text{ g feine Blätterteilchen,}$$

$$\frac{36{,}8 \cdot 5}{100} = 1{,}84 \text{ g wirkliches Lupulin.}$$

100 g Hopfen lieferten aus den Praxissortimenten im Laboratorium:

Blätter	68,400%
Nackte Stengel	0,446%
Stengel mit ganzgebliebenen Dolden . . .	7,870%
Feine Blätterteilchen (9,03 + 3,16) = . . .	12,19%
Wirkliches Lupulin 9,17 + 0,084 + 1,84 =	11,094%

Auf diese Weise ergründet man eine ungenügende Arbeit der Zerblätterungsmaschine, deren Aufgabe es ja ist, besonders das Lupulin und die Stengel so vollständig als nur möglich auszuscheiden. Die Ausscheidung der Stengel soll eine Geschmacksverbesserung herbeiführen; das abgesonderte Lupulinsortiment soll gegen das Ende des Kochprozesses in den Hopfenkessel gegeben werden, damit ein größerer Teil der feinen aromatischen leichtflüchtigen Stoffe in der Würze verbleibt. Eine ungenügende Aussortierung wird stets zur Folge haben, daß der durch die Hopfenzerblätterung beabsichtigte Zweck nicht vollkommen erreicht wird.

Zeigen sich im Stielsortiment noch viel unzerrissene, unvollkommen vom Stengel getrennte Dolden, so ist im Laboratorium ein nachträgliches Zerreissen und Ausstielen angezeigt.

Beispiel: Das Stielsortiment zeigte (siehe oben):

Stiele mit unzerkleinerten Dolden	93,7%
Nackte Stengel	5,3%
Wirkliches Lupulin	1,0%.

In 8,4 g Stielsortiment waren enthalten:

Stiele mit unzerkleinerten Dolden	7,870 g
Nackte Stiele.	0,446 g
Wirkliches Lupulin	0,084 g.

Nach der Zerkleinerung der unzerkleinerten Dolden ergab sich, daß in 100 g davon

Stengelteile.	39,9%
Fein zerrissene Blättchen	51,4%
Lupulin	8,7%

enthalten waren; auf 7,87 g treffen dann:

$$\frac{39{,}9 \cdot 7{,}87}{100} = 3{,}14 \text{ g Stengel,}$$

$$\frac{51{,}4 \cdot 7{,}87}{100} = 4{,}05 \text{ g fein zerrissene Blättchen,}$$

$$\frac{8{,}7 \cdot 7{,}87}{100} = 0{,}68 \text{ g Lupulin.}$$

Würden die Stengel nicht mit in den Hopfenkessel gegeben, so ginge pro 100 kg Hopfen somit 0,68 kg Lupulin verloren; das gesamte Lupulin, welches aus dem Hopfen gewonnen werden konnte, betrug dann: 11,094 + 0,68 = 11,774%.

Gehen hiervon 0,68% verloren, so sind das vom Gesamtlupulin des Hopfens

$$\frac{0{,}68 \cdot 100}{11{,}774} = 5{,}8\,\%.$$

Es kann also durch eine Hopfenzerblätterungsmaschine

Fig 78

auch das Gegenteil von dem erreicht werden, was durch die Anschaffung eigentlich bezweckt werden sollte.

W a r m e T e m p e r a t u r hat schlechte Aussiebung des Lupulins in der Praxis zur Folge. Je kalter die Temperatur des Raumes ist, in welchem die Zerblätterungsmaschine aufgestellt ist, desto weniger leicht verstopfen sich die Sortiersiebe infolge Verharzung.

Die Mahlmühlen sollen ein möglichst gleichartiges und ja nicht zu grobes Hopfenpulver liefern. Den richtigen Grad der Zerkleinerung und die Gleichmäßigkeit der Zerkleinerung ermittelt man auch hier mittels Sieben.

Fig. 78 zeigt eine solche Mahlmühle für Hopfen. Ideal Perplex.

In einem staubdicht abgeschlossenen Gehäuse befindet sich eine schnellrotierende Scheibe, die mit eigentümlich geformten Schlagnasen versehen ist, welche den zu zerkleinernden Hopfen stufenweise vorzerkleinern. Die Mahlwirkung wird besonders durch die zwischen zwei Schlagnasenreihen eingeschalteten Mahlringe hervorgerufen, die den Raum bis zur Schlagscheibe vollstandig abschließen, so daß das Material erst bei genügender Vorzerkleinerung durch die schlitzartigen Öffnungen nach außen tritt. Diese schlitzartigen Öffnungen, welche bei jedem folgenden Stufenring enger werden, haben die Form eines *K*, wodurch an dessen Querstegen besonders geeignete Wurfflächen entstehen, sowohl fur die innere, als auch für die äußere Schlagnasenreihe. Dadurch ergibt sich eine mehrfache Vorzerkleinerung, indem die inneren und äußeren Schlagnasenreihen auf denselben Stufenring scherend, schleudernd und das Produkt in sich verreibend, einwirken, also das Hopfenmehl freilegen.

Die Stellung der Mühle kann eine verschiedene sein, und zwar kann von 2,5 mm bis zu 2 cm Schlitzweite zerkleinert werden.

Neben den mechanischen Vorgängen in bezug auf bessere Ausnutzung spielt naturgemäß meist die geschmackliche Beeinflussung auf den Biercharakter die Hauptrolle. Hierfür ist die Zunge der Prüfstein. Sie wird zu entscheiden haben, ob in einem bestimmten Fall eine weitgehendste Ausnutzung des Hopfens möglich und zulässig ist.

12. Trub- und Gelägefilter und Vorrichtungen zur Verwertung der Abfallhefe.

Die Trub- und Gelägefilter sollen vor allem den Bierschwand verringern und außerdem eine sehr rasche Trennung der gewinnbaren Würze resp. des Bieres ermöglichen, um die Infektionsgefahr, welche alten Verfahren (Trubsäcke) mit sehr langer Filtration anhaftete, zu beseitigen. Die Rentabilität dieser Apparate errechnet sich aus dem Mehrwurze- resp. Biergewinn, wenn man diesem den entsprechenden Betrag der Amortisation und der Mehrausgaben fur Filtertucher entgegenstellt.

a) Die Trubpressen.

Den Verlust an Trubwürze nimmt man allgemein pro 1 Zentner Malzschuttung an:

bei sehr langem Abtropfen mit gutfiltrierendem Trubsack . . . . 1 l,
bei einstündigem Abtropfen . . . . . . 1,5—3 l,
bei sofortigem Filtrieren mit der Filterpresse . . . . 0,5—0,7 l.

Je größer der Verlust durch schlechtes Ablaufen war, desto rentabler wird die Anschaffung einer Trubpresse sein. Die Verlustverringerung zwischen Trubsack und Filterpresse kann von 0,5 bis 2,5 l pro 1 Ztr. Malz betragen.

Ist die Jahresschüttung J, und der reduzierbare Wurzeverlust in ltr $= w$, so ist der Wurzegewinn:

$$W_g = J \cdot w \text{ ltr} = 0{,}01 \cdot J\, w, \text{ hl}.$$

Rechnet man für den hl Würze bei Normalkonzentration m Mark, so ist der jährliche Würzegewinn e in Mark

$$e = m \cdot 0{,}01 \cdot J \cdot w.$$

Diesem Gewinn steht der entsprechende Betrag der Abschreibung, des Tücherverschleißes und der Bedienung gegenüber.

Beispiel: Die Jahresschüttung $J = 18\,000$ Ztr. Malz; der durch Beseitigung des Trubsackes möglich gewordene Würzegewinn pro 1 Ztr. Malz hat sich zu $w = 1{,}8$ l ergeben. Der Preis pro 1 hl Wurze ist 14,8 M., dann ist

$$e = 14{,}8 \cdot 0{,}001 \cdot 18000 \cdot 1{,}8 = \text{M. } \mathbf{4780}.$$

Ist der Preis der Presse 1200 M.:

10% Abschreibung	120 M.
5% Verzinsung	60 »
2 Tuchereinsätze	70 »
Bedienung usw.	150 »
	400 M.

so ergibt sich ein Gewinn in diesem Fall von 47 80 — 400 = 4380 M. jährlich.

Es ist aber noch zu berücksichtigen, falls eine Tücherwaschmaschine mitbeschafft werden muß, daß auch von dieser ein entsprechender Teil abgeschrieben und das Anlagekapital verzinst wird.

Die folgende Tabelle gibt den Würzegewinn und den entsprechenden Wert in Mark pro 1 hl rund M. 15 angenommen für verschieden große Schuttungen an u. a.

Reduzierbarer Wurzeverl. w	Jahresschuttung Ztr.													
	1000		2000		5000		10 000		20 000		50 000		100 000	
	hl	Wert M.	hl	Wert M.	hl	Wert M.	hl	Wert M.	hl	Wert M.	hl	Wert M.	hl	Wert M.
0,5	5	75	10	150	25	375	50	750	100	1500	250	3750	500	7500
1,0	10	150	20	300	50	750	100	1500	200	3000	500	7500	1000	15000
1,5	15	225	30	450	75	1125	150	2250	300	4500	750	11250	1500	22500
2,0	20	300	40	600	100	1500	200	3000	400	6000	1000	15000	2000	30000
2,5	25	375	50	750	125	1875	250	3750	500	7500	1250	18750	2500	37500

Die für eine bestimmte Malzschüttung zu wählende Größe und Kammerzahl usw. geht aus der folgenden Tabelle hervor:

Gelager-Filterpressen (Bauart »Prandtl«).

Malz-schuttung	Bauart	Große der Platten	Zahl der Kammern	Lange	Breite	Preise der Presse	Preise der Filtertucher 2 Satze
kg		cm		m	m	M.	M.
80	Wandpresse	40×40	1	0,340	0,520	280	3,—
170			2	0,375		310	6,—
250			3	0,410		340	9,—
340			4	0,445		370	12,—
420			5	0,480		400	15,—
500			6	0,520		430	18,—
	Vorsetzer			0,330			
670	Wandpresse	55×55	4	0,530	0,680	550	17,60
1000			6	0,600		640	26,40
1300			8	0,670		730	35,20
1600	mit 2 Stutzen		10	0,740		840	44,—
	Vorsetzer			0,600			
1000	freistehend	55×55	6	1,150		770	26,40
1300			8	1,220		860	35,20
1600			10	1,290		950	44,—
2000			12	1,360		1040	52,80
2500			16	1,500		1220	70,40
	Fahrgestelle					160	
2500	freistehend	76×76	8	1,322	0,890	1190	52,80
3300			10	1,392		1330	66,—
4000			12	1,462		1470	79,20
5300			16	1,602		1750	105,60
6700			20	1,742		2030	132,—
8000			25	1,917		2380	165,—
10000			30	2,092		2730	198,—

Für den Trub ist ein Höhenunterschied von 2 bis 3 m zwischen Kuhlschiff und Auslauf des Filtrates ausreichend, um das Hauptquantum bei richtig bemessener Kammerzahl in kurzer Zeit (in 15 Minuten bis ½ Stunde), durch den natürlichen Druck zu filtrieren. Der in den Kammern stehende, flüssige Rest kann durch Druckluft von 1 bis 2 Atm.

bis zur Trockenheit des Trubes ausgeblasen oder auch in Ermangelung einer Luftpumpe durch das 4- bis 6 fache Quantum Wasser unter fortschreitender Verdünnung des Filtrates verdrängt werden.

Bei der Kammergröße von

40×40 cm	ist die	Filterfläche	0,24 qm,
55×55 cm	» »	»	0,5 qm,
76×76 cm	» »	»	1 qm.

Für je 1000 kg hochgedarrtes Malz sind 3 große, 6 mittlere oder 12 kleinere Kammern notwendig.

b) Die Pressen für Vorhefe, Abfallhefe und Geläger.

Die Hefe und Gelägerfiltration kann in kleinen oder mittleren Betrieben mit nur 1 Tagessud in der Trubpresse erfolgen. Die Anordnung ist dann diejenige nach Fig. 79.

In Großbetrieben ist fur das Geläger und die Abfallhefen eine gesonderte Presse im Keller, resp. einem gekühlten Raum, aufzustellen; denn die Hefe- und Gelägerfiltration stört die regelmäßige Arbeitsweise der Trubfiltration insofern, als die Gelägerfiltration pro 1 hl Geläger je nach Dickflussigkeit etwa die 5 bis 10 fache und oft noch längere Zeit benötigt, wie Trub. Steht nun bei langandauernder Filtration, wie es größere Mengen bedingen, die Presse in einem warmen Raum, so neigt das Filtrat eher zu einer Infektion.

Filterpressen nach Fig. 80 mit zwischengeschalteten Rahmen beheben den Nachteil, den die gewöhnliche Trubpresse besitzt, deren aufzunehmendes Volumen ziemlich gering ist. Auch fur Faß- und Bottichhefe genugt ein Hohenunterschied von 2 bis 3 m oder ein entsprechender Druck, Die Filtrationsdauer ist einige Stunden.

In den Decken bleibt ganz nach der Art sorgfältigen Abhebens beim Bierfassen ein Verlust von 2 bis 9 l pro Bottich von ca. 40 hl. Werden die Bottiche sehr voll gemacht, daß die Kräusen oben uberlaufen, so kann dieser Verlust noch größer werden. Eine Ausnutzung der in den Decken befindlichen Bierreste ist n i c h t a n z u r a t e n, da dieselben sehr bitter sind. Der Volumenverlust der Anstellwurzemenge ist ca. 0,1 bis 0,2%.

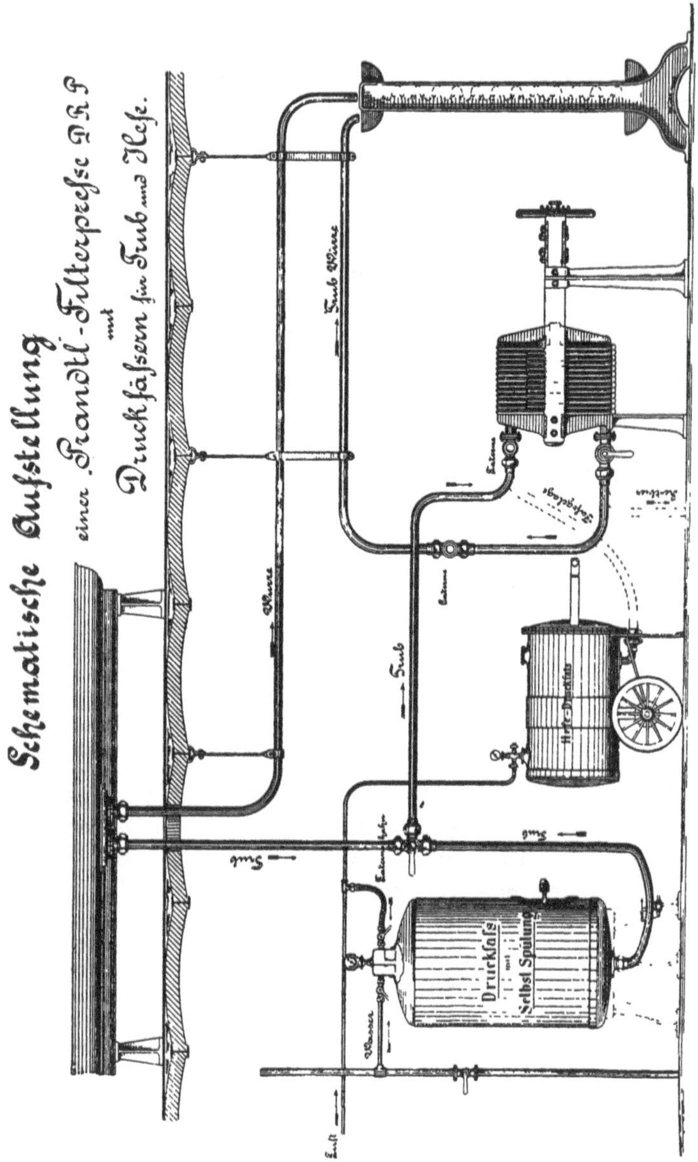
Schematische Aufstellung
einer Prandtl-Filterpresse D.R.P.
mit
Druckfässern für Trub und Hefe.
Druckfass
mit
Selbst Spulung

Fig. 79.

Im Vorzeug, dessen Menge ziemlich schwankt, bleiben 25 bis 30 l pro Bottich von etwa 40 hl Inhalt, das sind 0,6 bis 0,75% vom Biervolumen. Je dunner und suppiger der Vorzeug, d. h. je weniger fest er sich abgesetzt hat, desto höher kann der Verlust werden. Auch die Bottichstellung und Einsenkungen im Bottichboden können den Verlust vergrößern.

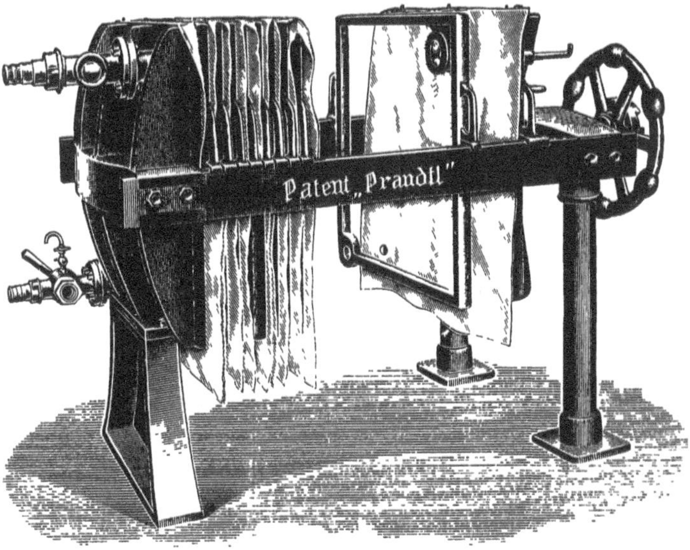

Fig. 80.

Aus dem Vorzeug konnen durch Auspressen 30 bis 40% des Vorzeugvolumens an Bier gewonnen werden. Das ausgepreßte Bier ist wohl bitterer als das normale, kann aber in kleinen Teilen verschnitten werden.

Aus der Kernhefe lassen sich 25 bis 28% Bier des Hefevolumens durch Auspressen noch gewinnen.

Die Unterhefe liefert ca. 0,2 — 0,25% Bier. Eventuelles Stoßen im Lagerkeller bringt geringe Verluste. Zu einer Verwertung dieses Ablaufbieres ist nicht zu raten.

Das ungenügende Abseihen und die unvollkommene Ausnützung des Faßgelägers erhohen den Schwand ganz erheblich. Aus dem Faßgeläger lassen sich 50 bis 70% des Gelägervolumens an Bier gewinnen. Die Menge des Faßgelägers beträgt etwa 1% des Biervolumens.

Die Auspressung des Faßgelägers durch eine Filterpresse soll geschehen, da sich dies in vielen Betrieben bewährt hat. Die Menge des Abseihbieres hängt von der Bauchigkeit des Fasses, der Anstichvorrichtung und ferner davon ab, ob mit Spänen gearbeitet wird oder nicht.

Durch Auspressen von Vorzeug und Hefe erzielt man einen Biergewinn, der zwischen 0,2 bis 0,4% liegen kann; durch Auspressen des Faßgelägers einen solchen von 0,4 bis 0,8%.

Die Vorhefe — Kernhefe und Unterhefe — in Verbindung mit Gelägerfiltration wird demnach einen bisherigen Bierverlust von 0,6 bis 1,2% beseitigen.

Bisheriger Volumenverlust %	Jahrlich auspreßbare Biermenge in hl bei einem Jahresausstoß							
	2000	5000	10000	20000	50000	100000	200000	300000
0,6	12	30	60	120	300	600	1200	1800
0,7	14	35	70	140	350	700	1400	2100
0,8	16	40	80	160	400	800	1600	2400
0,9	18	45	90	180	450	900	1800	2700
1,0	20	50	100	200	500	1000	2000	3000
1,1	22	55	110	220	550	1100	2200	3300
1,2	24	60	120	240	600	1200	2400	3600

Nimmt man den Wert des gewonnenen Bieres zu M. 15,— pro 1 hl an, so ist der durch die Gewinnung des ausgepreßten Bieres für Betriebe verschiedener Größe in Frage kommende Betrag aus der Tabelle, nächste Seite oben, zu entnehmen.

Diese Zahlen deuten darauf hin, daß schon sehr bedeutende Werte verloren gehen können, wenn man der richtigen Arbeitsweise der Hefe- und Gelagefilter nicht die genügende Aufmerksamkeit schenkt.

Eine Gelägerpresse arbeitet um so rationeller, je mehr Bier dieselbe auspreßt, d. h. je trockener die ausge-

Bisheriger Volumenverlust %	Jährlicher Wert der ausgepreßten Biermenge bei Jahresausstoß							
	2000	5000	10000	20000	50000	100000	200000	300000
0,6	180	450	900	1800	4500	9000	18000	27000
0,7	210	525	1050	2100	5250	10500	21000	31500
0,8	240	600	1200	2400	6000	12000	24000	36000
0,9	270	675	1350	2700	6750	13500	27000	40500
1,0	300	750	1500	3000	7500	15000	30000	45000
1,1	330	825	1650	3300	8250	16500	33000	49500
1,2	360	900	1800	3600	9000	18000	36000	54000

preßten Kuchen sind. Den Trockengrad der Kuchen soll man deshalb zeitweise durch einfache Feuchtigkeitsbestimmung nachprüfen. In Großbetrieben bedeutet schon $^1/_{10}$% mehrbier den Gewinn einiger Tausend Mark. Die Anschaffungskosten einer Geläger- und Hefepresse sowie die Bedienungs- und Unterhaltungskosten stehen in ganz untergeordneten Verhältnissen zu dem hohen ersichtlichen Gewinn.

c) Vorrichtungen zur Verwertung von Abfallhefe.

Neben dem Biergewinn ist auch an die Verwertung der ausgepreßten Hefe selbst zu denken. Die Hefe ist ein sehr wertvolles Abfallprodukt. Dies erhellt schon daraus, daß die bei der Vermehrung der Hefe sich bildende Hefesubstanz nur ein Umsetzungsprodukt eines Extraktanteiles der Bierwürze sein kann. Jede Hefenvermehrung bedeutet zugleich einen ganz bestimmten Extraktverlust. Das Erträgnis für die Abfallhefe sollte also diesem Extraktverlust äquivalent sein.

Die Verwertungsmöglichkeiten der Hefe sind:

1. Verkauf der Kernhefe als Anstellhefe,
2. Verarbeitung zur Bäckerhefe,
3. Verwertung als Futtermittel,
4. Verwertung zu Nährhefe und Hefeextrakten,

5. Verwertung als Düngemittel,
6. Therapeutische Verwertung.

Von diesen Verwertungsmöglichkeiten erscheint bis heute der direkte Hefeverkauf der Kernhefe als Anstellhefe, die Ver-

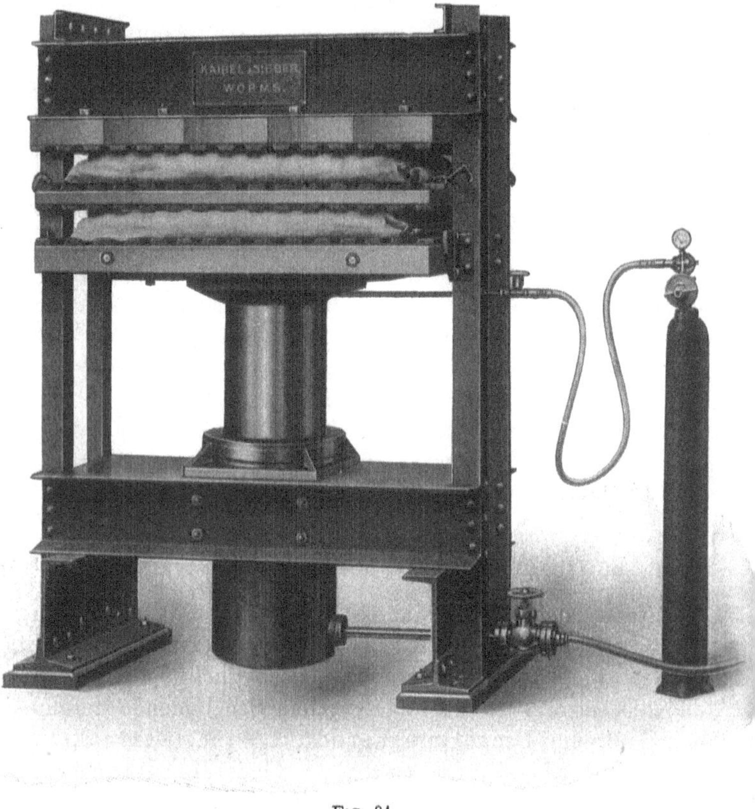

Fig 81

wertung zu Backzwecken und diejenige als Futtermittel als die rationellste.

Bei Betrieben mit großem Hefeverkauf kommen keine Handpressen, sondern hydraulische Pressen in Frage (Fig. 81). Die Rentabilität solcher Pressen ergibt sich aus der besseren Gleichmäßigkeit der Auspressung, welche bei Handpressen nicht immer im gewünschten Grade erreicht wird, ferner aus der Ersparnis durch niedrigere Bedienungskosten.

Diese Presse dient zum Trockenpressen der Hefe; sie unterscheidet sich von den für diesen Zweck bisher meist benützten Spindelpressen mit Handbetrieb durch größere Leistungsfähigkeit und einfache, leichte und weit billigere Bedienung. Der Pressungsgrad muß bei einer Presse ablesbar und ununterbrocheng leichmäßig sein. Ferner muß die Möglichkeit geringerer Vorpressung und stärkerer Nachpressung bestehen.

Die Pressung erfolgt bei der abgebildeten Presse ununterbrochen automatisch durch Anschluß der Maschine an ein Wasserleitungsnetz von mindestens 1½ Atmosphären Druck fur die Vorpressung und an eine Kohlensäureflasche fur die Fertigspannung. Die Presse kann vier Hefensäcke von je 50 cm Breite und 120 cm Länge aufnehmen, so daß sich für eine Pressung eine Leistung von ca. 150 kg Trockenhefe ergibt. Eine Pressung dauert etwa 1½ Stunden, wobei ca. ½ kg Kohlensäure verbraucht wird. Der Gesamtdruck beträgt 16 000 kg bei 20 Atm. Kohlensäuredruck.

Während des Preßvorganges soll lediglich die zeitweise Regulierung des Druckventiles erforderlich sein und keinerlei sonstige Handarbeit, nur dann ergibt sich eine Ersparnis an Bedienungs- und Betriebskosten gegenüber dem Betrieb mit einer Spindelpresse, die bei ständiger Bedienung durch einen Mann eine gleiche Leistung nicht annähernd erreichen kann.

Die Preßsäcke werden bei ablesbarem Preßdruck mehr geschont, weil die Vorpressung mit geringem, aber ständig und gleichmäßig wirkendem Druck stattfindet.

Die Maschine besitzt, wie aus der Figur ersichtlich, ein aus Walzeisen zusammengenietetes Preßgerüst, in das unten der Preßzylinder mit Kolben eingesetzt ist. Letzterer trägt den hölzernen, unteren Preßboden, auf dem die untere Lage von zwei Hefensäcken ruht. Der Zwischenboden aus Holz hängt mit vier Haken lose am Preßgerüst und nimmt die obere Lage von gleichfalls zwei Hefensäcken auf. Der hölzerne obere Preßboden ist mit dem Preßgerüst fest verbunden und bildet bei der Pressung den Widerstand fur die mit dem Kolben und den Böden aufsteigenden Sacklagen.

Der rohrförmige, unten offene und oben geschlossene Preßkolben taucht in die Wasserfullung des Preßzylinders. Sein oberes Ende ist durch einen Hochdruckschlauch und ein Reduzierventil mit einer Kohlensäureflasche verbunden. Bei der Fertigpressung wird die Kohlensäure in das Kolbeninnere geleitet und drückt dort auf den Wasserspiegel, ohne an die Dichtungsmanschette des Kolbens zu gelangen, die also wie bei einer gewöhnlichen hydraulischen Presse lediglich den Wasserdruck, nicht den Säuredruck abzudichten hat.

Um die Presse in Betrieb zu setzen, schließt man zunächst das unten am Preßzylinder angebrachte Wasserabsperrventil durch einen Schlauch an die Wasserleitung an. Dann öffnet man dasselbe sowie das in die Säureleitung eingebaute Entluftungsventil.

Letzteres wird geschlossen, wenn Wasser entweicht, der Preßzylinder also ganz mit Wasser gefullt ist. Der Kolben hebt sich nun unter dem Druck des Leitungswassers. Wenn er zum Stillstand gelangt, der Wasserleitungsdruck also ganz ausgenützt und die Vorpressung beendigt ist, schließt man das Wasserabsperrventil und löst die Schlauchkuppelung. Dann öffnet man das Saurereduzierventil und beginnt die Fertigpressung mit etwa 5 Atm. Druck, den man allmahlich bis 20 Atm. steigert. Eine zu rasche Drucksteigerung ist zu vermeiden, um die Hefensacke zu schonen. Nach beendigter Pressung wird das Säureventil geschlossen und der Druck durch Öffnen des Wasser-Absperrventiles abgelassen.

Für Kalkulation zur Verwertung als Futtermittel benötigt man vielfach die Zusammensetzung der Hefesubstanz.

Diese ist ca.

63% Eiweiß (Plasma)
32% Zellulose (Membrane),
2% Fett,
3% Asche.

Das Gewicht von 1 l dickbreiiger Hefe ist 0,75 bis 0,95 kg, 1 l in Wasser gut abgesetzte Samenhefe wiegt 1 kg, man erhält daraus 0,6 kg gut abgepreßte Hefe. Die dickbreiige Hefe hat einen Wassergehalt von etwa 90%, die gut abgepreßte einen solchen von 75 bis 80%.

Größere Anlagen zur Verwertung von Abfallhefe bestehen bis heute noch in den wenigsten Betrieben, so daß von einer Rentabilitätsberechnung zur Verwertung der Hefe als Futtermittel, hier abgesehen werden soll.

d) Reinigungsvorrichtungen für Filtertücher.

Wenn größere Filterpressen in Gebrauch sind, so ist es nicht rentabel, die Tucher von Hand zu reinigen; die Rei-

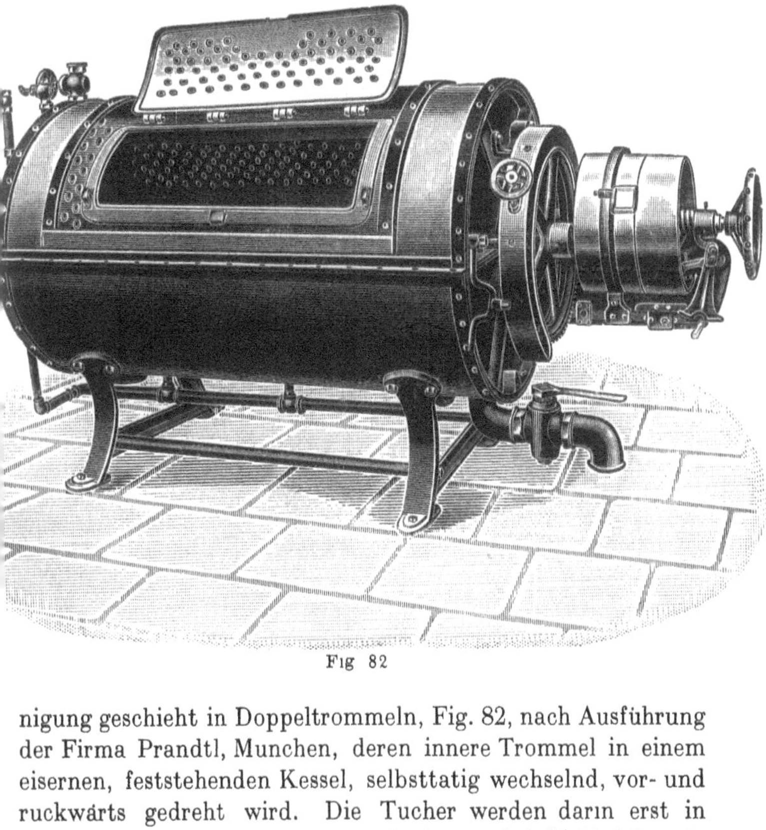

Fig 82

nigung geschieht in Doppeltrommeln, Fig. 82, nach Ausführung der Firma Prandtl, Munchen, deren innere Trommel in einem eisernen, feststehenden Kessel, selbsttatig wechselnd, vor- und ruckwärts gedreht wird. Die Tucher werden darin erst in kaltem, dann in warmem Wasser schwimmend, in $^1/_2$ bis 1 Stunde völlig rein gewaschen und schließlich durch Dampf gekocht, also sterilisiert.

Reinigungstrommeln mit nur einer Drehrichtung sind unbrauchbar, da diese die Tucher knäuelartig aufwickeln.

Die Dimensionen, Leistungen und im normalen Betrieb einzuhaltenden Tourenzahlen sind aus beifolgender Tabelle zu ersehen.

Innere Trommel		Antriebsscheibe		Tourenzahl	Bodenfläche		Leistung leinene Tücher von 1,5 qm
Durchmesser mm	Lange mm	Durchmesser mm	Breite mm		Länge cm	Breite cm	
		320	80	80	2300	850	16
		320	80	75	2300	850	30
		320	80	75	2800	850	50
600	600	375	110	25	1500	800	12
700	700	375	110	25	1800	1000	20
700	1400	400	115	25	3000	1110	40
1000	2000	425	125	20	3250	1200	90
ob. 60	Höhe	350	50	70	100	80	8
unt. 65	50						

13. Bierfilter und Abfüllapparate.

Eine komplette Abfüllanlage besteht aus der eigentlichen Faßfüllvorrichtung, dem Filter und dem Druckregler. Die Verbindung dieser einzelnen Teile geht aus der Fig. 83 hervor.

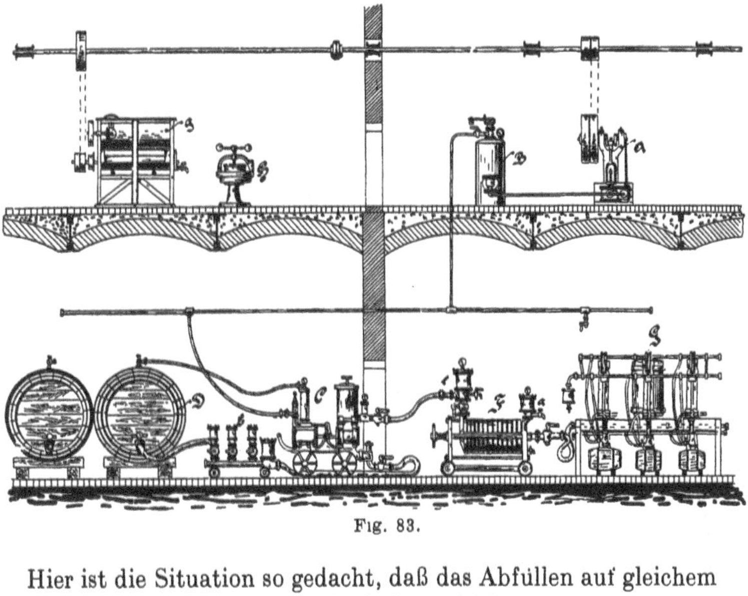

Fig. 83.

Hier ist die Situation so gedacht, daß das Abfüllen auf gleichem Niveau, wie das abzufullende Faß geschieht.

Eine Luftpumpe *A* komprimiert die Luft in einem in der Nähe stehenden Kessel *B*, der fur den erforderlichen Druck eingestellt werden kann. Die gespannte Luft wird zum Druckregler *C*, der sich im Lagerkeller befindet und hier mit Druckluft betrieben wird, geleitet. Eine Zweigleitung geht vom

Druckreglereingang ab, passiert ein Reduzierventil und gelangt zum Lagerfaß *D*. Die Luft wird auf einen Druck reduziert, der $^1/_{10}$ bis $^2/_{10}$ Atm. mehr beträgt als der Spundungsdruck. Durch den Anstichhahnen passiert das Bier die Sammellaterne *E*, den Druckregler *C*, tritt bei der Einlauflaterne *e* in das Filter *F* ein und tritt, nach Passieren der Filterschichte bei der Ausgangslaterne *a* filtriert aus, um zum isobarometrischen Abfüllapparat *G* zu gelangen.

a) Bierfilter.

Das Filtrieren bezweckt, die Glanzfeinheit des Bieres zu erhöhen. Selbst nach längerer Lagerzeit sind in jedem Biere noch eine großere Anzahl schwebender Hefezellen vorhanden, aber außerdem auch feine suspendierte Harz- und Eiweißteilchen, welche dem Bier einen leichten Schleier geben. Das Filter hält nicht alle Suspensionen zuruck, am vollkommensten werden Kulturhefen, Eiweißgerinsel und Hopfenharze, weniger vollkommen dagegen wilde Hefen, und am unvollkommensten Bakterien zuruckgehalten. Mit der Erhöhung der Glanzfeinheit eines Bieres durch Filtrieren ist durchaus nicht immer die Erhohung der Haltbarkeit verbunden, d. h. ein Bier kann nach der Filteration absolut glanzfein erscheinen, es kann aber frühzeitiger wie ein unfiltriertes, blind und trüb werden und einen Bodensatz bilden. Das ist darin begrundet, daß das Filtrieren die Virulenz der bierschädlichen Organismen, namentlich der Stäbchenbakterien, wenn sie das Filter passieren, wesentlich verstärkt. Wird außerste Sorgfalt auf die Reinhaltung des Filters und der Filtermasse gelegt, dann sind die Befürchtungen einer Infektion durch das Filter um so weniger gegeben, einen je besseren biologischen Reinheitszustand die unfiltrierten Biere besitzen und je reiner das Transportgeschirr ist. Zum Ausstoß jungerer Biere ist das Filter so gut wie unentbehrlich; denn das vollkommene Absetzen der Hefe kann nur durch lange Lagerzeit erreicht werden.

Auf die Verringerung des Restbieres wirkt das Filter insofern ein, als man damit das Lagerfaß weiter entleeren kann, als beim Abziehen ohne Filter; denn dabei ist immer die Möglichkeit eines Einziehens oder Nachsaugens von Gelägerteilen gegeben. Das Filter bürgt aber auch für eine größere Gleichmäßigkeit des zum Ausstoß gelangenden Bieres in puncto Glanzfeinheit. Unrichtige Handhabung des Filters, z. B. zu scharfes Filtrieren kann naturlich auch Nachteile bringen, indem Kohlensäureverluste und unerwünschte Wirkungen auf den vollmundigen Geschmack und die Schaumhaltigkeit eintreten. Bei zu scharfer Filtration können wertvolle kolloidale Eiweißbestandteile zurückgehalten werden.

Während der Filtration darf das Bier in der Temperatur nicht steigen, damit sind Kohlensäureverluste verbunden. Das ist möglich, wenn zu warme Filtermasse eingelegt wird, oder der Bierfilter in einem zu warmen Raum untergebracht ist.

Den Prozeß bei der Filtration hat man sich zunächst als einen mechanischen Abscheidungsprozeß vorzustellen. Das durch den Filterkuchen tretende Bier wird in ungemein viele kleine Flussigkeitsstromchen zerteilt. Eine Filtration ist nur dann moglich, wenn die gebildeten kleinen Filtrationskanalchen von engerem Querschnitt sind als die Ausdehnung der zurückzuhalten beabsichtigten suspendierten Körperchen, in diesem Falle Hefezellen, Eiweißgerinsel und Hopfenharze. Je enger diese Flussigkeitskanälchen sind, desto schärfer wird die Filtration sein, d. h. von desto kleinerer Ausdehnung können die zurückgehaltenen abgeschiedenen Korperchen sein. Neben diesem mechanischen Vorgang spielt sich bei der Filtration noch ein zweiter Vorgang ab, indem die Filterfaser bis zu einer bestimmten Sättigung Geschmacksstoffe festhält. Diese Geschmacksstoffe sind gar nicht immer nur vorteilhafter Natur, sondern diese Wirkung ist die gleiche auf schlechte Geschmacksstoffe. Man kann sich davon uberzeugen, wenn man nach der Filtration eines Bieres mit fehlerhaftem Geschmack das Filter öffnet und den Geruch und den Geschmack der abgeschiedenen Verunreinigungen pruft. In diesem Punkte sind also die Vorteile des Filtrierens in manchen Fällen größer, als die Nachteile.

Die Beurteilung eines Bierfilters ist durchaus keine so einfache, wie diejenige anderer Brauereimaschinen. Man hat es schon versucht, die Leistung eines Filters aus der Differenz des Organismengehaltes des unfiltrierten und filtrierten Bieres zu ermitteln; das ist natürlich nicht möglich, weil der Organismengehalt des unfiltrierten Bieres kein konstanter ist. Er erhöht sich gegen die Entleerung eines Fasses hin abnorm. Auf den Durchgang von Hefen hat die Beschaffenheit des Filtermaterials und die Pressung des Filterkuchens, auch die Kuchenstärke und endlich die Druckdifferenz, welche vor und hinter dem Filter herrscht, ganz bedeutenden Einfluß.

Das Filtermaterial besteht aus einem Gemenge von Leinen- und Baumwollfasern, bisweilen ist etwas Asbest beigemischt. Die Zusammensetzung dieser Masse soll eine äußerst homogene sein, sie darf nur aus sehr feinen Fasern, nicht aber aus Knoten und Klumpen bestehen, weil dem Filtrat durch sich bildende zu weite Kanäle ein ungehinderter Durchfluß ermöglicht wird.

Je stärker die Pressung der Kuchen ist, desto weniger ist die Möglichkeit zur Bildung solcher falscher Filtrationswege gegeben. Auch die Kuchendicke verhindert diese um so mehr, je stärker dieselbe gewählt wird. Von der Kuchenpressung und der Kuchendicke hängt zunächst der Filtrationswiderstand ab, welchen das Bier beim Filtrieren erfährt. Dieser kennzeichnet sich in einer Erhöhung der Druckdifferenz vor und nach dem Filter. Ist der Druck z. B. vor dem Filter 0,8 Atm. und derjenige nach dem Filter 0,6 Atm., so ist der Filtrationswiderstand einer Druckdifferenz von 0,8 — 0,6 = 0,2 Atm. äquivalent.

Die Druckdifferenz zwischen Zu- und Ablauf des Filters wird sich aber auch steigern, je größer die Durchflußmenge durch einen Filter ist. Der Filterwiderstand von Beginn des Filtrierens bis zum Ende ist nicht konstant, sondern er wächst bei gleichbleibender Durchflußmenge (gleichbleibender Leistung) beträchtlich an. Dies besagt, daß die Filtrationskanälchen eine wesentliche Verengung erfahren haben müssen. Wenn nun die Leistung unter solchen Verhältnissen die gleiche geblieben ist, so kann nur insofern eine Änderung eingetreten sein, als sich die Durchflußgeschwindigkeit der einzelnen Bierströmchen entsprechend der Querschnittsverengung und der Druckdifferenzsteigerung erhoht hat.

Nun ist aus der Praxis genügend bekannt, daß jede Geschwindigkeitserhöhung eine Erhöhung der Flüssigkeitsreibung bedeutet; jede Flüssigkeitsreibung bedeutet aber Lockerung der Kohlensäure oder Kohlensäureverluste.

Für die Kontrolle eines Filters ist es deshalb außerordentlich wichtig, daß die aus den Druckdifferenzen vor und nach dem Filter zu erkennenden Filtrationswiderstände genaue Beachtung finden und daß mit Erhöhung des Filtrationswiderstandes die Leistung entsprechend in Einklang gebracht (reduziert) wird.

Ganz fehlerhaft ist es naturgemäß, wenn man bei angewachsenem Filterationswiderstand gar noch eine höhere Leistung, als sie der Normalleistung entspricht, fordert. Aus diesen Erläuterungen geht auch hervor, daß bei einem Bierfilter die Kuchendicke und die Kuchenpressung, da beide auf den Filtrationswiderstand von großem Einfluß sind, in richtigem Verhältnis zueinander stehen müssen. Je dunner der Kuchen ist, eine desto schärfere Pressung muß er erfahren; denn je dünner die Filterschicht, desto mehr nähert sich der Filtrationsprozeß der Wirkung reiner Flächenfiltration. Die Flächenfiltration, d. h. jene Filtration, wobei nur die Oberfläche abscheidend wirkt, ist bei der Bierfiltration nicht das, was angestrebt werden soll. Je dicker der Kuchen, um so lokkerer kann derselbe beschaffen sein, wenn der gleiche Filtrationswiderstand zugelassen wird. Die Filtrationswirkung ist dann die einer Körperfiltration, das ist jene, wobei nicht nur die Oberfläche, sondern auch die Filtrationswege abscheidend wirken. Je dicker der Filterkuchen, desto größer ist die eingesaugte Biermenge und desto großer ist der durch den Filter bedingte Schwand durch ev. eingesaugte Biermengen. Deshalb uberschreiten die neuen Filterkonstruktionen bestimmte Kuchendicken, sowohl nach unten als nach oben nicht. Die Kuchenstärke liegt etwa zwischen 2 bis 6 cm.

Die Filter selbst bestehen aus einzelnen Filterelementen, welche einander parallel geschaltet sind, d. h. das eintretende Bier verteilt sich durch einen Kanal auf die gesamten Elemente und das Filtrat sammelt sich nach Hindurchtritt wieder in einem gemeinsamen Kanal. Bei der doppelschichtigen Filtration durchstromt das Bier entweder zwei Kuchen, wovon der erste, damit er die Korperfiltration zur vollkommenen Wirkung bringt, leichter gepreßt ist als der zweite.

Fig. 84.

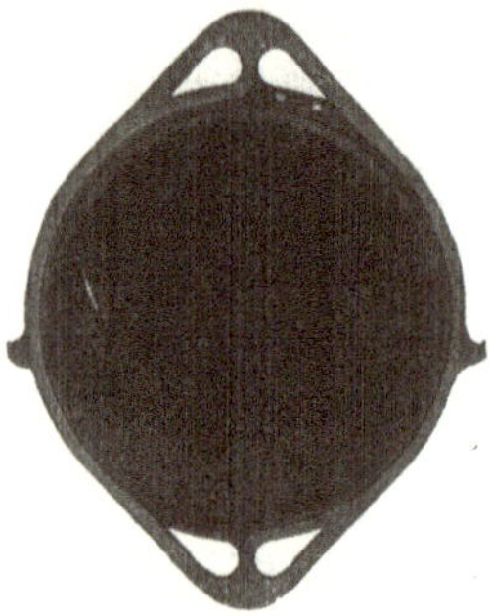

Fig 84a.

Bei doppelter Filtration tritt das Bier zuerst in einen Vorfilter mit lockerer Kuchenpressung und dann in einen Feinfilter mit schärferer Pressung.

Man unterscheidet zwischen Rahmen- und Schalenfiltern. Bei den ersteren wird der Kuchen in den Rahmen, gepreßt, bei letzteren geschieht die Pressung des Kuchens außerhalb der Schale, und der fertiggepreßte Kuchen wird erst später eingelegt.

Fig. 84 und 84a zeigen die Filterelemente (Rahmen) nach der Ausführung der Enzingerwerke; Fig. 85 eine Schale der Unionwerke Mannheim.

Enzinger rechnet die stündliche Filterleistung pro 1 qm Filterfläche bei einfacher Filtration zu 7 bis 10 hl, bei doppelter Filtration zu 4 bis 6 hl.

Beim Unionfilter reduziert sich bei doppelschichtiger Filtration die Leistung gegenüber einfacher Filtration nicht.

Die Filterflache F in qm ergibt sich aus der Rahmen- oder Schalenanzahl z und der wirksamen Filterfläche f eines Kuchens zu

$$T = z \cdot f.$$

Beispiel: Die Filterfläche eines Rahmens wurde $f = 0{,}22$ qm ermittelt, die Anzahl der eingelegten Rahmen war

Fig 85.

$z = 32$. Dann ist $F = 0{,}22 \cdot 32 = 7{,}04$ qm. Die abgefüllte Menge pro 1 Std. war 60,5 hl. Dann ist die Leistung pro 1 qm Filterfläche und Std. $\frac{60{,}5}{7{,}04} = \mathbf{8{,}6}$ hl.

Daß diese Leistung nur begutachtet werden kann, wenn man die Angaben über die Erhaltung der Höhe der Druckdifferenzen kennt, ist oben genügend beleuchtet.

Die beiden Tabellen geben die Verhältnisse des Zusammenhanges von Leistung und Filterfläche mit der Schalen- resp. Rahmenzahl wieder, und zwar gilt Tabelle I für die Filter der Unionwerke, Tabelle II für die Filter der Enzingerwerke Worms.

I. Verhältnis von Schalenzahl und Leistung.

Anzahl der Schalen	Stundliche Leistung in hl
4	10—12
6	15—18
8	20—24
10	25—30
12	30—36
14	35—42
16	40—48
18	45—54
20	50—60
24	60—72
28	70—84
32	80—96
36	90—108
40	100—120
46	115—138
52	130—156

II. Verhältnis von Rahmenzahl und Filterfläche.

Anzahl der Stoffrahmen	Filterflache in qm
5	1,10
9	2,00
12	2,70
16	3,60
20	4,50
24	5,40
28	6,30
32	7,20
36	8,10
40	9,00
44	9,90
48	10,80
52	11,70
56	12,60
60	13,50
64	14,40
68	15,30

b) Filtermassewaschapparate.

Man unterscheidet hier Apparate, bei welchen die zur Reinigung notwendige Reibung des Waschgutes durch eine unterhalb des Waschbehälters liegende, rotierende Transportschnecke oder eine Pumpe entsteht, oder solche, bei welchem ein Propeller oder Luft-, Dampf- oder Wasserinjektor die notwendige Zirkulation hervorbringt.

Die Massewaschapparate müssen eine gute Mischung und gegenseitige Reibung des Waschgutes und einen genügenden Waschwasserwechsel zulassen. Die Entfernung des größten Teiles der Verunreinigung geschieht durch kaltes Auswaschen. Bei Massewaschapparaten ist, wenn sie in ihrer Wirkung befriedigen sollen, mit möglichst geringem Wasserwechsel (bei niedrigem Wasserverbrauch) bei intensiver Zirkulation (richtige Tourenzahl) die Reinigung zu erzielen. Einen beträchtlichen Masseverlust sollen sie verhindern.

Die Hauptdimensionen und Leistungen von Massewaschapparaten gehen aus den Tabellen I und II hervor, und zwar gilt Tabelle I für Apparate mit unter dem kastenartigen Waschgefäß horizontal liegender Zirkulationsschnecke und Tabelle II für Apparate mit einer Zirkulationspumpe.

Tabelle I.

Leistung kg trockene Filtermasse	4	8—12	20—25	30—35	40—50
Tourenzahl	450	450	450	400	350
Kraftbedarf PS bei Transmissionsantrieb	1	$1^1/_4$	$1^3/_4$	$2^1/_4$	3
Kraftbedarf PS bei elektrischem Antrieb	$1^1/_2$	2	$2^1/_2$	3—5	5—7

Tabelle II.

	Mit eingebauter Pumpe				Mit besonderer Pumpe		
Wascht trockene Masse . . kg	8—12	12—18	20—30	30—40	45—50	60—75	80—100
Kesseldurchmesser in mm	800	1000	1200	1300	1400	1600	1800
Kesselhohe in mm	1100	1200	1400	1500	1500	1700	1800
Ganze Hohe in mm	1620	1720	2050	2100	2300	2400	2700
Umdrehungen in der Minute . .	350	450	475	500	525	550	575
Kraftbedarf in PS	1,5	2,5	3	3,25	3,5	4	4,5

c) Abfüllapparate.

Ein moderner Abfüllapparat muß ein absolut vollkommenes schaumfreies Abfüllen gestatten. Zu diesem Zweck geschieht das Abfüllen unter Gegendruck. Schäumen beim Abfüllen bedeutet stets Kohlensäureverlust. Zu warmes Transportgeschirr kann auch das Schäumen begünstigen. Die Abfüllanlage wird heutzutage allermeist oberirdisch angelegt, weil das den doppelten Vorteil besitzt, daß das leere Geschirr nicht in den Keller, und das volle nicht aus diesem befördert werden muß.

Ein Abfüllapparat muß das Faß schwarz, spundvoll füllen; er darf keinen Bierverlust dadurch bringen, daß die Fässer etwas zu voll werden (überlaufen) und er darf auch das Geschirr nicht ungenügend füllen. Bei ungenügendem Füllen im Faß verbleibt ein Luftraum, der beim Transport insofern ungünstig einwirkt, als der Faßinhalt beim Transport durch Stöße geschüttelt wird und dabei Kohlensäure verliert.

Eine Abfullvorrichtung muß einfach zu bedienen sein, so daß ein Mann fur eine Garnitur ausreicht.

Die Leistung einer Abfullanlage hängt von der Dimensionierung und Zahl der einzelnen Abfullorgane ab, und muß in Übereinstimmung mit der Leistung des Filters und Druckreglers stehen. Im allgemeinen kann man rechnen, daß die Leistung eines Abfüllorganes zwischen 18 bis 24 hl pro Std. liegt. Die folgende Tabelle gibt die Dimensionen und Leistungen der automatischen Faßfüllanlage der Unionwerke wieder.

Anzahl der Full-organe	Leistung hl per Std.
3	55— 65
4	70— 90
5	90—110
6	110—130

d) Druckregler.

Ein Bierdruckregler ist eine Pumpe, welche so eingerichtet ist, daß jede Druckerhohung in der Druckleitung dazu benützt wird, die Liefermenge der Pumpe zu verringern. Die Druckerhöhung, welche eine bestimmte Leistungsveränderung hervorbringt, kann je nach der Ausführung größer oder geringer sein.

Man beurteilt einen Druckregler um so günstiger, je kleiner die Drucksteigerung im Druckrohr ist, welche eintritt, wenn die Fördermenge von der Maximal- auf die Minimalleistung sich verringert hat. Dem Druckregler führt man das Bier unter geringem Überdrucke zu, indem man die Lagerfässer unter Druck setzt, der Druckregler schafft dann das Bier in beliebige Höhe, drückt es durch den Bierfilter zum Abfüllapparat und Transportfaß.

Der Druckregler soll vor allen Dingen stoßfrei arbeiten und ein recht gleichmäßiges Strömen des Bieres in den Leitungen bewirken. Würde man die Anwendung eines Druckreglers umgehen wollen, indem man das Bier aus den Lagerfässern unmittelbar durch Druckluft in die Transportfässer treibt, so wurde eine sehr ungünstige Beanspruchung der Faßböden auftreten, und die Gefahr einer Faßexplosion liegt nahe.

In der Saug- und Druckleitung eines Bierdruckreglers kann man gewisse regelmäßige Druckschwankungen beobachten. Steigen diese über ein bestimmtes Maß, so können sie Kohlensäureverluste oder durch Rückstöße ein Aufwirbeln der Hefe im Lagerfaß, oder ein Durchreissen von Hefe durch den Bierfilter bewirken.

Bei der Prüfung eines Druckreglers wählt man am besten den Untersuchungsgang, wie ihn Redenbacher[1]) angibt.

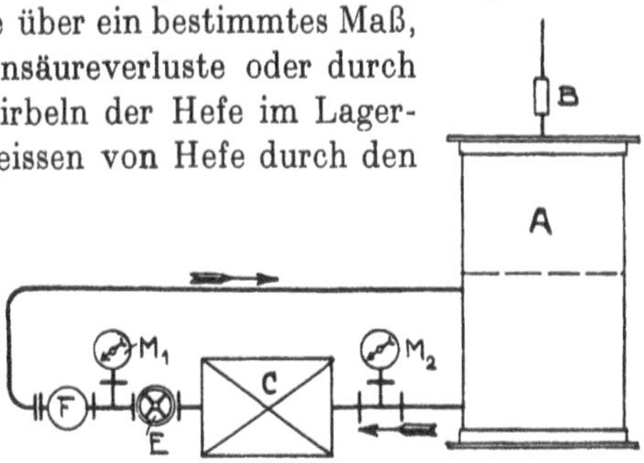

Fig. 86.

In ein teilweise mit Wasser gefülltes Gefäß *A* (Fig. 86) wird durch ein Druckminderungsventil *B* Luft von einer

[1]) Zeitschrift f. d. ges. Brauwesen Nr. 33, 1909.

Spannung (gewöhnlich 0,4 Atm.) eingeführt, welche etwas höher war als der gebräuchliche Spundungsdruck ist. Die Saug- und Druckleitung des Druckreglers wird mit dem Gefäß A verbunden. In die Saugleitung ist Manometer M_2 eingeschaltet, in die Druckleitung Manometer M_1. Durch das in die Druckleitung eingesetzte Ventil E wird die ausfließende Wassermenge Q Hektoliter stundlich geregelt; die Messung der Wassermenge erfolgte durch einen Wassermesser F. Der

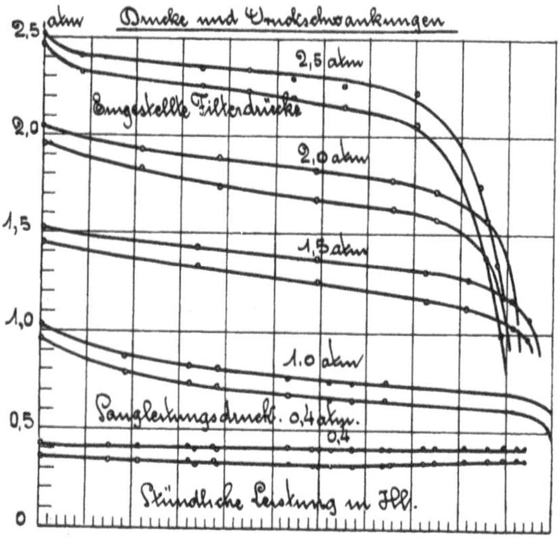

Fig. 87.

in der Druckleitung vorhandene Überdruck entspricht dem durch das Filter und die Förderhöhe gebotenen Druckwiderstand und soll allgemein als Arbeitsdruck bezeichnet werden.

Die Druckleitung wird zunächst ganz geschlossen und sodann der Arbeitsdruck eingestellt. Durch allmähliches Öffnen der Ventile E wird die ausfließende Wassermenge vergrößert, wodurch künstlich dasselbe hervorgebracht war, was eintritt, wenn rascher oder mit mehr Abfullhahnen gearbeitet wird.

Durch die nun in der Druckleitung auftretende Druckminderung wird die Pumpe veranlaßt, entsprechend mehr zu fördern.

Die von Redenbacher bei der Prüfung eines Druckreglers gefundenen Resultate sind die in Fig. 87 als Kurven gezeichneten Werte. Die Prüfung wurde bei $n = 18{,}6$ Umdrehungen pro Minute und mehreren Arbeitsdrucken durchgeführt.

In der graphischen Darstellung sind auf der Abszissenachse die Fördermengen in hl stündlich und auf der Ordinatenachse die Drucke und Druckschwankungen in Saug- und Druckrohr bei verschiedenen Leistungen aufgetragen.

Die gewonnenen Resultate, welche aus dem Diagramm abzulesen sind, besagen:

Die bei der Fördermenge 0 Hektoliter eingestellten Arbeitsdrücke nehmen mit wachsender Fördermenge gleichmäßig ab, fallen aber in der Nähe der Höchstleistung plötzlich rasch, so daß als äußerste brauchbare Leistung diejenige zu bezeichnen ist, bei welcher der starke Druckabfall beginnt.

Er ergibt sich: bei 1,0 Atm. zu 0,35 Atm. bei 54 hl brauchbarer Höchstleistung, bei 1,5 Atm. zu 0,40 Atm. bei 50 hl brauchbarer Hochstleistung, bei 2,0 Atm. zu 0,40 Atm. bei 44 hl brauchbarer Höchstleistung, bei 2,5 Atm. zu 0,40 Atm. bei 40 hl brauchbarer Höchstleistung.

Die Druckschwankungen (Vibrationen) in der Saug- und Druckleitung sind ganz gering. Sie treten bei jedem Hubwechsel auf, und zwar entsprechend der Umlaufszahl in 1 Min. 37,2 mal und betragen dann bei normaler Leistung in der Saugleitung 0,09 Atm., in der Druckleitung 0,10 Atm.

Der Versuch wurde auch noch mit einer Umdrehungszahl des Druckreglers von $n = 25$ durchgeführt. Bei dieser vergrößerte sich die Höchstleistung bei 2,5 Atm. Arbeitsdruck auf rund 75 hl; hierbei war der Spannungsabfall von 0 Hektoliter bis zu dieser Höchstleistung 0,75 Atm. gegenüber 0,40 Atm. bei $n = 18{,}6$. Die Druckschwankungen waren ebenfalls etwas größer und stiegen bei 2,5 Atm. Arbeitsdruck auf 0,21 Atm. in der Druckleitung und 0,10 Atm. in der Saugleitung.

Ein Druckregler ist nach Ganzenmüller um so besser:

1. je kleiner das Verhältnis zwischen der kleinsten und größten Fördermenge ist,
2. je kleiner die Drucksteigerung im Druckrohr ist, welche eintritt, wenn die Fördermenge von der größten Leistung auf die kleinste vermindert wird,
3. je kleiner die Druckschwankungen sind, welche in der Saug- und Druckleitung auftreten, da dieselben einerseits den Kohlensäureverlust, anderseits das Aufwirbeln der Hefe im Lagerfaß und der Abscheidungen im Filter begünstigen.

Je mehr die Forderung 2 erfüllt wird, desto empfindlicher ist ein Druckregler.

Ein empfindlicher Druckregler wird aber sehr durch den Druckabfall gestört, welcher eintritt, wenn das Versandfaß aus dem Luftraum des Biersammelgefäßes mit Preßluft gefüllt wird. Deshalb sollte bei Anwendung von Druckreglern darauf geachtet werden

1. daß dieser Spannungsabfall möglichst gering wird,
2. daß bei der Ausfuhrung der Druckregler für einen möglichst geringen Einfluß dieses unvermeidlichen Spannungsabfalles auf die Fördermenge Sorge getragen wird.

Hieraus geht hervor, daß ein genauer Vergleich der Druckreglersysteme nur möglich ist, wenn man Untersuchung derselben unter gleichen Umständen, also nicht in Verbindung mit einem Abfüllapparat vornimmt.

Nach der Konstruktion unterscheidet man Kolbendruckregler und rotierende Druckregler.

Über Leistungen und Dimensionen der Ausführung der Firma Enzinger geben die folgenden Tabellen Aufschluß.

Die Tabelle I ist berechnet unter den Voraussetzungen, daß Filterwiderstand und Gegendruck beim Abfüllen zusammen 2 Atm. betragen können. Die Tourenzahl des Luftkompressors ist so angegeben, daß die Luft für die Lagerfässer miteingerechnet ist.

Tabelle I. Kolbendruckregler für größere Anlagen.

Luftzylinder 280 mm Durchmesser.

Bierzylinder 165 mm Durchmesser.

Leistung in Hektoliter per Std.	Doppelhube des Druckreglers per Min.	Forderhohe in m	Luftbedarf in Liter per Min. ca	Kompressordruck in Atm.	Touren per Min.	PS fur den Kompressor
30	3,35	0	450	1,50	60	1,87
	3,35	10	540	2,00	65	2,07
	3,35	20	630	2,50	75	2,47
	3,35	25	680	2,75	80	2,83
40	4,44	0	600	1,50	75	2,47
	4,44	10	720	2,00	90	3,0
	4,44	20	840	2,50	100	3,3
	4,44	25	900	2,75	105	3,5
50	5,55	0	814	1,50	65	3,1
	5,55	10	903	2,00	110	3,63
	5,55	20	996	2,50	75	3,7
	5,55	25	1038	2,75	85	4,0
60	6,66	0	900	1,50	70	3,37
	6,66	10	1080	2,00	90	4,5
	6,66	20	1260	2,50	100	4,93
	6,66	25	1360	2,75	105	5,27
70	7,77	0	1050	1,50	90	4,3
	7,77	10	1260	2,00	100	5,0
	7,77	20	1470	2,50	115	5,77
	7,77	25	1575	2,75	120	6,1
80	8,88	0	1200	1,50	100	5,0
	8,88	10	1440	2,00	115	5,77
	8,88	20	1680	2,50	135	6,66
	8,88	25	1800	2,75	140	7,0

Tabelle II. Leistungen rotierender Druckregler
in Hektoliter per Stunde, bei verschiedenem Druck.

Größe	1 Atm.	2 Atm.	3 Atm.	4 Atm.	Motor Maximal
1	5—18	4—17	4—16	4—15	1 PS.
2	7—25	6—24	6—23	6—22	$1\,^1/_4$ »
3	16—50	15—45	15—45	15—40	1,5 »
4	21—80	20—73	20—65	20—55	2 »
5	30—110	29—100	28—95	28—85	$2\,^3/_4$ »
6	40—145	38—135	36—125	36—110	4 »

14. Spundapparate.

Die Spundapparate sind eine Art Sicherheitsventile, welche bei Erreichung eines bestimmten Druckes im Lagerfaß die überschüssige Kohlensäure abstromen lassen. Die Spundapparate kann man in zwei Haupttypen einteilen, und zwar:

1. in solche, welche als Abschlußorgan, Ventile oder Schieber besitzen, auf welche eine Feder wirkt,
2. in solche mit Flüssigkeitsabschluß (Quecksilber und Wasser).

Die bei der Hauptgärung entstehende Kohlensäure geht fur das Bier weiterhin verloren. Ein Teil der bei der Nachgärung sich bildenden Kohlensäure soll aber im Biere angereichert und gebunden werden. Die Bindung der Kohlensäure wird um so größer sein, je niedriger die Lagertemperatur des Bieres, ferner je hoher der einwirkende Druck und je länger die Einwirkungsdauer ist.

Schon aus Gründen der Sicherheit wird man über einen bestimmten Druck nicht hinubergehen. Es hat sich aber auch gezeigt, daß bei zu hohem Druck eine Kohlensäureüberreicherung stattfindet; der Praktiker bezeichnet das als Überspunden. Überspundete Biere lassen sich infolge sehr starker Schaumentwicklung schwer abfüllen.

Durch die Wirkung der Spundapparate werden nicht nur die Fässer vor einem zu großen Überspundungsdruck und der Faßinhalt vor Überspundung geschutzt, sondern die Spundungsdauer kann auch beliebig vergrößert werden, weil die im Übermaß befindliche Kohlensäure durch den Spundapparat kontinuierlich entweicht. Die Verlängerung der Spundungsdauer ist von großer Wichtigkeit; denn sie ist auf die richtige Bindung der Kohlensäure von weit größerem Einfluß als die Höhe des Spundungsdruckes.

Der Spundungsdruck liegt allermeist zwischen 0,15 bis 0,4 Atm., im Mittel beträgt derselbe 0,3 Atm. Je größer die Geschirrinhalte, desto niedriger wird derselbe meist gewählt.

Das Anschalten des Spundapparates an das Lagerfaß geschieht heutzutage möglichst bald nach dem Fassen. In bezug auf die Faßfüllung ist dabei zu beachten, daß im oberen Teil des Fasses ein bestimmter Raum leer bleiben soll, damit nicht der sonst ausstoßende Schaum die Zuleitungen und Spundapparate verunreinigt und verstopft. Je weniger Kohlensäure bei der Hauptgärung gebildet wurde, desto mehr wird bei der Nachgärung entstehen.

Die Kohlensäuremenge bei der Nachgärung wächst demnach an, wenn die Hauptgärung sehr kalt geführt und grün geschlaucht wird, und wenn anderseits die Lagertemperatur keine sehr niedrige ist. Diese verschiedenen Verhältnisse müssen natürlich bei der Wahl eines Systems berücksichtigt werden; denn in dem Maße, wie sich diese Verhältnisse ändern, ändert sich auch das in der Zeiteinheit austretende Kohlensäuregasvolumen. Letzteres hangt nicht nur von den Eigentumlichkeiten des Bieres selbst, sondern auch von dem an einen Spundapparat angeschlossenen Biermengen ab, d. h. die Faßgröße oder die Anzahl der an einem Spundapparat angeschlossenen Faßinhalte muß berucksichtigt werden.

Die Bedingungen, welche man an einem für den Brauereibetrieb brauchbaren Spundapparat stellt, sind die folgenden:

1. beim kleinsten Gasdurchgang, welcher auftritt, muß der gewünschte Spundungsdruck gehalten werden;
2. beim größten Gasdurchgang darf der Überdruck uber den eingestellten Spundungsdruck nicht so groß sein, daß er dem Faß schädlich wird;
3. der Gasaustritt soll möglichst gleichmäßig sein, weil bei auftretenden Druckschwankungen durch

die austretende Kohlensäure ein Aufreissen der Flughefe bewirkt werden kann.

Diese sind vom technischen Laboratorium in Weihenstephan seit Jahren einem Prüfungsverfahren[1]) zugrunde gelegt, welches dann darüber Aufschluß gibt, bei welch niedrigstem Überdruck der Apparat zu arbeiten beginnt; ferner welche Leistungen sich unter stufenweiser Erhöhung des

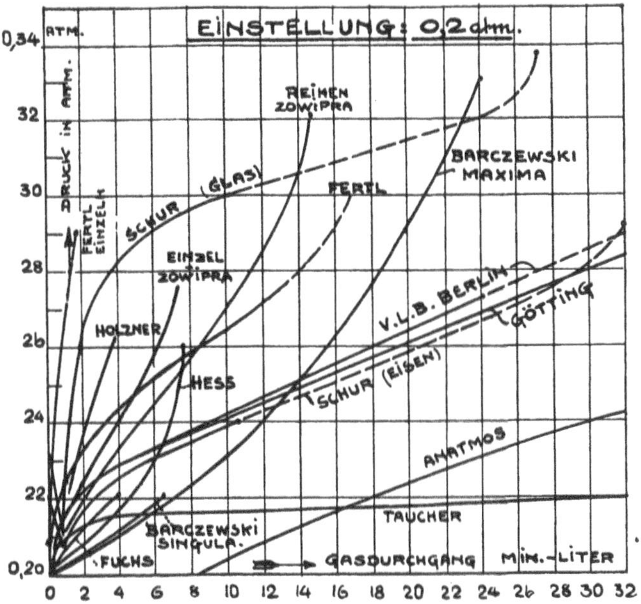

Fig. 88.

Druckes über den eingestellten Spundungsdruck ergeben, und ferner über die Größe der beim Arbeiten auftretenden Druckschwankungen und jene Leistung bzw. jenen Überdruck, bei welchem Quecksilber herausgeschleudert wird.

Unter der Leistung eines Spundapparates versteht man die Anzahl Liter Luft von 760 mm Quecksilbersäure, welche in einer Minute durch den Apparat hindurch strömen.

[1]) Zeitschr. f. d. ges. Brauwesen 1910, Nr. 22 u. 23.

Zeigt während eines Versuches das Quecksilbermanometer p Atm. Überdruck und ist der Barometerstand b mm, so ist die Angabe des Gasmessers in Minutenliter mit

$$\frac{735{,}5 \cdot p + b}{760}$$

zu vermehren, um die Leistung zu erhalten.

Nach Redenbacher ist es bei der Prüfung von Spund-

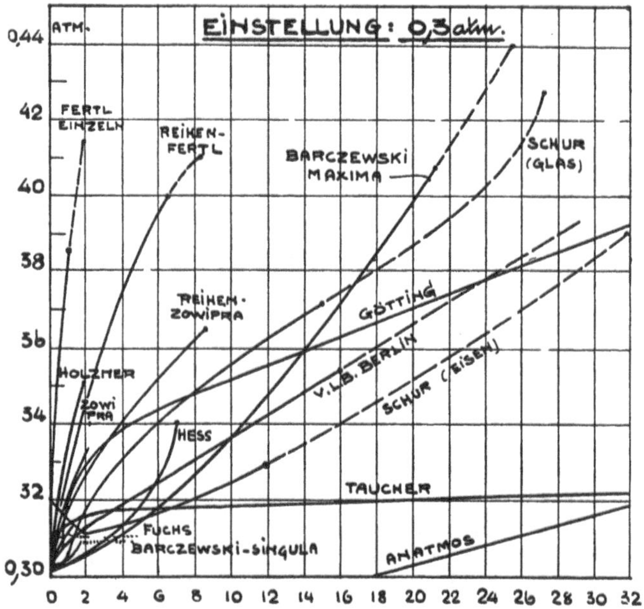

Fig. 89.

apparaten zweckmäßiger mit Luft als mit Kohlensäure zu prüfen. Man komprimiert dabei durch eine Luftpumpe Außenluft auf etwa 1,5 Atm. und reduziert diese durch ein sicherwirkendes Reduzierventil auf den zu prüfenden Spundungsdruck. Die Luft wird alsdann durch einen trockenen Gasmesser in weites Verteilungsrohr geführt, an welchem der zu prüfende Spundapparat, sowie ein offenes Quecksilbermanometer anzuschließen ist. Bei einer Leistungsbestimmung soll der Druck mindestens 10 Min. konstant gehalten werden. Als maximale Prüfspundungsdrücke wählt man dann 0,2, 0,3 und 0,4 Atm., d. h. die Spundapparate sind so eingestellt, daß sie bei diesen Drücken zu arbeiten aufhören. Steigert man den Druck über den eingestellten Druck andauernd weiter, so wird sich auch die austretende Luftmenge steigern, doch ist es durchaus nicht notwendig, daß diese Steigerung eine

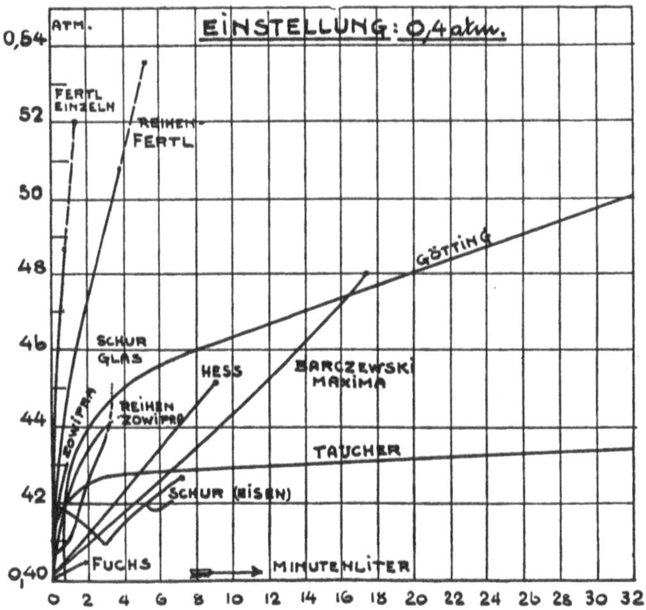

Fig. 90.

der Drucksteigerung proportionale ist, im Gegenteil, die Eigentümlichkeiten der Bauart des Apparates bringen die austretende Gasmenge mit der Drucksteigerung in ein Verhaltnis, auf das sich ohne weiteres durchaus nicht schließen läßt.

Will man ein sehr genaues Bild von einem Spundapparat nach dieser Richtung erhalten, so trägt man die L e i s t u n g e n d e s S p u n d a p p a r a t e s in M i n . / L i t e r als A b s z i s s e und den z u g e h ö r i g e n D r u c k als O r d i n a t e auf. Dann erhält man in dieser Kurve, graphisch dargestellt, den Zusammenhang zwischen Leistung und Drucksteigerung.

Redenbacher hat nach den angegebenen Gesichtspunkten die bekanntesten Systeme der Spundapparate geprüft, Die in den Fig. 88, 89 und 90 dargestellten Diagramme geben die Resultate wieder. Aus diesen läßt sich sowohl die Änderung der Arbeitsweise eines bestimmten Systemes bei verschieden hohem Einstellungsdruck, als diejenige der verschiedenen Systeme bei gleichem Einstellungsdruck erkennen. Die punktierten Kurven geben an, von welchem Zeitpunkt an Quecksilber in Staubform ausgeschleudert wird. Verschiedene Apparate, hauptsächlich solche, bei welchen die verdrängte Quecksilbersäule Öffnungen freigibt, durch welche die Kohlensaure entweicht, haben nämlich die Eigenschaft, daß sie, von einer bestimmten Leistung an, Quecksilber in Staubform ausschleudern, und erst bei einer größeren Leistung die gesamte Quecksilbermenge verlieren, wodurch die Spundung aufgehoben wird. Für 0,1 Atm. Spundungsdruck ist eine Hohe der Quecksilbersäule von 73,5 mm notwendig, gleich einer Wassersäule von 1 m.

15. Faßwaschmaschinen.

An den gewöhnlichen Faßbürstmaschinen, in welche der Arbeiter das zu reinigende Faß einwirft, ist nur zu beobachten, daß die *Bürsten am Bauch* und auf den *Böden richtig aufsitzen*. Einer besonderen allgemeinen Überwachung bedurfen diese Maschinen kaum, wenn auch hier darauf hingewiesen sei, daß in manchen Betrieben die Fässer mit *rucksichtsloser Vehemenz* in die Maschine geworfen werden, was natürlich auf die Lebensdauer nicht ohne Einfluß ist.

Eine genauere Überwachung bedurfen die *Faßwaschautomaten*, dieselben besorgen *nicht nur die Außenreinigung*, sondern auch die *Innenreinigung* der Fässer. Bei diesen Maschinen geschieht der Einwurf in die Bürstmaschine durch einen Einwurfhebel, eine Schwinge oder einem Rollentransport. Auch der Auswurf wird durch einen Auswurfhebel oder eine Aushebeschwinge betätigt. Aus der Burstmaschine gelangt das Faß zu einer Zentriervorrichtung, das sind zwei seitlich an das Faß herantretende parallele Scheiben oder schräg aufwärts stehende Rollen, welche das Spundloch in die Mittellinie der Maschine rücken, und dadurch ist einem von unten gegen das Faß herantretenden Spundlochsucher Gelegenheit gegeben, nach der Zentrierung in das Spundloch einzudringen und das Faß so festzuhalten. Von dem Spundlochsucher hebt eine Schwinge das Faß ab, und bringt es der Reihe nach auf mehrere Spritzköpfe. Von diesen wird der erste Spritzkopf stets mit heißem Wasser gespeist, je nach der Verschmutzung und Jahreszeit, der zweite heiß oder kalt. Der dritte Spritzkopf spült das Faß kalt nach. In der Zeit, in der das Faß von einem Spritzkopf auf den anderen gehoben wird, läuft das im Faß angesammelte Reinigungswasser jedesmal durch das Spundloch aus.

Bei der Kontrolle der automatischen Faßwaschmaschine ist das Augenmerk vor allem darauf zu richten, welchen Verunreinigungsgrad das zu reinigende Geschirr innen und außen hat, nach diesem ist die Leistung der Maschine zu regeln. Die Leistung einer automatischen Faßwaschmaschine muß demnach regulierbar sein. Des weiteren ist die Anforderung zu stellen, daß eine solche Maschine auch Fässer in ungleicher Größe in bunter Reihe durcheinander, gleichmäßig außen und innen reinigt.

Eine Faßwaschmaschine muß für Faßinhalte von ca. 12 bis 250 l brauchbar sein.

Bei automatischen Faßwaschmaschinen spart man die beiden Arbeitskräfte an den Spritzköpfen, außerdem ist die Leistung die doppelte bis dreifache wie bei Bedienung von Hand.

Der Zweck, den diese Maschinen zu erfüllen haben, ist folgender:

a) selbsttätiger Einwurf des Geschirres in die Maschine bei hochgehobenen Bursten,
b) selbsttätiger Außenreinigung, unter Rotation des Fasses und Anpressung der Bursten,
c) selbsttätiger Auswurf der Maschine bei hochgehobenen Bürsten,
d) selbsttätiger Zentrierung des Fasses unter Aufsuchung des Spundloches,
e) selbsttätiges Aufsetzen auf die Spritzköpfe und Abwerfen auf die Ausleuchtschanze.

In der Maschine befinden sich gleichzeitig stets (bei zwei Spritzköpfen) sechs Fässer. Das erste liegt bereit zum Einwerfen und wird gehoben, das zweite befindet sich in der Bürstmaschine, das dritte wird zentriert, das vierte auf dem warmen, das fünfte auf dem kalten Spritzkopf aufgesetzt und das sechste abgeworfen.

Die Zeitdauer, welche auf die gesamte Reinigung eines Fasses trifft, ist somit sechsmal solang, als das Einwurfsintervall von Faß zu Faß. Die Stundenleistung beträgt bis zu 240 Fässer in der Stunde; es wird somit im Maximum alle $\frac{60}{240} = \frac{1}{4}$ Minute = 15 Sekunden ein Faß eingeworfen. Die Ausspritzdauer pro Spritzkopf beträgt bei mit gleicher Geschwindigkeit rotierenden Schwingen nur die Hälfte, nämlich $7\frac{1}{2}$ Sekunden, denn die Schwinge hebt das halbe Intervall das Faß frei. Die gesamte Reinigungsdauer eines Fasses ist dann im Maximum $\frac{6}{4} = 1\frac{1}{2}$ Minuten. Bei neueren Maschinen ist Wert darauf gelegt, daß das Umsetzen der Fässer rascher geschieht und die Transportschwinge dann langsamere Geschwindigkeit annimmt. Dabei trifft mehr als die Hälfte der Schwingenumdrehung auf die Spüldauer.

Die Reinigungsdauer muß der Art des Geschirres angepaßt werden. Bei frisch gepichtem oder Stadtgeschirr kann sie ev. auf das Minimum herabgedrückt werden. Bei Land- oder Exportgeschirr aber arbeitet man zweckmäßig mit geringerer Stundenleistung je nach dem mehr oder weniger verschmutztem Zustande, in dem sich das Geschirr befindet.

Meist genügt die Verringerung der Tourenzahl des Hauptantriebes zur Regelung der Stundenleistung in bestimmten Grenzen. Würde z. B. die Stundenleistung auf 150 Faß absichtlich herabgedrückt, so würde alle $\frac{60}{150} = 0{,}4$ Minuten = 24 Sekunden ein Faß eingeworfen; die Spüldauer pro Spritzkopf beträgt dabei 12 Sekunden.

Eine allzulang ausgedehnte Spritzdauer auf einem Spritzkopf bringt nicht, wie vielleicht mancher erhofft, großen Nutzen; denn die am meisten verschmutzte Stelle im Faß ist fast immer um das Spundloch herum. Wurde nun die Spüldauer pro Spritzkopf allzulange eingehalten, so würde sich unten am Spundloch ein Teich bilden, der es nicht mehr zuläßt, daß die unteren Wandungen um das Spundloch vom direkten Wasserstrahl getroffen werden und so könnte gerade das Gegenteil von dem erreicht werden, was zu erreichen beabsichtigt war. Deshalb erscheint es vorteilhafter, lieber einen

Spritzkopf mehr anzuwenden. Dabei läuft das Faß einmal öfter leer und die gesamte Innenwandung wird vom scharfen Wasserstrahl getroffen.

Zur Erlangung guter Innenreinigung ist vor allem der Wasserdruck und die Wassertemperatur an den Spritzköpfen zu beobachten. Zu niedrige Wassertemperatur und zu niedriger Wasserdruck hat ungenügende Innenreinigung zur Folge. Der Temperatur des heißen Reinigungswassers ist durch die Schmelztemperatur des Peches eine Grenze gesetzt. Die höchstzulässige Temperatur soll aber dauernd eingehalten werden und es empfiehlt sich, zur Kontrolle der Wassertemperatur am heißen Spritzkopf ein Registrierthermometer anzubringen.

Die Spritzköpfe selbst sind des öfteren zu prüfen, ob sie auch gleichmäßig spritzen. Eine ungleichmäßige Wasserverteilung zeigt sich, wenn die Spritzköpfe durch unrichtiges Faßauflegen oben sehr verstoßen werden oder wenn sich die Öffnungen bei zu heißem Spülwasser durch flussiggewordenes Pech verschmieren oder von innen her durch Wassersteinteile oder Rostteile, welche aus Rohrleitungen kommen, verlegen.

Den Wasserdruck wahle man möglichst bei 3 Atm. Der Wasserverbrauch pro Stunde und Spritzdüse kann zu ca. 1,6 cbm Wasser angenommen werden; für die Außenreinigung pro Stunde 3 cbm.

Die Infektion des Transportfaßinneren ist eine recht beträchtliche und es werden deshalb auch bisweilen Dampfspritztöpfe verwendet. Hierbei ist besonders zu beobachten, daß nicht zu lang gedämpft wird.

Beispiel: Es wurde in Gebrauch befindliches Gefäß nach dem warmen Spritzkopf gedämpft, und zwar ein Teil je eine Sekunde, ein zweiter Teil zwei Sekunden usw. bis zu funf Sekunden, und von den ausfließenden Spulwassern nach dem kalten Spritzkopf wurden Plattenkulturen angestellt.

Der Keimgehalt pro 1 ccm verringerte sich im Durchschnitt etwa wie folgt:

ohne Dämpfen	1 Sekunde	2 Sekunden
ca. 800—1000	800—1000	600—700
3 Sekunden	4 Sekunden	5 Sekunden
ca. 300—400	150—170	40—70

Fig. 91.

»Eine« Sekunde dampfen hatte gar keinen Einfluß; selbst bei 5 Sekunden langem Dämpfen war das Innere noch nicht ganz rein, dabei ist zu bemerken, daß so weit in der Praxis nie gegangen werden konnte, weil schon nach 4 Sekunden das Pech auszufließen begann.

Anders liegt die Sache naturgemäß bei ungepichtem Transportgeschirr. Hier hat sich das Dämpfen sehr gut bewährt.

Die Faßwaschautomaten werden mit einem Antrieb von unten her, wie ihn das System der Unionwerke Mannheim und Bothner Leipzig hat oder von oben her, wie ihn die Ausführung der Firma Neubecker, Offenbach, Fig. 91, wiedergibt, ausgeführt.

Außer dieser Anordnung findet man noch automatische Innenspülvorrichtungen mit zentrischer Anordnung. (Ausfuhrung Maschinenfabrik Germania, Chemnitz.) Das Faß macht einen Kreislauf und durchwandert die in Fig. 92 angedeuteten Stationen.

Die Arbeitsweise während einer Umdrehung der Maschine ist folgende:

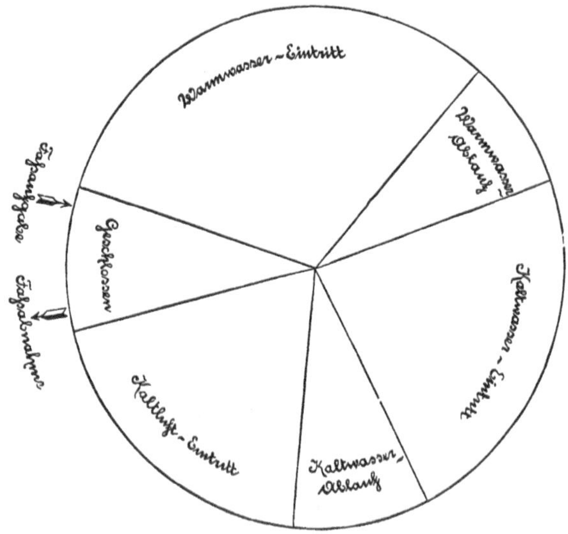

Fig. 92

1. Auflegen des Fasses, Düse geschlossen.
2. Längeres Ausspritzen des Fasses mit warmem Wasser.
3. Warmwasserablauf in die Sammelrinne.
4. Ausspritzen mit kaltem Wasser.
5. Kaltwasserablauf in die Sammelrinne.
6. Ausblasen des Fasses mit Luft und Ankunft an der Faßabnahmestelle.
7. Abheben des fertigen und Auflegen des neuen Fasses.

16. Pichanlagen.

Wenn man eine Pichanlage gewissenhaft prüfen will, so ist es das erste, sich über die Beschaffenheit des Peches zunächst genau zu orientieren. Unbrauchbares Pech kann die Leistung der besten Pichanlage ganz beträchtlich herabsetzen und dieselbe sogar sehr frühzeitig zerstören.

a) Beobachtungen über die Qualität des Peches und die Behandlung des Peches in der Pichvorrichtung.

Das Pech ändert bei andauerndem Erhitzen im Pechkessel oder Pichapparat fortwährend seine Zusammensetzung. Deshalb ist es außerordentlich wesentlich, den Inhalt der Pichapparate ständig zu überwachen.

Vielfach begnügt man sich hier zur Temperaturkontrolle mit gewöhnlichen Quecksilberthermometern, welche man in das heiße Pech einsteckt. Für die laufende Betriebskontrolle empfiehlt sich im Großbetrieb hier, wie auf Darre und im Sudhaus, die Registrierung der Temperaturen, welche den die Pichapparate bedienenden Arbeiter zur größten Aufmerksamkeit zwingt; denn jeder begangene Fehler wird durch Aufzeichung festgelegt.

Die Höhe der Pichtemperatur wird von der Pechqualität abhängen. Zu niedrige Pichtemperatur hat zur Folge, daß das Pech zu dickflüssig wird, und damit geht auch ein beträchtlicher Mehrverbrauch Hand in Hand. Zu hohe Temperatur kann eine Zersetzung des Peches, eine Veränderung im ungünstigen Sinn, wesentlich begünstigen.

Zur Erzielung konstanter Viskosität muß mit wachsender Dauer des Erhitzens infolge damit Schritt haltender Verdampfung der leicht flüchtigen und die Dünnflüssigkeit begünstigenden Bestandteile eine Temperatursteigerung stattfinden; denn sonst tritt der Nachteil der Bildung zu dicker Pechschichten und zu hohen Pechverbrauches ein. Die zulässige Temperatursteigerung liegt aber in bestimmten Grenzen; ein Maximum darf nicht überschritten werden; nach bestimmter Zeit macht sich deshalb zur Konstanthaltung der Viskosität ein Zusatz von Substanzen notwendig, welche die Viskosität in gleicher Höhe halten.

Die Qualitätseigenschaften der in die Pichapparate eingegebenen Peche sind durch die Analyse bekannt. Es ist nun notwendig, ständig darüber Gewißheit zu haben, daß das Pech auch während der Verarbeitung von Beginn bis Ende der Picharbeit möglichst gleiche Zusammensetzung hat. Die Eigenschaften, welche am raschesten jede Qualitätsänderung der im Gebrauch befindlichen Peche erkennen lassen, sind: Viskosität, Schmelzpunkt und Farbe.

Außer diesen Eigenschaften ändern sich ja andere ebenfalls, z. B. die Alkohollöslichkeit, der Gehalt an flüchtigen Bestandteilen, der Entflammungspunkt und die Sprödigkeit. Aus den zuerst angeführten laßt sich aber am einfachsten zahlenmäßig der Grad der Veranderung erkennen und angeben.

Zum Zwecke der Prüfung des Inhaltes von Pichvorrichtungen entnimmt man nach bestimmten Zeiten Proben und prüft diese.

a) Viskosität. Man wird immer eine Abnahme der Dünnflüssigkeit konstatieren.

Beispiel: Ein Pech hatte ursprunglich eine Viskosität von

	6,9	bei	150° C
nach 4 Stunden	11,8	»	150 »
nach 8 Stunden	12,7	»	150 »

Im Laboratorium kann durch einen zu ermittelnden Zusatz ausfindig gemacht werden, wie viel pro Stunde zuzusetzen ist, um eine konstante Viskosität aufrecht zu erhalten. Diese Ermittelung kann nur auf experimentellem Wege geschehen unter Zugrundelegung der Pichtemperatur.

Mit der Erhitzungsdauer ändert jede der Komponenten des Peches seine Viskosität, und zwar bei Kolophonium und Harzöl in sehr weitgehendem Maße, bei Leinöl, Paraffin nur wenig.

Beispiel: Kolophonium hatte eine Viskosität von 15,2 bei 150° C, nach achtstündigem Erhitzen, wobei 17,0% verdampften, eine solche von 25,2 bei 150° C.

b) Der Schmelzpunkt. Er steigt mit der Erhitzungsdauer oft sehr beträchtlich.

Beispiel:

	Schmelzpunkt	Farbenveranderung
Beginn des Pichens	36—37° C	1,0
nach 1 stund. Erhitzen . ..	42° C	1,4
» 2½ »	49—50° C	3,5
» 13 » »	63—65° C	10,9
» 23 » »	66—68° C	13,1

Hat man durch einen geeigneten Zusatz eine größere Dünnflüssigkeit erreicht, so ist noch zu prüfen, ob auch der Schmelzpunkt in zulässigen Grenzen liegt.

c) Die Farbe. Einen großen Einfluß auf die zunehmende Farbenänderung hat das Eisen der Gefäße, in welchen das Pech erhitzt wird. Mit Temperaturerhöhung steigt die Eisenaufnahme, also auch das Dunklerwerden des Peches. Auch in Email- und Kupfergefäßen findet eine Zunahme der Farbentiefe statt.

Setzt man die Farbentiefe des ursprünglichen Peches = 1, so ergeben sich Zunahmen in der Farbe, wie sie in der vorhergegangenen Tabelle zu entnehmen sind.

Nach 12stündigem Erhitzen kann demnach ein Pech eine von seinen ursprünglichen Eigenschaften vollstandig verschiedene Zusammensetzung aufweisen. Ein Pech darf auch keinen allzu raschen Verschleiß der Pichapparate herbeiführen, d. h. ein Pech darf auch keine metallzerstörende Eigenschaft im Übermaß besitzen.

Das Material aus dem die Pichereianlagen bestehen, ist fast ausnahmslos Eisen, und deshalb verdient das Verhalten des Peches, Eisen gegenuber, eine besondere Betrachtung.

Bringt man in ein nicht übermäßig gut gereinigtes, auf Pichtemperatur (200 bis 220° C) erhitztes Pech, das zur Beobachtung in einem Becherglas erhitzt wurde, Eisenfeilspäne, so erkennt man bald, mit wachsender Einwirkungsdauer, eine Zunahme der Farbentiefe; wird die Temperatur mehr gesteigert, so geht die Zufärbung rascher und rascher vor sich. Erhitzt man eine zweite gleiche Pechprobe in demselben Sinne, nur ohne Zusatz von Eisenfeilspänen, so tritt diese starke Zufärbung nicht ein.

Dieses kleine Experiment besagt, daß das Eisen mit Bestandteilen des Peches eine chemische Verbindung unter Bildung von Oxydsalzen eingeht, und daß dieser Vorgang mit Erhöhung der Einwirkungstemperatur immer intensiver wird. Das Dunklerwerden des Peches, wenn es mit Eisen bei hoher Temperatur in Beruhrung steht, beruht also nicht auf einer Zersetzung des Peches als solchem, veranlaßt etwas durch eine Oxydation bei der hohen Temperatur, sondern auf einer Bildung von Eisenverbindungen.

In der Praxis wird das heiße Pech niemals mit einer so großen Eisenoberfläche in Berührung treten, wie in dem Versuchsfalle mit den Eisenfeilspänen, trotzdem können aber doch ganz beträchtliche Eisenmengen gelöst werden.

Beispiel: Ein Pechkessel, sein Gewicht betrug laut Frachtbrief bei Anlieferung 315 kg, war $8^1/_2$ Monate im Betrieb, als plötzlich durch einen über der Feuerung am Boden des Pichkessels entstehenden Riß heißes Pech auf den Rostbelag ausfloß und so die ganze Anlage in Brand geriet. Nach dem Löschen des Feuers war der Defekt am Pichkessel so groß geworden, daß der ganze Pechinhalt ausgelaufen war. Der Boden hatte an der Bruchstelle nur noch Papierstärke; dort, wo er aber auf Mauerwerk auflag, also von den Flammen nicht direkt getroffen wurde, war noch fast die ursprüngliche Bodenstärke vorhanden. Ein in den Pechkessel eingelegtes Topfsieb war von seiner ursprunglichen Stärke (2,5 mm) teils bis auf Papierstärke teils nur auf 0,2 mm Stärke abgefressen. Viele Schrauben an dem in den Pichkessel einzuhangenden Einspritzapparat waren an den Muttern und Bolzen stark angegriffen, auch die Pechleitungen hatten Riefen und waren geschwächt. Nach Demontierung des Pichkessels ließ sich feststellen, daß derselbe seine äußere Form vollkommen beibehalten hatte; die Schwächung der Eisenwandung war also nicht von der Feuerseite, sondern von der Pechseite her erfolgt. Dies waren alles Zeichen, daß die Pechbeschaffenheit die Urheberin der Störung gewesen sein muß. Der Pechkessel hatte nur noch ein Gewicht von 291,5 kg, sodaß 23,5 kg Eisen im Laufe der 8½ Monate in das Pech übergegangen sein müssen. Die Pechmenge, welche in dieser Zeit verarbeitet wurde, betrug etwa 110 Doppelzentner.

Denkt man sich auf diese 11 000 kg die 23,5 kg Eisen gleichmäßig verteilt, so wäre der prozentuale Eisengehalt des Peches nach dem Erhitzen $23{,}50 \cdot 100 : 11\,000 = 0{,}214\%$ gewesen. In Wirklichkeit muß derselbe aber noch höher gewesen sein, weil die ungewogenen Teile, das zerstörte Topfsieb und die angegriffenen Teile des Einspritzapparates, auch Eisen abgegeben haben. Man geht nicht zuweit, wenn man annimmt, daß zeitweise bei einem länger im Pechkessel verbleibenden Pech und bei öfter stattgefundener stärkerer Erhitzung der Eisengehalt auf 0,5% und ev. darüber angestiegen ist. Auch die Begünstigung des Eisenlösungsvermögens des Peches mit erhöhter Temperatur zeigte sich in diesem Falle sehr deutlich dadurch, daß gerade der Boden des Pechkessels an jenen Stellen am stärksten abgefressen war, wo die höchste Feuertemperatur einwirkte; an den durch Mauerwerk geschützten Stellen und auch an den Seitenwandungen war die Beschädigung in weit geringerem Maße eingetreten.

b) Feststellung des Pechverbrauches und der Leistung.

Im Prinzip unterscheidet man zwei Systeme.

Das eine entpicht durch neueinströmendes heißes Pech, wobei zu gleicher Zeit bepicht wird (Theuerer-Apparat), das andere entpicht auf einer besonderen Heißluftdüse, von dieser ist das Faß abzuheben und auf einer zweiten Einspritzduse zu bepichen. (Getrenntes Ent- und Bepichen.)

Die Entpichapparate, ob ohne oder mit Rauchabsaugung, arbeiten alle nach dem bekannten Prinzip, heiße Luft, die in einem Koksofen erzeugt wird, in die Fässer einzublasen, wodurch das in diesen sitzende alte Pech abgeschmolzen und direkt zum Ablaufen gebracht wird. Auch bei dem Entpichen der Lagerfässer bleibt dieses Prinzip gewahrt, wodurch allein ein gleichmäßiges Entpichen erzielt wird und Explosionen verhindert werden.

Im Koksofen muß die vorgewärmte reine Luft über die brennende Koksschicht gefuhrt werden, welche eine vollkommene Verbrennung der Kohlenoxydgase und Schwefelwasserstoffgase sichert. Sein Volumen muß mit der Leistung in Einklang stehen. Je größer dasselbe ist, desto gleichheißer ist die gelieferte Entpichheißluft.

Die Apparate müssen mit einem Aschen- resp. Koksfänger versehen sein, der den Zweck hat, hochgerissene und in die Leitungen geblasene Aschen- oder Koksteilchen aufzufangen und zu sammeln, bevor sie in die Fässer kommen.

Der Luftverbrauch von ca. $^1/_{10}$Atm. Überdruck schwankt zwischen 3 und 10 cbm per Minute und richtet sich im allgemeinen nach der Leistung und der Größe des Apparates. Der Kraftbedarf selbst schwankt wieder zwischen $^3/_4$ und 3 PS. Die Leistung der Apparate richtet sich nach der Größe derselben und nach der Faßgröße und schwankt zwischen 30 und 240 Transport- und zwischen 4 und 12 Lagerfässern pro Stunde.

Die Bepichung geschieht durch Einspritzung, welche durch Druckluft, durch Rotations- und Kolbenpumpen ermoglicht wird. Fig. 93 stellt einen Einspritzapparat kleinster Ausführung nach Ausfuhrung der Firma Hoz und Kempter dar. Diese Apparate besitzen in der Ausfuhrung für Kleinbetriebe eine liegende Kolbenhandpumpe von einem Liter Fassungsraum, sind mit Rotguß-, Saug- und Druckventilen ausgerustet, die Einspritzdüse ist selbsttätig rotierend, am Apparat ist eine Sicherung vorhanden, die eine Inbetriebsetzung nur bei aufgelegtem Faß ermoglicht. Verbruhungen mit heißem Pech sind infolgedessen ausgeschlossen.

Fig. 94 gibt eine Gesamteinrichtung einer Pichereianlage nach Hoz & Kempter, Konstanz, fur getrenntes Ent- und Bepichen. In dem Koksofen *a* wird die heiße Luft bereitet, geht durch die Leitungen *b*, Pichkorper *c* und stromt durch die Düsen *d* in die übergelegten Transportfässer. Das abgeschmolzene Pech wird in unter den Faßauflagen hängenden Töpfen aufgefangen. Der entstehende Pechqualm wird durch die Pichkörper *c* in die Kamine *e* geleitet und durch diese ins Freie geführt. In die Heißluftleitungen sind die Schlittenführungen *f* und Stopfbüchsen *g* eingebaut, die eine

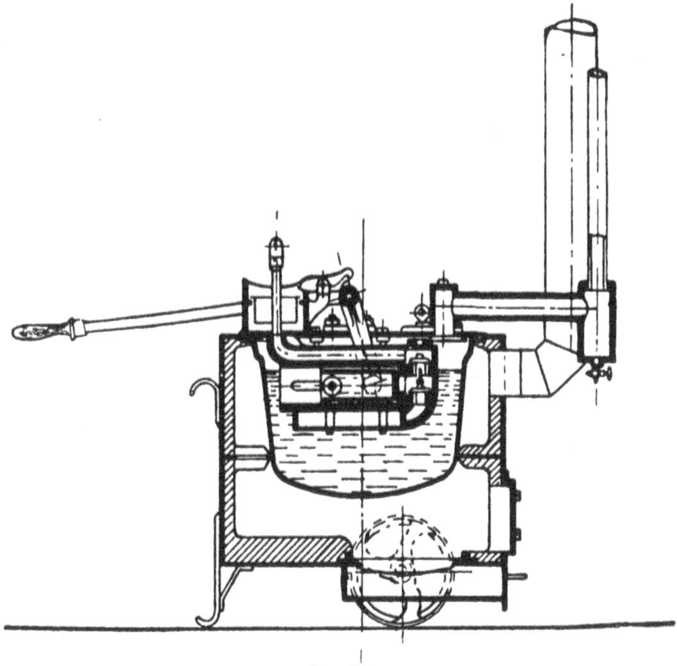

Fig. 93.

freie Ausdehnung dieser ermöglichen. Unterhalb des Pichkörpers sitzt der Aschenfänger *h*.

Das entpichte Faß wird dem Arbeiter an der Bepichanlage zugeführt, der es über die Einspritzdüse *i* steckt. Durch das Gewicht des Fasses löst sich die Sperrvorrichtung aus, die im andern Fall ein Einschalten des Apparates verhindert.

Der bedienende Arbeiter tritt hierauf auf den Fußtritthebel und schaltet hiermit den Apparat ein. Nachdem die Einspritzung je nach Faßgröße ca. 10 bis 30 Sek. gewirkt hat,

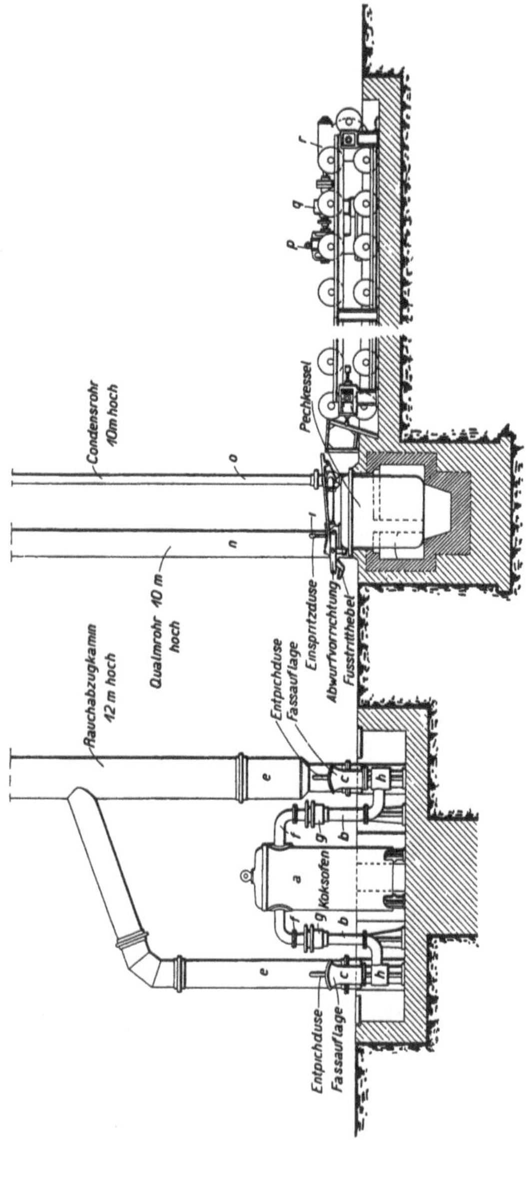
Condensrohr
10m hoch
Pechkessel
Qualmrohr 10 m
hoch
Rauchabzugkamin
12 m hoch
Entpichdüse
Fassauflage
Einspritzdüse
Abwurfvorrichtung
Fusstritthebel
Koksofen
Entpichdüse
Fassauflage

Fig. 94.

wird durch einen kurzen Ruck am Faß der Apparat wieder außer Funktion gesetzt. Das auf der andern Düse vorher eingespritzte Faß ist inzwischen ausgelaufen und kann durch einen Tritt auf den Hebel der Abwurfvorrichtung abgehoben und auf die Rollmaschine gerollt werden. Ein neues Faß wird wieder aufgelegt und die hierfür bestimmte Düse in Tätigkeit gesetzt. Während dieser Manipulation ist das andere Faß ausgelaufen und kann, wie vorher beschrieben auf die Rollmaschine gerollt werden. Zur Bedienung der ganzen Anlage gehören zwei Mann, einer, der den Entpichapparat und einer, der den Bepichapparat bedient. Die Stundenleistung der Anlage beträgt je nach Größe der Fässer 120 bis 240 Stück.

Die Feuerung liegt direkt unter dem Einspritzapparat selbst. Die Feuergase ziehen durch den Fuchs in den Kamin *n*. Der Pechqualm wird durch das Rohr *o* abgeführt.

Die Rollmaschine wird durch einen Elektromotor angetrieben.

Die ganze Anlage absorbiert folgende Kraft:

2 PS zum Antrieb des Gebläses für den Entpichapparat,
2½ PS zum Antrieb des Kompressors fur den Einspritzapparat,
1½ PS zum Antrieb der Rollmaschinen.

Das Beschicken der Pichapparate von Hand hat den Vorteil, daß jedes Faß individuell behandelt werden kann.

Um unabhängig von den bedienenden Arbeitern zu sein und eine Arbeitsersparnis zu erzielen, hat die Firma Neubeker, Offenbach, einen Pichautomaten, Fig. 95, konstruiert, bei dem sich das Entpichen, Bepichen und schließlich das Rollen in einem geschlossenen Arbeitsgang vollständig selbsttätig vollzieht.

Aus der schematischen Darstellung ist zu ersehen, daß das Faß seitens des Arbeiters auf eine Trockendüse *a*, die mit Zentrierrippen versehen ist, aufgesetzt wird. Die hier eingeblasene Luft bewirkt ein Trocknen des Faßinnern. Durch die Transportschwinge, die an den Kurbeln *b* angelenkt ist, wird das Faß nacheinander über die Heißluftdüsen *c*, *d*, *e* gebracht. Das alte Pech wird hier in besonderen Gefäßen

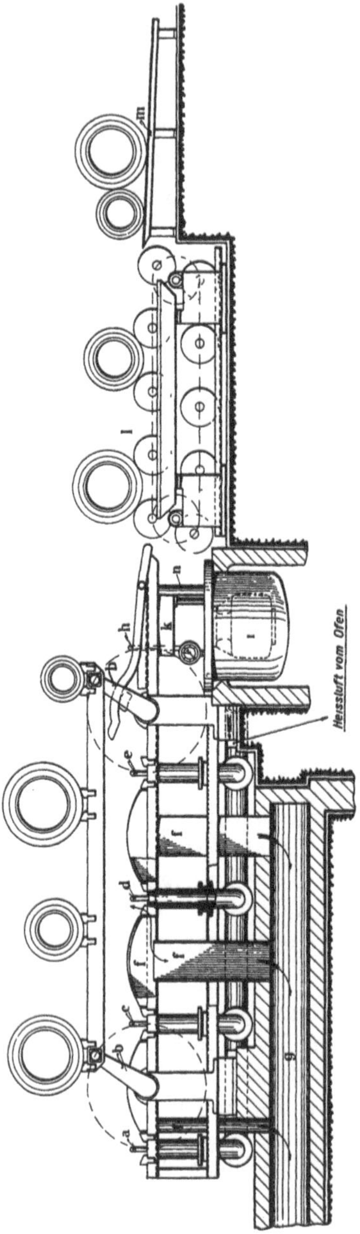

Fig. 95.

aufgefangen und der Entpichqualm durch Rohre *f* nach dem Kanal *g* geleitet. Das entpichte Faß gelangt nun auf die Düse *h*, durch welche mittels Druckluft Pech aus dem Kessel *i* in das Faß eingespritzt wird und das überschüssige Pech passiert ein Sieb in dem Kasten *k* und läuft durch das Rohr *n* nach dem Kessel *i* zurück. Hierauf gelangt das Faß auf die Rollmaschine *l* und schließlich auf die Schanze *m*.

Zur Bedienung des Apparates ist nach Angaben der Firma Neubecker nur ein Mann erforderlich, der die Fässer über den Zentrierdorn *a* bzw. Trokkendüse setzt.

Der Apparat wird auch in Zwillingsanordnung ausgeführt, d. h. zwei Apparate verbunden mit gemeinschaftlichem Antrieb, wobei die Kurbeln *b* um 180° versetzt sind.

Der Apparat wird auch mit automatischer Spundlochsuchevorrichtung ausgeführt, so daß, ähnlich wie bei einer Faßreinigungsmaschine, die Fässer auf eine Zulaufschanze zu legen sind.

Die Stundenleistung des Apparates beträgt 40—120 Fässer, d. h. 40 Fässer von 250 l Inhalt bis 120 Fässer von 25 l Inhalt.

Bei der automatischen Pichung ist das Aussortieren des Geschirres nach seiner Größe anzuempfehlen, weil sonst Fässer ungleicher Inhalte gleichlange Zeit entpicht und bepicht werden. Mit anwachsender Faßgröße ist die Entpichdauer und Bepichdauer zu steigern. Die heiße Luft wird im Gegenstrom zu dem Gang der Fässer zugeführt.

Da die Luft pro Meter Rohrlänge bzw. von Düsenstation zu Düsenstation um ca. 100° fällt, so wird in das kälteste Faß die kälteste Luft und in das wärmste Faß die heißeste Luft geblasen, was auf die Haltbarkeit der Fässer gunstigen Einfluß hat.

Leistung und Pechverbrauch kann nur durch einen praktischen Pichversuch ermittelt werden, wobei

1. das Pech in dem entleerten Apparat vorzuwiegen und nach Beendigung der übriggebliebene Rest zuruckzuwiegen ist,
2. Faßzahl, Faßgröße und Zeitdauer ist zu notieren.

Beispiel: Versuchsresultate Picherei Hoz & Kempter.

Der Apparat wurde wie gewöhnlich in Betrieb gesetzt und mit demselben eine großere Anzahl Fässer gepicht. Beim Versuchsbeginn wurde das Pech im Kessel ausgewogen. Die Leistungsprobe dauerte ununterbrochen 3½ Std. In dieser Zeit wurden 520 Transportfässer, Durchschnittsgröße 38 l Inhalt mit zwei Arbeitern vollkommen entpicht und frisch bepicht.

Die Faßgröße stellt sich wie folgt zusammen:

Inhalt der Fasser unter 10 l.

»	»	»	zwischen	11	und	20 l	=	111	Stück
»	»	»	»	21	»	30 »	=	128	»
»	»	»	»	31	»	40 »	=	85	»
»	»	»	»	41	»	50 »	=	85	»
»	»	»	»	51	»	60 »	=	20	»

Inhalt	der	Fässer	zwischen	61	und	70 l	=	21	Stück
»	»	»	»	71	»	80 »	=	13	»
»	»	»	»	81	»	90 »	=	14	»
»	»	»	»	91	»	100 »	=	20	»
»	»	»	»	100 l			=	22	»

Auf die Stunde kommen demnach 148 Fässer.

Die Fässer sind vorher weder außen noch innen gereinigt worden und auch nicht ausgetrocknet, sondern wurden absichtlich, oft selbst noch kleine Bierreste enthaltend über die Düse des Entpichapparates gesteckt. Vor der Inbetriebnahme wurde der Koksofen mit 115 kg Koks ca. zur halben Höhe gefüllt. Nach Schluß der Picharbeit waren im Ofen noch ca. 15 kg Koks vorhanden. Um das Pech im Einspritzapparat auf die vorgeschriebene Temperatur zu bringen und auf dieser zu erhalten, wurden vor dieser Arbeitszeit und während dieser 3½ stundigen Arbeitszeit 64 kg Braunkohlen von ca. 5000 Kal. (WE) verfeuert. Um diese 520 Transportfässer zu pichen, wurden 33,2 kg Pech verbraucht. Das in den Pechauffangtöpfen am Entpichapparat durch das Entpichen ausgelaufene und aufgefangene Pech wog 22,4 kg.

Die Transportfässer wurden nach dem Pichen geprüft, wobei sich ergab, daß nur drei Stück, also 0,5% etwas dick in der Pechschicht, aber noch gebrauchsfähig waren.

Eine Zusammenstellung ergibt folgendes:

Diese 520 Fässer kosten an Koks für den Entpichapparat	3,20 M.
Diese 520 Fässer kosten an Koks fur den Bepichapparat	1,28 »
Diese 520 Fässer kosten an Pech für den Bepichapparat	16,61 »
Diese 520 Fässer kosten an Arbeitslohn für beide Apparate.	4,00 »
Antriebskraft 3 PS 3½ Std.	0,42 »
	25,51 M.

Es kostet demnach ein Faß 4,9 Pfennige.

Hierbei ist gerechnet, daß 100 kg Koks 3,20 M. franko Brauerei kosten, 100 kg Kohlen 2 M. franko Brauereihof, und 100 kg Pech 50 M. franko Brauerei sich stellen, 1 PS/Std. 0,04 M. kostet.

Nicht in Rücksicht gezogen ist das Auslaufpech.

Angenommen, es sollten 100 kg nur mit 10 M. verkauft werden, so würden für diese 22,4 kg Abfallpech 2,24 M. erzielt werden; zieht man das von den Selbstkosten pro Faß ab, so ergibt sich 4,9 — 0,4 = 4½ Pf. pro Faß.

17. Antreib- und Pressionsmaschinen.

Die Antreib- und Pressionsmaschinen geben Sicherheit für das Dichthalten des Transportgeschirres. Undichtes Geschirr hat zur Folge, daß viel Retourbier entsteht; denn schweißende Fässer geben zu hohen Kohlensäureverlusten Veranlassung und dadurch verliert das Bier seine Haltbarkeit.

a) Antreibmaschinen.

Die Reifen der Fässer wurden früher von Hand angetrieben. Neben dem Arbeitsaufwand, welchen dies erforderte, entstund noch der Nachteil, andauernden starken Geräusches. Beide Übelstände beseitigt die Antreibmaschine. Man unterscheidet Antreibmaschinen mit Riemenantrieb und mit hydraulischem Antrieb. Bei den ersteren ist das Faß meist liegend, bei den letzteren während des Antreibens stehend.

Eine Antreibmaschine muß es vor allem gestatten, den Druck, welchen sie auf die Reifen ausüben soll, einzuregulieren und diesen ablesen zu können. Die Maschine hat das Faß zunächst zu zentrieren, dann werden die Treibarme zuerst auf die Bauchreifen, dann auf die Halsreifen und zuletzt auf die Kopfreifen gesetzt. Für den Druck muß nach oben eine Grenze gesetzt sein, d. h. es muß ausgeschlossen sein, daß unliebsame hohe Drucke wirken, welche Fässer zerstören. Bei hydraulischen Antreibmaschinen kann ein der Belastung des Akkumulators entsprechender Druck nicht überschritten werden.

Die Maschine muß es also vermeiden, Dauben einzudrucken, die ovale Form des Fasses zu ändern, oder Reifen zum Platzen zu bringen. Die stündliche Leistung einer Antreibmaschine soll zwischen 180 bis 240 Faß liegen, damit soviel Geschirr angetrieben werden kann, als der Waschmaschine zugeführt werden soll.

Die Größe der Fässer hat auf die Leistung einen Einfluß insofern, als vierreifige, kleinere Fässer weniger Zeit beanspruchen als größere sechsreifige Fässer. Bei der Bedienung der Antreibmaschine bestimmt man vorher den Druck, den man wirken lassen will, und dann läßt man den Zeiger des Manometers solange steigen, bis dieser erreicht ist. Als Druckflüssigkeit ist Kompressoröl an Stelle von Wasser vorzuziehen, weil bei Frost ein Einfrieren der Maschine ausgeschlossen ist, ferner alle reibenden Teile gut geschmiert werden und Abnützung und Kraftverbrauch sich so möglichst verringern. Der Kraftverbrauch der Maschine liegt zwischen 3 bis 4 PS, die Maschine muß es gestatten, Fässer in bunter Größe von 12 bis 250 l Inhalt anzutreiben.

Der Akkumulator hat den Zweck, die während der Pause von der Pumpe geförderte Flüssigkeit aufzuspeichern, er gibt davon wieder ab, wenn größere Quantitäten, wie sie die Pumpe zu liefern mag, erforderlich sind. Der Akkumulator muß auf einen Maximaldruck eingestellt sein, der niemals überschritten werden kann.

Eine Antreibmaschine besteht aus drei Teilen, und zwar aus der Antreibmaschine selbst, dem Akkumulator und der Hochdruckpreßpumpe. Das Schema ist aus Fig. 96 ersichtlich. Die Pumpe saugt Flüssigkeit aus einem Reservoir und fördert in die Druckleitung *f* bzw. nach einem Schieber *g*. In der Druckleitung *f* sitzt an beliebiger Stelle ein *T*-Stück, an welches der Flüssigkeitsakkumulator angeschlossen ist. Wenn der Schieber *g* geschlossen ist, so wird die Flüssigkeit nach dem Akkumulator gefördert und hier zur nachherigen Verwendung aufgespeichert.

In der Druckleitung *f* sitzt ein zweites *T*-Stück *h*, von dem eine Leitung nach dem oberen Hut *i* auf der Maschine führt. In diesem Hut befindet sich ein Kolbchen *k*, welches fortwährend unter Hochdruck steht bzw. auf den Kolben *l* drückt. Die Flüssigkeit in den beiden seitlichen Zylindern *n* und n_1 verhindert das Zusammenfahren der Maschine durch die Einwirkung dieses Kölbchens, solange die Leitung *m* bzw.

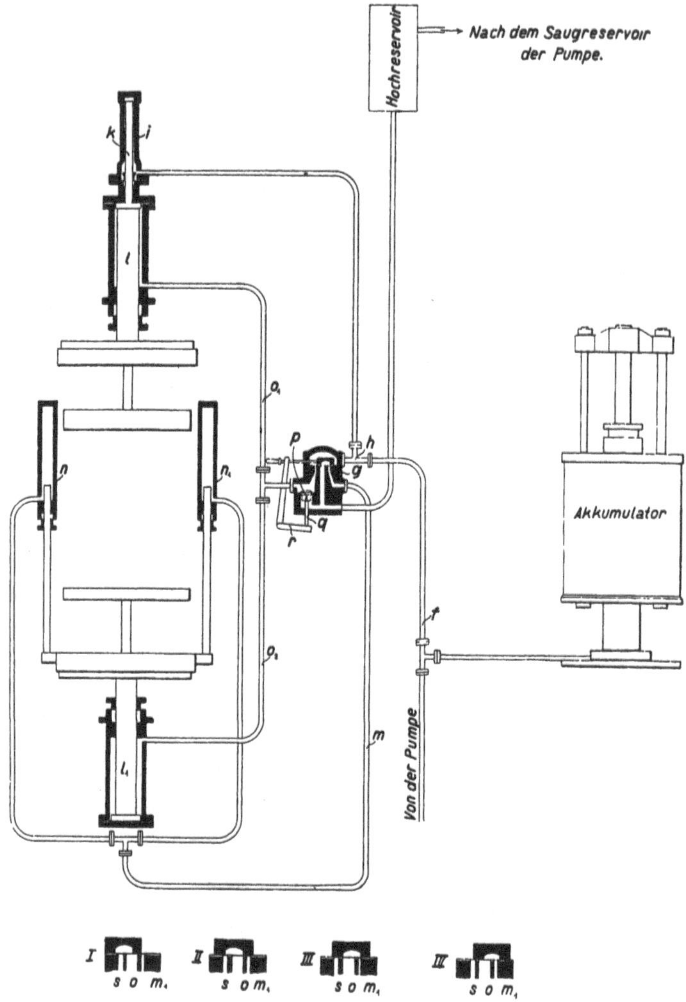

Fig. 96

der Kanal m^1, wie die Schieberstellung II zeigt, geschlossen ist. Wird nun der Schieber in die Stellung III gebracht, so kann die Flüssigkeit aus den beiden seitlichen Kölbchen n und n^1 in den mittleren Auslaßkanal o entweichen und die Maschine wird sofort durch die Einwirkung des oberen Kölbchens k zusammenfahren, und zwar so lange, bis die Klauen auf den Reifen auftreffen.

Während dieses Zusammenfahrens haben sich die beiden großen Zylinder l und l^1 durch die Leitungen o^1 und o^2 durch selbsttätiges Heben des Rückschlagventiles p mit Flüssigkeit aus dem Hochreservoir angefüllt. In dem Moment also, in dem die Klauen auf den Reifen aufgetroffen sind, wird der Schieber in die Stellung IV gebracht. Es geht nun Hochdruckflüssigkeit durch den Kanal s, das Ruckschlagventil p schließt sich, sofern es sich nicht schon vorher durch den Ausgleich selbsttätig geschlossen hat. Die Leitung o^1 und o^2, sowie die Zylinder l und l^1 stehen nun unter Hochdruck und die Reifen werden angezogen. Nach erfolgtem Anziehen müssen die Tische bzw. Kolben wieder auseinander gefahren werden. Dies erfolgt durch Bewegung des Schiebers in die Stellung I. Zum schnellen Zurückleiten der Flüssigkeit aus den Zylindern l und l^1 genügt nun der Querschnitt des Schieberkanals s selbstverständlich nicht. Der Schieber ist so konstruiert, daß in dieser Stellung I das Ventil p durch den Hebel r angehoben ist. Das große Flüssigkeitsquantum geht also beim Auseinanderfahren direkt durch diesen freien Ventilquerschnitt zurück nach dem Hochreservoir. Bei der Einstellung des Schiebers bzw. des Ventiles, ist einzig und allein zu beachten, daß in der Schieberstellung II der Hebel r die Stange q des Ventiles p gerade berührt, so daß beim Weiterbewegen des Schiebers in der Stellung I das Ventil angehoben wird. Dies ist der wichtigste Punkt in der Schiebereinstellung. Der Hochdruck aus den großen Zylindern l und l^1 muß unbedingt vorher durch den Kanal s nach dem Ausflußkanal o geleitet werden (Schieberstellung II). Erst dann ist es möglich, das Ventil p zu heben, denn es wäre ausgeschlossen, das mit Hochdruck belastete Ventil, auf dem beispielsweise bei 30 Atm. Betriebsdruck 850 kg ruhen, durch den Handhebel anzuheben. Beim Auseinanderfahren der Maschine bzw. beim Austreten der Kolben aus den Zylindern n und n^1 wird das Kölbchen k in den Hut i durch den großen Kolben l wieder zuruckgeschoben. Das obere

Kölbchen unterliegt also keiner Steuerung. Es darf nicht versäumt werden, daß die Stopfbüchse dieses Kölbchens, welche nach Abnahme des oberen Hutes *i* zugängig ist, von Zeit zu Zeit nachgesehen, bzw. frisch verpackt wird. Die Stopfbüchse muß stets dicht sein.

Schließlich ist noch darauf aufmerksam zu machen, daß die seitlichen inneren Kettenstangen mit großen Gallschen Ketten zur Verbindung der Druckplatten, welche die Antriebklauen tragen, gleichmäßig angezogen werden müssen, so daß ein Ecken der beiden Druckplatten ausgeschlossen ist.

b) Faßpressionsmaschinen.

Das Prinzip dieser Maschine ist ein Abdrücken mit Druckluft. Das unter Druck gesetzte Faß wird unter Wasser getaucht, ev. hochgehende Luftperlen verraten, daß das geprüfte Faß undicht ist. Auch diese Pressionsmaschine muß die Leistung der Faßwaschmaschine haben.

Die in Fig. 97 dargestellte Maschine der Firma O. Wehrle, Emmendingen, besteht aus einem eisernen Wasserbehälter mit Ablaufventil im Boden, an welchem zwei kräftige Führungsschienen senkrecht befestigt sind. Oben an einer Querschiene ist ein Zylinder für Preßluftbetrieb anmontiert. An dessen Kolbenstange hängt in den Schienen geführt ein doppelter Fahrstuhl. Der innere Fahrstuhl hat oben einen Arm, an welchem die Spundlochabdichtung mit Luftzuleitung und der Steuerhahnen mittels eines Zahnstangengetriebes vertikal beweglich angebracht sind. Der äußere Fahrstuhl dient in Verbindung mit der selbsttätigen Faßzurollvorrichtung zum Hochbringen der Fässer.

Die Maschine arbeitet so rasch, daß ein Arbeiter in der Minute ca. 3 Fässer prufen kann. Es ist nicht notwendig, daß das Faß unterhalb des Wassers gedreht wird. Der Gebrauch dieser Maschine bringt nicht nur insofern Vorteile, als er die Anzahl der Schweißfässer verringert, sondern auch insofern, als von dem Transportgeschirr nicht mehr als notwendig unter die Antreibmaschine gelangt. Zu häufiges Antreiben ist den Faßtagen sehr schädlich.

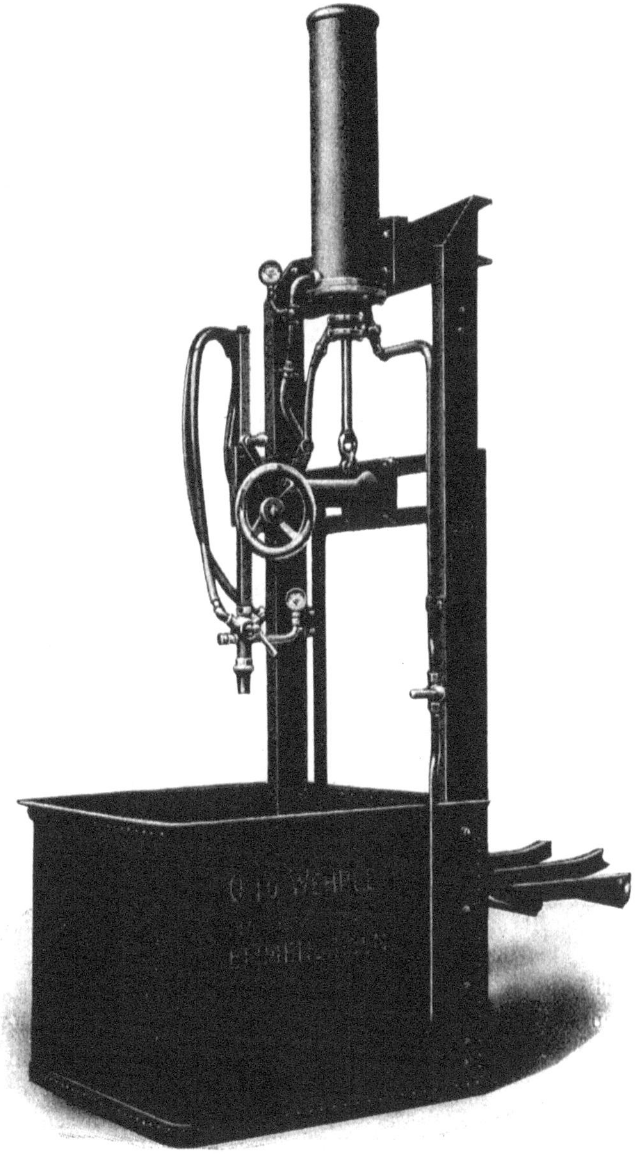

Fig 97.

18. Flaschenreinigungs- und Füllmaschinen.

Vor der Reinigung werden mit den leeren ankommenden Flaschen die Bierreste entleert; dann gelangt die Flasche in die Weiche, von dort zur Bürst- und Spülvorrichtung.

Die Flaschenfüllerei erhält das Bier entweder direkt vom Lagerfaß oder indirekt von einem eingeschalteten Meßgefäß. Nach der Füllung wird die Flasche verschlossen ev. etikettiert oder plombiert; sodann erfolgt der Transport in Flaschenkasten zum gekühlten Lagerraum.

a) Flaschenreinigungsanlagen.

Für eine Flaschenreinigungsanlage muß der richtige Ort gewählt sein. Die Anfahrt für das leere zurückgebrachte Flaschengeschirr soll nicht an der gleichen Stelle, wie die Ausgabe des Bieres erfolgen, sondern möglichst in der Nähe der Einweichvorrichtung, damit sich nicht Mehrarbeit durch unnötigen Transport notwendig macht.

Die Resteentleerungsapparate sind Kippvorrichtungen, welche den abgefüllten Kasten ganz stürzen. Unvollkommene Resteentleerung bedeutet einen beträchtlichen Mehrverbrauch an Weichwasser. Die Auskippzeit soll also genügend lang sein. Ein Resteausgießapparat soll auch die auslaufende Flüssigkeit beobachten lassen, damit man erkennt, ob man es lediglich mit Bierresten oder sonstigen in die Flaschen mißbräuchlich eingegebene Verunreinigungen wie Öl, Petroleum, Farben usw. zu tun hat.

Unmittelbar nach der Resteentleerung sind, wenn man fremde Flaschen dazwischen vorfindet, diese aussortieren, damit sie nicht unnötig den Weich- und Spülprozeß mitmachen. Die Lieferung an brauchbaren Flaschen, d. h. die praktische Leistung würde sonst herabgesetzt.

Die Einweichapparate sollen die Flaschen durch Wasser verschiedener Temperaturen führen. Sehr nachteilig wirkt ein zu heißes Eingangswasser, weil dadurch oft beträchtlicher Flaschenbruch entsteht. Die Anwärmung der Flasche muß, wie später auch die Abkühlung eine allmähliche sein. Das erste Weichwasser soll möglichst nicht über 30° C hinausgehen, während das zweite bis 45° C steigen kann; das letzte soll wieder unter 30° C, etwa zwischen 20 und 30° C liegen.

Der Einweichapparat muß gestatten, daß sich die Flasche während des Weichprozesses mindestens einmal entleert; je öfter eine Entleerung geschieht, desto gunstiger ist es; über eine dreimalige Entleerung geht man selten hinaus.

Beim Einweichen ist ein absolutes Füllen der Flaschen, beim jedesmaligen Entleeren ein absolutes Leerlaufen Bedingung. Weichapparate, welche die Flaschen liegend weichen, entsprechen nicht immer dieser Anforderung; dabei ist es möglich, daß die Flasche an jener Stelle, wo sie eine größere Luftblase enthält, lokal nicht vorgeweicht wird.

Eine Einweichvorrichtung muß nicht nur wegen der Verschiedenartigkeit der Temperatur, sondern auch aus Reinlichkeitsgründen einen mehrfachen Wasserwechsel für die Flaschen gestatten. Es darf nicht vorkommen, daß aus einer vorhergegangenen Weichabteilung in die folgende schmutzige Weichwasserreste übergeführt werden, was nicht geschieht, wenn die Entleerung nach jeder Abteilung eine vollständige ist. Wird in das erste oder zweite Wasser ein Desinfektions- oder Lösungsmittel eingegeben, so dürfen auch davon keine Reste in das folgende Wasser gelangen.

Die Wassertemperatur und die Höhe des Wasserstandes soll an den Einweichapparaten ablesbar sein. Außerdem ist auf die richtige Geschwindigkeit des

Apparates Wert zu legen. Die Weichdauer betrage nicht unter ½ Stunde.

Die Außen- und Innenreinigung soll sich unmittelbar an das Weichen anschließen. Nach dem Verlassen der Vorweiche trocknen die Flaschen sonst sehr rasch, wenn sie außerhalb des Wassers liegen. Gestattet es die Weichvorrichtung nicht, die Flaschen bis zum Gebrauch liegen zu lassen, so müssen diese auf einen Berieselungs- und Vorspritzapparat gesteckt werden, damit nicht aufgeweichte Etiketten usw. wieder antrocknen.

Die Innenreinigung geschieht am besten durch Spülung und Bürstung. Der Bürstentourenzahl und Bürstenbeschaffenheit schenke man seine Aufmerksamkeit. Bei zu niedriger Tourenzahl kann ungenügende Reinigung erfolgen.

Das Bürstenmaterial sei beste Schweinsborste. Pflanzliche Borsten sind absolut unbrauchbar. Man erkennt pflanzliche Borsten, wenn man sie mit einem Streichholz anzündet, sie verbrennen zu reiner Asche. Tierische Borsten dagegen geben bei Verbrennung einen Geruch nach verbrannten Haaren unter zischender Verbrennung.

Die Bürste muß an die gesamte Flaschenwand herantreten und eine Länge besitzen, daß der Boden unbedingt genügend bearbeitet wird. Lassen Bürsten häufig Borsten in den Flaschen zurück, so ist entweder schlechtes Bürstenmaterial Schuld oder schlechtes Einbinden der Borsten.

Die Spülrohre müssen genügend weite Spülöffnungen besitzen. Genügend hoher Spülwasserdruck ist ein wesentliches Erfordernis. Das Spülwasser soll den ganzen Boden bespülen und gleichmäßig an den Wandungen abfließen.

Beim Bürsten muß die Flasche die richtige Wasserfüllung, etwa $^1/_3$, haben. Es ist nicht gut, wenn die Flasche ganz gefüllt ist, weil dabei die Bürste nicht angreift; denn dabei kommt ihr mehr die Aufgabe zu, das Wasser in Kreisbewegung zu versetzen und die Borsten legen sich zurück. Das Wasser soll Reinigungsstrudel bilden.

Zu kurze Bürstungs- und Spüldauer kann große Nachteile bringen.

Beispiel: Die Stundenleistung sei 1200 Flaschen. Von der Bürstzeit geht ab für Anstecken und Abziehen der Flaschen ∾ 3 Sekunden. Ist die Bürstenzahl = 2, so treffen auf 1 Bürste 600 Flaschen in 3600 Sekunden; auf 1 Flasche also

$$\frac{3600}{600} = 6 \text{ Sekunden.}$$

Rechnet man drei Sekunden ab, so ist die tatsächliche Bürstdauer 6 — 3 = 3 Sekunden. Das ist etwas kurz.

Die Bürstdauer betrage möglichst 8 bis 10 Sekunden. Es ist deshalb in gewissen Fällen vorteilhaft, die Bürstenzahl zu vergrößern.

Bei rotierenden automatischen Bürst- und Spülmaschinen kann man aus der Tourenzahl und der Entfernung der Ein- und Ausschaltvorrichtungen für Bürsten und Spülen die Bearbeitungsdauer berechnen. Auch gelingt es durch Zeitmessung mittels Chronometers.

Das Spulwasser muß eine niedrige Temperatur besitzen, damit das Flaschenglas sich genugend auskühlt; denn zu warme Flaschen begünstigen das Schäumen beim Füllen.

Bevor die Flasche an den Füllapparat gelangt, muß sie genügend ausgetropft sein und durchleuchtet werden, damit die Sicherheit gegeben ist, daß alle Flaschen vollkommene Reinheit besitzen.

Der Wasserverbrauch für Flaschenfüllereien soll zeitweise bestimmt werden, weil manchmal sehr verschwenderisch mit dem Wasser umgegangen wird. Für je 1000 Flaschen stündliche Leistung ist der Wasserverbrauch ungefähr:

3,0 bis 6,0 hl für Einweichen,
2,0 hl für Bürstmaschinen,
2,0 hl für jeden Ausspritzapparat.

b) Flaschenfüllanlagen.

Neben der quantitativen Leistung wird von einer Flaschenfüllerei im besonderen noch gefordert, daß schaumfrei ohne Kohlensäureverluste abgefüllt wird, die Flaschen sehr gleichmäßig voll werden und keine hohen Bierverluste und Flaschenverluste entstehen; auch zur Reinigung müssen diese Apparate leicht zugänglich sein.

Die Flaschenfüllanlagen arbeiten entweder mit Gegendruck oder ohne solchen als einfache Heberapparate. Letztere geben bei unsachgemäßer Bedienung etwas höhere Kohlensäureverluste.

Die Flaschenfüllanlage muß es zulassen, mit Flaschen verschiedener Höhe und verschiedener Größe zu arbeiten.

Das Füllrohr reiche möglichst tief in die Flaschen ein, nur dann ist Gewähr für ein schaumfreies Abfüllen gegeben. Das Bier soll nicht an der Flaschenwandung herabrieseln und dabei in dunnem Strom mit der Flaschenluft in Berührung treten.

Sofort nach der Füllung muß die Flasche verschlossen werden. Bei Patentverschlüssen kommen häufig Verbiegungen vor. Die Verschlüsse sollen klappend, nicht schlaff schließen. Zum Nachspannen dienen Spannmaschinen.

Die Etikettierung hat so schnell zu erfolgen, daß alle gefüllten Flaschen weggearbeitet werden können. Die Flaschen werden unmittelbar in den Kasten eingestellt und durch mechanische Transporte zum gekühlten Lagerraum transportiert.

Die Fachteilung der Flaschenkasten ist am besten 3 mm größer als der Bauchdurchmesser; die Fachhöhe soll bis zur Flaschenbrust reichen; dann haben die Flaschen nicht zu viel und nicht zu wenig Bewegung; auf die Verringerung des Flaschenbruches hat das Einfluß.

Der Flaschenbruch ist bei Flaschen mit sehr ungleicher Höhe vielfach besonders hoch. Beim Aufstellen der Kasten aufeinander tragen nur die höchsten Flaschenköpfe. Eine Zwischenlage von Tüchern vermindert den Flaschenbruch. Bei Anlieferung neuer Flaschen prüfe man vor allem die Gleichheit der Flaschenhöhe.

Wichtig ist es für einen Betrieb, die auf 1 hl Flaschenbier treffenden Unkosten zu ermitteln. Diese hängen zunächst von den Ausgaben für Bedienung ab. Automatische Wasch- und Füllmaschinen haben bisweilen schon große Ersparnis an

Arbeitskräften gebracht. Eine beträchtliche Ausgabe liegt in der Neubeschaffung von Flaschen als Ersatz für die gebrochenen, der Instandhaltung der Kasten und Kisten, der Erneuerung von Verschlüssen und Beschaffung der Etiketts etc. Auf die Höhe des Wasserverbrauches ist schon oben hingewiesen. Auch die Instandhaltung der Einrichtung, Ausgaben für Reparatur und Antriebskraft und die Abschreibung, welche für Flaschenkellereimaschinen mindestens zu 15% anzunehmen ist, muß rechnerisch berücksichtigt werden. Die auf den Transport treffenden Mehrunkosten ev. Eismitlieferung für Flaschenbier dürfen auch nicht unbeachtet bleiben.

Man rechnet gewöhnlich pro 1 hl Flaschenbier für Arbeitslohn 1,50 M; für Flaschenbruch, Verschlüsse, Etiketten 0,75 bis 1,25 M; für Unterhaltung, Kraft, Wasserverbrauch und Amortisation 0,75 M., so daß die gesamten Unkosten pro 1 hl Bier zwischen 3,0 bis 3,5 M. liegen.

19. Röstmaschinen für Farbmalz, Caramelmalz und Malzkaffee.

Die Bedingungen, die man an ein gutes Farbmalz stellt, sind hohe Färbekraft und Geschmacksreinheit, die beim Caramelmalz gewünschten Eigenschaften gute Verzuckerung und hocharomatischer Geschmack.

Eine Röstanlage muß es gestatten, diese Eigenschaften in gewunschtem Maße auszuprägen; sie muß es ermöglichen, daß das jeweils notwendige Verfahren in einfacher Form zur Ausführung gebracht werden kann. Neben der Erzeugung qualitativ einwandfreien Produktes muß eine Brennanlage aber auch rationell nach zwei Richtungen hin arbeiten.

1. Der Substanzverlust soll gering sein, damit man aus der Gewichtseinheit Rohmalz möglichst viel Endprodukt gewinnt,
2. der Brennstoffaufwand, die Betriebskraft und Bedienungskosten mäßig hoch sein.

Die Temperatur im Brenngut spielt sowohl beim Farbmalz wie beim Caramelmalz die allerwichtigste Rolle. Beim Farbmalz darf eine bestimmte Endtemperatur nicht überschritten werden, weil sonst das Farbmalz verbrennt. Bis etwa 160° C kann die Temperatur rasch gesteigert werden, von diesem Zeitpunkte an ist vorsichtig zu erhitzen. Das Temperaturmaximum liegt zwischen 225° C bis 235° C bei Farbmalz; bei Caramelmalz zwischen 125 bis 150° C, bei Malzkaffee zwischen 140 bis 160° C.

Die Temperaturmessung geschieht mit einem Thermometer, Fig. 98, welches mit einem Probenehmer kombiniert ist. In einer runden, in die Nabe der Trommel einsteckbaren Hülse sitzt in einem Rohr das Thermometer, welches bei 225° C

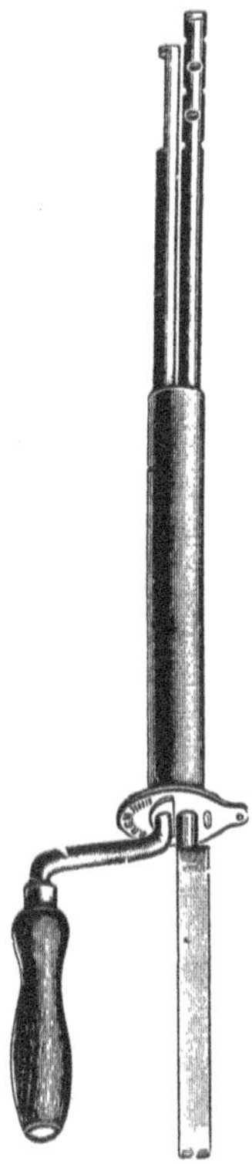

Fig. 98.

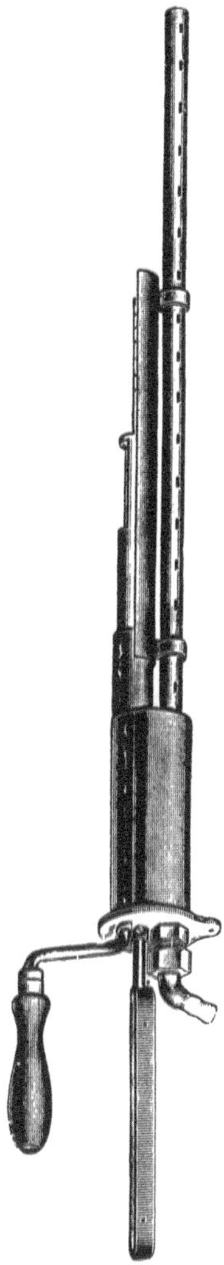

Fig. 99

eine rote Marke trägt, womit gesagt sein soll, daß von hier an beim Farbmalzbrennen größte Vorsicht am Platze ist.

Die Skala geht bis 250° C. Im oberen Teil der Hülse steckt ein Probenehmer mit halbkreisförmigem Querschnitt, der unabhängig vom Thermometer jederzeit ausgezogen werden kann.

Bei Farbmalzen unterscheidet man zwischen trockengebrannten Farbmalzen und Dampffarbmalzen (Glanzfarbmalzen). Bei ersteren darf die Temperatur nur soweit gesteigert werden, daß sie noch vollkommen trocken aus der Trommel laufen. Bei den Dampffarbmalzen ist es umgekehrt. Diese mussen soweit erhitzt werden, daß sie in der Brenntrommel gerade, wie man zu sagen pflegt, »zu schmelzen« beginnen. In diesem Zeitpunkt darf die Trommel nun nicht entleert werden, sondern der Abschluß des Brennprozesses ist durch Wassereinspritzung zu erzielen. Man benutzt für diese Herstellung die Vorrichtung in Fig. 99; es ist dies die Kombination eines Thermometers mit Probenehmer (Verfertiger J. Geissel, Maschinenfabrik Frankfurt a. M., Kirchgasse), welche noch ein bis über die Mitte der Brenntrommel einreichendes Einspritzrohr trägt. Nach erfolgter Einspritzung läßt man den Trommelinhalt ¼ bis ½ Stunde weiter rotieren, daß der größte Teil der Feuchtigkeit wieder verdunstet. Das Farbmalz erhält bei dieser Behandlung eine wunderschöne, aber naturlich erzeugte Hülsenfärbung.

Der Brennverlust soll sich an einer Brenntrommel jederzeit ablesen lassen; die Lager der Brennkugel sind deshalb auf einer Wageschneide gelagert und durch ein verschiebbares Gewicht kann jederzeit die Höhe des Verlustes direkt in Prozenten abgelesen werden. Nach der Füllung erfolgt die Austarierung der Trommel, wobei das Ausgleichgewicht auf die Stelle 100% einzuhängen ist. Bei einer Prüfung hängt man dann nach Austarierung das Gewicht auf 99%, das Gewicht wird von der schweren Trommel gehoben werden; nun beobachtet man den Zeitpunkt, in welchem der Wagebalken sich aus seiner Höchststellung allmählich senkt und durch die Mittellage hindurchgeht. In diesem Zeitpunkt ist 1% verloren worden, nunmehr hängt man auf 98% und verfährt in der gleichen Weise dann auf 97%, 96% usw.

Ein Versuch hat folgende Resultate ergeben:

Beispiel.

Eingestellter Prozentverlust	1	2	3	4	5	6	7	8	9
Nach Minuten	24	28	32	36	40	44	48	51	56
Eingestellter Prozentverlust	10	11	12	13	14	15	16	17	18
Nach Minuten	59	63	66	71	75	80	84	86	88

Nach 88 Minuten kam das Brenngut zum Schmelzen (Dampffarbmalz). Es wurde nunmehr Wasser eingespritzt; durch die Wasseraufnahme sank scheinbar der Brennverlust auf 7,0% und erhöhte sich dann langsam wieder bis 11,75%. Die Differenz 18 — 11,75 = 6,25% war der nunmehrige

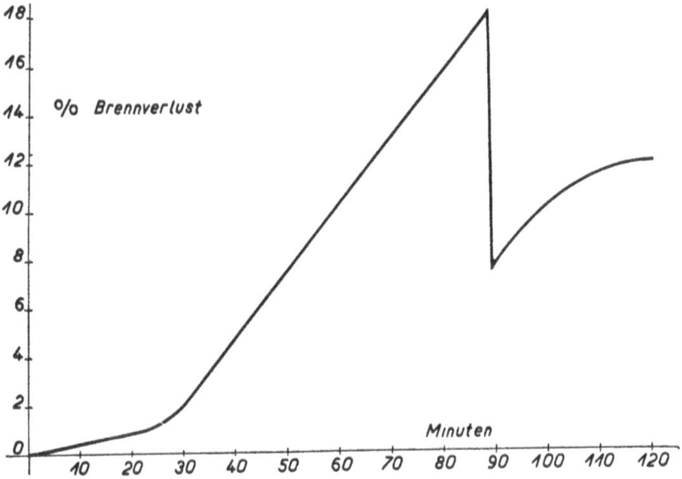

Fig. 100.

Wassergehalt. Die ursprüngliche Wasseraufnahme bei Einspritzen war 18,0 — 7,0 = 11,0%. Die Fig. 100 stellt die Brennverlustkurve dieses Versuches graphisch dar. Man erkennt zunächst ein nur langsames Ansteigen der Kurve bis die ersten Wasserprozente bei niedrigerer Temperatur entweichen; sobald Substanzverluste durch Umänderung des Korninnern aufzutreten beginnen, steigt der Verlust ziemlich der Zeit proportional an. Das senkrechte Fallen der Kurve ist die Wasseraufnahme beim Einspritzen; das dann folgende allmähliche Wiederansteigen bedeutet die sich nun vollziehende langsame Entweichung von Wasserdämpfen.

Das Brennverfahren nach dem Einspritzverfahren hat sich in neuerer Zeit sehr eingeburgert und das mit Recht; denn es liefert ein feines aromatisches Endprodukt, welches weniger bitter ist als trocken gebrannte Farbmalze.

Rauchfreies Arbeiten ist eine Bedingung einer Brennanlage. Der beim Farbmalzbrennen sich entwickelnde Rauch ist sehr gesundheitsschädlich für das bedienende Personal, wenn zwar auch die Gewohnheit den Menschen weniger empfindlich dagegen macht. Mit der Brenntrommel muß ein Qualmabsauger verbunden sein, der alle aus der Trommel entweichenden Dämpfe direkt ableitet, so daß sie nicht in den Arbeitsraum eintreten können. Schlecht ist eine Ausfuhrung, wenn das rauchfreie Arbeiten lediglich dadurch erreicht ist, daß ein Ventilator durch das Brenngut Luft saugt. In solchem Falle sind die Substanzverluste immer größer. Luft ist der großte Feind des Brenngutes. Der Brennprozeß soll kein Oxydationsprozeß werden, sondern ein trockener Destillationsprozeß bleiben. Luftzutritt zum Brenngut ist soweit als möglich zu vermeiden; die Ventilatoren in einer Brennerei dürfen nur so wirken, daß sie den austretenden Qualm entfernen, nicht aber dabei gleichzeitig Luft durch das Brenngut saugen.

Die Lüftungsvorrichtung muß es aber trotzdem gestatten ev. auch durch die Trommel zu arbeiten. Wenn nach dem Ausbrennen oder nach der Verzuckerung bei Caramelmalzherstellung die Feuchtigkeit rascher entfernt werden soll, ist eine Lüftung von Nutzen.

Die Tourenzahl der Brenntrommeln liegt etwa zwischen 10 bis 25 Umdrehungen pro Minute. Die kleineren Tourenzahlen findet man bei großen Trommeln. Die Umfangsgeschwindigkeit wächst bei gleicher Tourenzahl natürlich mit dem Durchmesser. In diesem Maße kann sich dann die Tourenzahl verringern; denn die feuerberührte Heizfläche soll mit einer den genannten Tourenzahlen äquivalenten Geschwindigkeit wechseln. Zu niedrige Tourenzahl gibt ungleichen Brand, scheckige Farbmalze, weil die an der Heizfläche anliegenden Körner zu lange dort verbleiben. Bei zu hoher Tourenzahl wird der Inhalt zu sehr geschleudert und es findet kein regelmäßiges Herantreten aller Körner an die Heizfläche statt.

Der Trommelinhalt kann bis 6 Ztr., sogar auch darüber betragen. Die Form ist eine zylindrische oder kugelige. Für das Farbmalzbrennen ist der kugeligen Form der Vorzug zu geben.

Die Beheizung der Farbmalzbrennereien kann mit Holz, Kohlen, Koks und Gas geschehen. Sind die Trommeln an einigen Stellen perforiert, um den Austritt des Qualms direkt ins Feuer zu ermöglichen, so ist eine Holz- oder Kohlenfeuerung unzulässig, weil sonst eine Geschmacksabgabe an das Farbmalz stattfindet; es darf dann nur gut entgaster Koks verwendet werden. Die beste Art der Regulierung der Wärmeeinwirkung ist die Gasfeuerung. Am zweckmäßigsten geschieht diese bei größeren Anlagen in Verbindung mit einer Sauggasanlage, welche zum Betrieb der Brenntrommeln dient. Durch die Gasfeuerung erspart man infolge einfacher Bedienung an Arbeitskräften und gleichzeitig ist eine Brennstoffersparnis mit verknüpft. Städtisches Gas hat oft einen so hohen Preis, daß Koksfeuerung billiger kommt.

Um eine möglichst hohe Leistung bei der Erzeugung von Caramelmalz und Malzkaffee zu erreichen, läßt man die Verzuckerung des Grünmalzes nicht in der Brenntrommel vor sich gehen, sondern in einer großen Vakuumtrommel, in welcher man nach stattgehabter Verzuckerung die Feuchtigkeit bis herab auf 12 bis 15% vermindert. Dann kann in der Brenntrommel ausgebrannt werden, wozu eine Zeit von ½ bis ¾ Stunden genügt, während sonst bei direkter Verarbeitung in der Brenntrommel inkl. Verzuckerung eine Dauer von über vier Stunden notwendig ist. Die Erhöhung der quantitativen Leistung ist dann mehr als die sechsfache.

20. Trebertrockner.

Ein Trebertrockner wird um so günstiger arbeiten, je größer die Menge des von ihm in der Zeiteinheit getrockneten Trockengutes ist, welche er auf einen bestimmten Wassergehalt gebracht hat, wobei noch zu beachten ist, daß die Trocknung unter möglichst weitgehender Ausnutzung der zugeführten Wärme geschehen soll.

Der Feuchtigkeitsgehalt der Naßtreber liegt bei 75 bis 85%, die Trocknung muß bis herab auf 8 bis 10% geschehen. Trockentreber sollen auf keinen Fall mehr als 12% Wasser haben, weil sonst die Haltbarkeit derselben zu wünschen übrig läßt.

Die Trocknung der Treber soll möglichst unmittelbar nach dem Austrebern beginnen, weil Treber, wenn sie länger an der Luft herumliegen, an Extraktstoffen 0,5 bis 1,5% verlieren und minderwertiger werden.

Das Trocknen der Treber ist nur dann rationell, wenn Schwierigkeiten für den Absatz der Naßtreber entstehen, insbesondere in Sommermonaten, wenn reiche Grünfutterernten vorhanden sind und so die Möglichkeit die Verkaufspreise für Naßtreber hochzuhalten nicht gegeben ist. Die Rentabilität einer Trebertrocknungsanlage errechnet sich deshalb aus dem ev. zu vermeidenden Gewinnentgang. Diesem stehen die Unkosten der Trocknung gegenüber, welche im Dampf- und Kraftverbrauch, den Bedienungskosten und der Verzinsung und Amortisation bestehen. Sind die letzteren Ausgaben größer, so ist es zweckmäßiger, die Naßtreber für eine geringe Anzahl von Suden unter dem tagsüblichen Preis zu verkaufen.

Die Trockenapparate arbeiten fast ausschließlich mit Dampfbeheizung. Wird frischer Kesseldampf benötigt, so steigen die Ausgaben für die Beheizung. Im Durchschnitt rechnet man pro 1 Ztr. zur Einmaischung kommenden Malzes 0,20 M. für Trocknungskosten. Steht Abdampf in genügender Menge zur Verfügung, so verminderten sich diese Kosten um etwa die Hälfte.

Die Förderung der Naßtreber zum Sammelgefäß am Trebertrockner geschieht entweder mit Transportschnecken oder bei weiterer Entfernung mittels Treberförderpumpen, wie sie eigens zu diesem Zweck die Firma J. Göggl & Sohn, München, baut, oder mittels Montejus nach Angaben der Firma F. Weigel, Neisse-Neuland, aus welchem die Treber mit Dampf durch eine Rohrleitung zur Verbrauchsstelle geblasen werden.

Die Trebertrocknungsanlage soll ja nicht zu groß bemessen werden, weil sich sonst die Anlagekosten sehr steigern. Die Trocknungsdauer des Tagesquantums kann auf die tägliche Betriebszeit verteilt werden.

Für Kalkulationen bezüglich des Trockentreberpreises ist es wichtig, daß 100 kg Malzschüttung 130 kg Naßtreber und 33 kg Trockentreber ergeben. Es ist eine Erfahrung, daß die Trocknung nur dann rentabel ist, wenn der für die 100 kg Trockentreber erzielte Preis viermal so groß ist, wie der auf 100 kg Schuttung erhaltene Preis für Naßtreber.

Der Dampfverbrauch richtet sich nach dem zu verdampfenden Wasser; die Menge desselben ist pro 100 kg Naßtreber etwa 70 bis 75 kg. Hierzu wird gewöhnlich die gleiche Menge Frischdampf auf 1 kg zu verdampfendes Wasser 0,95 bis 1,1 kg Frischdampf oder die 1,1 bis 1,25 fache Menge an Abdampf benötigt.

Der Dampf wärmt als Zwischenmittel die Trocknungsluft an und diese führt die Feuchtigkeit mit sich ab. Die Trebertrockner enthalten meist in der Mitte ein Röhrenbündel, welches die Heizfläche darstellt, zur Mischung und Lockerung der Trebern sind Schaufelbleche usw. im Innern angebracht.

Die Trebertrockner arbeiten mit und ohne Vorpressung. Durch die Vorpressung kann der Wassergehalt der Naßtreber bis auf 50% herabgemindert werden; der Dampfverbrauch vermindert sich pro 1 kg vorhandenes Wasser auf 0,85 kg Frischdampf. Durch das Auspressen entsteht allerdings ein geringer Verlust an Extraktstoffen. Auf die Verringerung des Dampfverbrauches wirkt die Rückleitung des Kondensats zum Kessel naturgemäß dampfsparend.

Mit der Trockentemperatur soll man nicht zu hoch gehen, (im Mittel 50 bis 60° C), weil sonst die Verdaulichkeit der Nährstoffe, insbesondere des Proteins darunter leidet. Die Trockentemperatur ist also durch Thermometer zu prüfen.

Gutgetrocknete Treber sollen eine krümelige, hellgefärbte Masse von schwach aromatischem Geruch und schwach süßlichem malzartigem Geschmack haben. Eine zu weitgehende Trocknung über 8% Wasser herab ist nicht ratsam. Beim Einweichen von Trockentreber in Wasser sollen sie das Aussehen der Naßtreber wieder annehmen. Sehr dunkel gefärbte Trockentreber waren entweder vor dem Trocknen verdorben oder zu hohen Hitzegraden ausgesetzt.

In neuerer Zeit ist man dazu übergegangen, im Trebertrockner den Malztrebern auch andere Abfallprodukte, welche sich bisher nur schwer verwerten ließen, beizumischen. Insbesondere sind es Abfallhefe und Hopfentreber. Die Abfallhefe und das Faßgeläger und der Trub müssen vor Verwendung entbittert werden ev. gedämpft werden; die Hopfentreber müssen auch eine genügende Entbitterung erfahren haben. Bei dem neuen Entbitterungsverfahren außerhalb des Kessels (Verfahren Halut & Schneider) ist das ja meist der Fall. Eine Zerkleinerung der Hopfentreber hat sich als notwendig erwiesen. Zur Abfallhefe mischt man zweckmäßig Malzstaub und das Gemenge bringt man mit dem Hopfen durch eine Mischmaschine ev. Zerkleinerungsmaschine und mischt von diesem Gemenge langsam den dem Trockenapparat zulaufenden Trebern bei. Dadurch kann in vielen Fällen der Nährwert der Malztreber sehr gesteigert werden; denn es ist zu beachten, daß die Hefetrockensubstanz allein mehr als 60% Eiweiß zuführt. Fur so zubereitete Trebern sollte man einen höheren Preis erlangen. Außerdem bringt ja das Mehrgewicht ebenfalls einen höheren Ertrag.

Die Verwertung der genannten Abfallprodukte ist auf diese Weise eine sehr einfache. Nicht nur der für diese erzielte Gewinn allein bedeutet einen namhaften Vorteil, sondern auch die einfache Verwendung und Beseitigung dieser Abfallprodukte, welche vielfach noch den Brauereihof verunreinigen.

Sachregister.

A.

B.

D.

E.

www.ingramcontent.com/pod-product-compliance
Lightning Source LLC
LaVergne TN
LVHW092109300926
849161LV00002B/90
* 9 7 8 3 4 8 6 7 4 2 1 3 8 *